"十四五"职业教育国家规划教材

数据结构

第四版

主　编　邹　岚
副主编　赵　宁　尹红丽　李晓娜　白伟青
　　　　孙　杰　徐大伟　江芷宁　李　明

大连理工大学出版社

图书在版编目(CIP)数据

数据结构 / 邹岚主编. -- 4 版. -- 大连：大连理工大学出版社，2024.7(2024.12重印). -- (高等职业教育计算机应用技术专业系列规划教材). -- ISBN 978-7-5685-5069-7

Ⅰ．TP311.12

中国国家版本馆 CIP 数据核字第 2024X2T475 号

大连理工大学出版社出版

地址：大连市软件园路 80 号　邮政编码：116023
营销中心：0411-84707410　84708842　邮购及零售：0411-84706041
E-mail：dutp@dutp.cn　URL：https://www.dutp.cn
辽宁星海彩色印刷有限公司印刷　　大连理工大学出版社发行

幅面尺寸：185mm×260mm　　印张：18.5　　字数：472千字
2014 年 10 月第 1 版　　　　　　　　　2024 年 7 月第 4 版
2024 年 12 月第 2 次印刷

责任编辑：高智银　　　　　　　　　　责任校对：李　红
　　　　　　　　　　封面设计：张　莹

ISBN 978-7-5685-5069-7　　　　　　　　定　价：59.80 元

本书如有印装质量问题，请与我社营销中心联系更换。

前言

《数据结构》(第四版)是"十四五"职业教育国家规划教材、"十三五"职业教育国家规划教材、"十二五"职业教育国家规划教材,也是高等职业教育计算机应用技术专业系列规划教材之一。《数据结构》(第四版)是在前三版的基础上,不断融合新思想、新技术完成的。

党的二十大报告中指出,坚持面向世界科技前沿、面向经济主战场、面向国家重大需求、面向人民生命健康,加快实现高水平科技自立自强。以国家战略需求为导向,集聚力量进行原创性引领性科技攻关,坚决打赢关键核心技术攻坚战。"数据结构"作为计算机相关专业的核心基础课,其知识内容是科技攻坚的基石,对后续课程的学习有着深远的影响。本教材将社会主义核心价值观、职业道德、工匠精神、团队合作等方面确定为引入课堂的思政元素,在教学中因势利导、潜移默化地引导学生将个人的成才梦有机融入实现中华民族伟大复兴的中国梦的思想认识。

数据结构主要研究数据在计算机中的表示和对数据的处理方法。其课程理论已经渗透到编译系统、操作系统、数据库、人工智能和计算机辅助设计等诸多应用领域,本课程的知识内容对学生今后工作的可持续发展有着重要影响。

数据结构课程的特点是知识丰富、内容抽象、理论性强。本课程可培养学生掌握处理数据和编写高效率软件的基本方法,同时还培养学生运用数据结构的理论和分析方法去解决相关实际问题的能力。

教材架构

本教材主要面向高职层次的在校学生。针对高职学生的特点,既要有严谨的理论学习,又要注重对实践能力的培养、训练,因此本教材设计了科学、合理的教材体系。我们选用"案例导引"→"知识传授"→"案例实现"→"案例训练"的架构编写教材。每一章都选用有应用价值、难度适中的案例,以引入教学内容,激发学生学习兴趣;然后,展开理论知识的学习;继而,通过学习的理论知识完成相应的案例;最后,在每章后给出习题,用于课后训练,以拓展教学深度和广度。这样的安排既提升了学生的学习兴趣,加强了实践训练,又加强了数据结构的原理和方法的学习。

数据结构

教材内容

本教材共9章:绪论;线性表;栈和队列;串;数组和广义表;树;图;查找;排序。为了明确教学目的,每章开头都提出了知识目标、技能目标和素质目标。在知识传授中,我们把要讲授的内容尽量通过图、表等形式予以表示,也安排了例题和小型案例,使学生更容易理解。内容安排由简到繁,由易到难,梯度明确。在知识安排上,考虑到不同基础学生的需求,有些内容设置了选讲或课后扩展,有"﹡"标注的可以选讲,有"﹡﹡"标注的可以作为课后拓展。

本教材在第三版的基础上对部分内容做了调整和充实。例如:第3章更新了循环队列的处理等,并调整修正了全书所有的代码。本教材所有案例代码均按C99标准编写,在DEV C、CodeBlocks平台均调试通过。本教材以可伸缩的智慧树形式为学生提供了分章节的思维导图,有助于教师教学总结和学生复习。

为培养学生综合运用理论知识、增强实践能力、提高创新思维,教材中设置了综合案例——学生毕业论文信息检索系统。该案例综合运用了教材中的多项内容,有利于提升学生的综合实践能力,增强学生自信心。限于篇幅,以电子活页形式提供,感兴趣的同学可以扫码观看、学习和实践。

学生毕业论文
信息检索系统

配套资源

为了多角度地促进教学,在纸质教材的基础上,编者整合出多种教学资源,提供给使用本教材的教师用于教学,也便于学生自学。师生可以到职教数字化服务平台免费下载。提供的教学资源有:教学大纲、教学计划、教学课件(含各章案例动态演示库)、教案、源代码、思维导图、习题答案、课后习题库、案例题库、模拟试题和拓展阅读等模块。

本教材共提供了43个微课,将全书所有的重点、难点知识用具有动画效果的课件完成,并聘请有丰富教学经验的一线教师录制成微课,为课堂教学、课后自学提供了方便。

编写团队

本教材由青岛大学邹岚任主编,青岛大学赵宁,齐鲁工业大学(山东省科学院)尹红丽,青岛大学李晓娜、白伟青、孙杰,山东财经大学徐大伟,青岛同创信息科技有限公司江芷宁、李明任副主编。具体编写分工如下:第1、2章由邹岚编写,第3章由李晓娜编写,第4、5章由尹红丽编写,第6章由白伟青编写,第7章由孙杰编写,第8章由徐大伟编写,第9章由赵宁编写。江芷宁参与编写第3章的"案例实现"部分,并负责本教材的配套教学资源建设。李明参与编写第5、8、9章的"案例实现"部分。全书的案例审核由赵宁负责。微课制作分工如下:邹岚负责第1、2章,李晓娜负责第3、7章,尹红丽负责第4、5、6章,赵宁负责第8、9章。

在编写本教材的过程中,编者参考、引用和改编了国内外出版物中的相关资料以及网络资源,在此表示深深的谢意!相关著作权人看到本教材后,请与出版社联系,出版社将按照相关法律的规定支付稿酬。

本教材的编者都是长期工作在教学一线的教师,教材中选用的案例和例题都经过了教学实践检验,但由于水平有限,教材中错误和疏漏之处在所难免,恳请广大读者批评指正。

编　者
2024年7月

所有意见和建议请发往:dutpgz@163.com
欢迎访问职教数字化服务平台:https://www.dutp.cn/sve/
联系电话:0411-84706671　84707492

目 录

第1章 绪 论 ··········· 1
  1.1 数据结构的发展 ··········· 1
  1.2 数据结构的意义 ··········· 2
  1.3 数据结构概述 ··········· 2
  1.4 算法及其分析 ··········· 6
  本章小结 ··········· 10
  习 题 ··········· 10

第2章 线性表 ··········· 13
  2.1 案例导引 ··········· 13
  2.2 线性表的逻辑结构 ··········· 14
  2.3 线性表的顺序存储结构 ··········· 16
  2.4 线性表的链式存储结构 ··········· 21
  2.5 顺序表与链表的比较 ··········· 31
  2.6 案例实现:通信录管理 ··········· 32
  本章小结 ··········· 44
  习 题 ··········· 44

第3章 栈和队列 ··········· 47
  3.1 案例导引 ··········· 47
  3.2 栈 ··········· 49
  3.3 队 列 ··········· 66
  3.4 案例实现:汉诺塔问题和机器翻译 ··········· 79
  本章小结 ··········· 85
  习 题 ··········· 85

第4章 串 ··········· 90
  4.1 案例导引 ··········· 90
  4.2 串的逻辑结构 ··········· 91
  4.3 串的存储结构 ··········· 94
  4.4 串的模式匹配 ··········· 100
  4.5 案例实现:文本文件中单词的检索和计数 ··········· 103
  本章小结 ··········· 110
  习 题 ··········· 111

第 5 章　数组和广义表 ... 113
5.1　案例导引 ... 113
5.2　多维数组 ... 114
5.3　矩阵的压缩存储 ... 116
5.4　广义表 ... 123
5.5　案例实现：稀疏矩阵的运算 ... 128
本章小结 ... 134
习　题 ... 134

第 6 章　树 ... 137
6.1　案例导引 ... 138
6.2　树的概述 ... 138
6.3　二叉树 ... 145
6.4　树、森林与二叉树 ... 159
6.5　线索二叉树* ... 162
6.6　哈夫曼树及其应用 ... 164
6.7　案例实现：团委人事管理系统 ... 168
本章小结 ... 178
习　题 ... 179

第 7 章　图 ... 182
7.1　案例导引 ... 182
7.2　图的逻辑结构 ... 183
7.3　图的存储结构 ... 186
7.4　图的遍历 ... 195
7.5　图的连通性 ... 198
7.6　图的应用 ... 201
7.7　案例实现：课程信息管理 ... 207
本章小结 ... 214
习　题 ... 214

第 8 章　查　找 ... 217
8.1　案例导引 ... 217
8.2　查找的基本概念 ... 218
8.3　线性表的查找 ... 219
8.4　树表的查找 ... 224
8.5　哈希表 ... 234
8.6　案例实现：查找综合练习 ... 240
本章小结 ... 248
习　题 ... 248

第9章 排序 ····· 254

- 9.1 案例导引 ····· 254
- 9.2 排序的基本概念 ····· 255
- 9.3 插入排序 ····· 256
- 9.4 交换排序 ····· 260
- 9.5 选择排序 ····· 265
- 9.6 归并排序 ····· 271
- 9.7 基数排序 ····· 274
- 9.8 排序方法的比较和选择 ····· 276
- 9.9 案例实现:学生成绩管理系统的成绩排序 ····· 278
- 本章小结 ····· 283
- 习　题 ····· 284

参考文献 ····· 287

本书微课视频列表

序号	微课名称	位置	序号	微课名称	位置
1	数据结构基本概念	2	23	树、森林与二叉树的转换	160
2	顺序表	16	24	哈夫曼树的构造	166
3	顺序表插入运算	18	25	图的邻接矩阵存储	186
4	顺序表删除运算	19	26	深度优先遍历	195
5	链表	21	27	最小生成树	199
6	单链表的建立	23	28	拓扑排序	201
7	循环链表	29	29	查找的基本概念	218
8	双链表	30	30	顺序查找	220
9	栈的逻辑结构	49	31	二分查找	221
10	顺序栈	50	32	分块查找	223
11	链栈	54	33	二叉排序树的概念	224
12	栈的应用	57	34	二叉排序树的操作	225
13	队列的逻辑结构和顺序队列	66	35	哈希表和哈希函数	234
14	循环队列	68	36	哈希冲突的处理	237
15	串的朴素模式匹配	100	37	排序的基本概念	255
16	特殊矩阵的压缩存储	116	38	插入排序	256
17	稀疏矩阵的压缩存储	118	39	冒泡排序	260
18	稀疏矩阵的转置	119	40	快速排序	262
19	树的存储结构	141	41	直接选择排序	265
20	二叉树的性质	146	42	堆排序	266
21	二叉树的存储结构	149	43	归并排序	271
22	二叉树的前、中、后遍历	152			

第1章 绪 论

数据结构课程是计算机类相关专业的核心课程,它主要研究数据在计算机中的表示和对数据的处理方法。课程的内容不仅是一般程序设计的基础,而且是设计和实现编译程序、操作系统、数据库系统及其他系统程序的重要基石。

本章将介绍数据结构中的常用基本概念和术语以及学习数据结构的意义。本章的重点是理解数据结构的逻辑结构、存储结构和数据的运算三方面的概念及其相互关系,难点是算法复杂度的分析。

▎知识目标

- 了解数据结构的发展。
- 理解数据结构中的基本概念。
- 理解抽象数据类型的概念、记法和用法。
- 理解算法分析的目的。
- 掌握算法及其特性。
- 掌握算法时间复杂度的分析方法。

第1章思维导图

▎技能目标

能分析一般算法的时间复杂度。

▎素质目标

理解"数据结构"课程的意义和基本概念,构建课程的整体知识框架,培养学生的全局意识和大局观。通过学习算法复杂度分析,学习"工匠精神",激发学生开拓创新,深耕科研之路,为全面建设社会主义现代化国家、全面推进中华民族伟大复兴贡献青春力量。

1.1 数据结构的发展

用计算机解决一个具体问题时,要先从具体问题中抽象出一个适当的数据模型,设计出一个解此数据模型的算法,然后编写程序,形成软件。在诞生初期,计算机主要用于完成数值计算工作。随着计算机科学与技术的不断进步,计算机的应用领域从单一的数值计算发展到字符、图像、表格和声音等具有复杂结构的非数值处理,处理的数据量也不断增大。如何科学有效地处理这些数据,就成了程序设计的一个问题。数据结构就是一门研究非数值计算程序设计问题中计算机的操作对象以及它们之间的关系和操作等的学科。

1968年,美国的唐纳德·欧文克努特(Donald E. Knuth)教授在他的历史性经典巨著《计算机程序设计艺术》(The Art of Computer Programming)第一卷《基本算法》中较系统地阐述了数据结构的逻辑结构和存储结构及其操作,开创了数据结构的课程体系。20世纪70年代初,数据结构作为一门独立的课程进入大学课堂。在我国,自1978年美籍华裔学者冀中田在国内首开这门课程以来,经过几十年的发展,该课程已经成为各大学计算机专业的学科主干课程,也成为非计算机专业学生学习计算机的主要选修课程之一。

1.2 数据结构的意义

数据结构是一门综合性很强的专业基础课,是介于数学、计算机硬件和计算机软件三者之间的一门核心课程。数据结构课程的理论已经渗透到编译系统、操作系统、数据库、人工智能和计算机辅助设计等诸多应用领域,同时该课程也是操作系统和编译系统等课程的先修课程。

瑞士计算机科学家沃斯(N. Wirth)曾提出:程序=数据结构+算法。这里的数据结构是指数据的逻辑结构和存储结构,用于表示数据间的关系;算法指明了对数据处理的步骤和方法。由此可见,程序设计的实质就是对具体问题选择一种适合的数据结构,设计一个优秀的算法,而好的算法在很大程度上取决于描述实际问题的数据结构。

1.3 数据结构概述

本节对数据结构的相关基本概念和术语给予明确定义。

1.3.1 基本概念和术语

数据结构基本概念

1. 数据

数据(Data)是信息的载体,是指能够输入计算机中并能被计算机识别、存储和加工处理的符号集合。在计算机科学中,数据的含义很广泛,既有整数和实数等数值类型,也包括声音、文字和图像等非数值类型。

2. 数据元素

数据元素(Data Element)是数据的基本单位,在计算机程序中通常作为一个整体进行处理。数据元素也称为结点或记录。一个数据元素可以由一个或多个数据项组成。通常,能独立、完整地描述问题世界的一切实体都是数据元素。

3. 数据项

数据项(Data Item)是数据的最小单位,是对数据元素属性的描述,也称域或字段。例如,在图书管理系统中,可以把一本图书的有关信息作为一个数据元素,由书名、作者、ISBN、出版时间和出版社等数据项组成。

4. 数据对象

数据对象(Data Object)是性质相同的数据元素的集合,是数据的子集。例如,整数数据对象是集合 $N=\{0,\pm 1,\pm 2,\cdots\}$;图书数据对象是集合 $A=\{$"数据结构","数据库","软件工程"$\}$。

5. 数据类型

数据类型(Data Type)是一组性质相同的值的集合和定义在该值集上的一组操作的总称。每个数据项属于某一确定的数据类型。按"值"的特性不同,高级程序设计语言中的数据类型可以分为两类:

(1)原子类型:其值不可分解。例如,C语言中的整型、实型和字符型等。

(2)结构类型:其值通常可以分解成为若干个成分。它的成分可以是非结构的,也可以是结构的,如数组类型和结构类型等。

6. 数据结构

数据结构(Data Structure)是指相互之间存在一定关系的数据元素的集合。数据结构包含三方面的内容:数据的逻辑结构、数据的存储结构和数据的运算。算法的设计取决于选定的数据的逻辑结构,算法的实现取决于数据的存储结构。数据的运算定义在数据的逻辑结构上,实现在数据的存储结构上。

1.3.2 数据的逻辑结构

数据的逻辑结构是指数据元素之间的逻辑关系,是独立于计算机系统的。数据的逻辑结构可以分为两大类:线性结构和非线性结构。

1. 线性结构

数据元素之间存在着一对一的关系。线性结构中有且仅有一个首结点和一个尾结点,首结点只有一个直接后继结点,尾结点只有一个直接前驱结点,其他结点有且仅有一个直接前驱结点和一个直接后继结点。如图 1-1(a)所示。

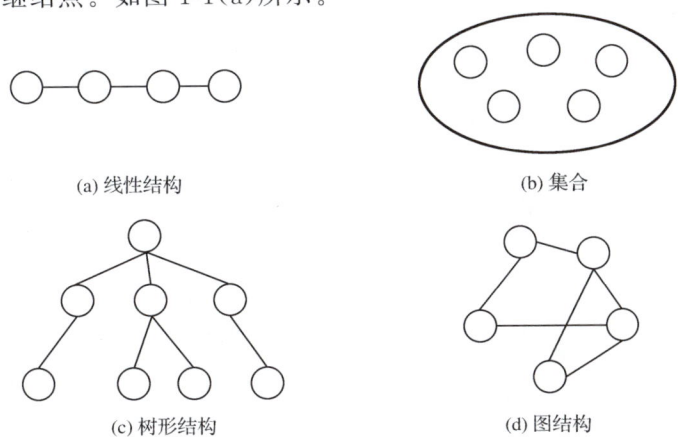

图 1-1 数据结构的四种基本逻辑结构

【例1-1】 学生信息表。

现有某大学学生信息表,见表1-1。其中,每名学生的信息由编号、姓名、性别、年龄、籍贯和电话等组成。学校要求使用计算机管理学生信息,实现查询、增加和修改等操作。

表1-1 学生信息表

编号	姓名	性别	年龄	籍贯	电话
0001	王平	男	20	北京	18612345678
0002	李敏	女	20	天津	18623456789
0003	赵刚	男	21	大连	13112345678
0004	孙丽丽	女	19	青岛	13012345678
…	…	…	…	…	…

由表中分析可知,学生信息按照一定的顺序线性排列,这就是该问题的数学模型(线性表)。当我们需要对学生的个人信息进行处理时,就可以根据该模型,按照某种算法编写相关程序,即可实现对信息的操作。

2. 非线性结构

非线性结构可细分为以下几部分:

(1)集合:数据元素之间同属于一个集合,除此之外没有其他关系。如图1-1(b)所示。它是数据结构的一个特例,本书不予讨论。

(2)树形结构:数据元素之间存在着一对多的关系。如图1-1(c)所示。

在现实生活中,部门的组织结构、棋盘对弈格局、体育比赛赛制安排和家谱等问题都可以用树形结构来描述。

【例1-2】 学生会组织结构。

在如图1-2所示的学生会组织中,学生会下辖外联部、社团部、学习部、体育部和宿管部五个部门,社团部又管理着志愿者团队和合唱团两个组织。这个结构图像一棵倒长的"树",构成了树形结构。其中,"树根"是学生会,各个机构就是分支上的结点,没有下属机构的结点就是"叶子"。对结点的处理,就是从树根沿着树权到某个叶子的过程。

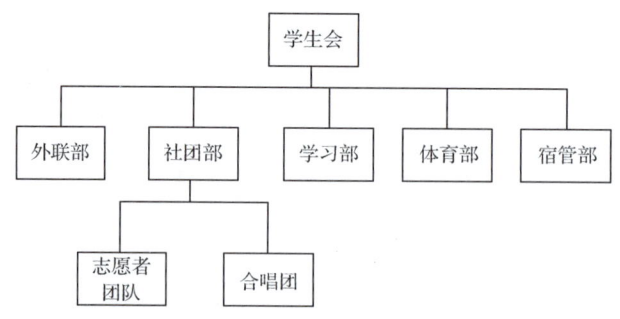

图1-2 学生会组织结构图

(3)图结构:数据元素之间存在着多对多的关系。如图1-1(d)所示。

当数据元素间有着多对多关系时,形成图结构。例如,交通和网络布线等许多问题模型都属于图结构。

【例 1-3】 安排国际会议座位。

举行一个国际会议,有 A、B、C、D、E、F 和 G 共七个人参加。已知下列事实:A 会讲英语;B 会讲英语和汉语;C 会讲英语、意大利语和俄语;D 会讲日语和汉语;E 会讲德语和意大利语;F 会讲法语、日语和俄语;G 会讲法语和德语。试问这七个人应如何排座位,才能使每个人都能和他身边的人交谈?

分析:问题中有人和语言,用结点来代表人;对于任意的两点,若有共同语言,就在它们之间连一条边,形成如图 1-3 所示的安排图。通过这个图结构的模型,原问题就转化为在图中寻找一条通过每个结点一次且仅一次的回路的问题。

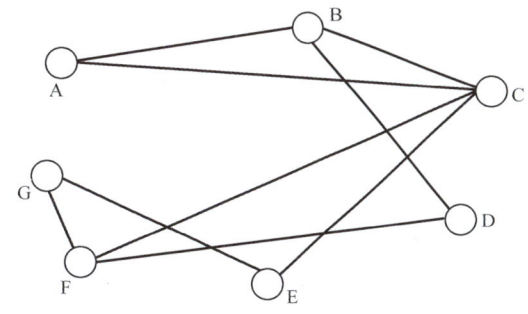

图 1-3 国际会议座位安排图

 ### 1.3.3 数据的存储结构

数据的存储结构(Storage Structure)是指数据元素及其关系在计算机存储器内的表示,是依赖于计算机的。

在存储器中表示数据的方法通常有以下四种:

(1)顺序存储结构:用一组连续的存储单元依次存储数据元素,其数据元素间的逻辑关系是通过元素的存储位置来反映的。

(2)链式存储结构:用一组任意的存储单元存储数据元素,其数据元素间的逻辑关系通过附加指针来表示。

(3)索引存储结构:在存储数据元素的同时,建立一个附加的索引表,利用索引表中索引项的值来确定结点的存储单元地址。

(4)散列存储结构:根据数据元素的关键字,通过散列函数直接计算出该数据元素的存储地址。

一种逻辑结构可以采用不同的存储结构,具体选定哪种存储结构主要取决于算法运算的方便以及算法的时间和空间利用率。

 ### 1.3.4 抽象数据类型

抽象数据类型(Abstract Data Type,ADT)是一个数据模型以及定义在该模型上的一组操作。抽象数据类型描述的是一组逻辑特性,与在计算机内部的表示和实现无关。

定义抽象数据类型时,只包含数据的逻辑结构的定义和所允许的操作集合,不涉及它的实现细节。当其内部结构发生变化时,只要它的数学特性保持不变,就不会影响其外部使用。事实上,抽象数据类型体现了程序设计中问题分解、信息隐藏和数据封装的特性。

抽象数据类型可以用数据集合和基本操作集合来描述。本书采用以下格式定义抽象数据类型：

ADT 抽象数据类型名称{
  数据对象:＜数据对象的定义＞
  数据关系:＜数据关系的定义＞
  基本操作:＜基本操作的定义＞
}ADT 抽象数据类型名称

例如，队列的抽象数据类型描述如下：

ADT Queue{
  数据对象：$D=\{a_i | a_i$ 为 DataType 类型，$1 \leqslant i \leqslant n, n \geqslant 0\}$ /* DataType 为自定义类型 */
  数据关系：$R=\{<a_{i-1}, a_i> | a_{i-1}, a_i \in D, 2 \leqslant i \leqslant n\}$。在非空表中，除首结点外，每个结点都有且只有一个前驱结点；除尾结点外，每个结点都有且只有一个后继结点。队列中的数据元素只能在队尾一端进行插入操作，在队首一端进行删除操作。
  基本操作：
  InitQueue(&Q)：初始化操作。建立一个空队列。
  QueueEmpty(Q)：判断队列是否为空，如果为空，返回 1；否则，返回 0。
  EnQueue(&Q,x)：入队操作。将元素 x 插入队列 Q 的队尾。
  DelQueue(&Q,&x)：出队操作。将队列 Q 的队首元素删除，其值由变量 x 返回。
  GetHead(Q,&x)：取队首元素。队列 Q 的队首元素值由变量 x 返回。
  ClearQueue(&Q)：清空队列。将队列 Q 清空。
}ADT Queue

1.4 算法及其分析

1.4.1 算　法

1. 算法的定义

算法（Algorithm）是指对特定问题解题方案的准确而完整的描述，是一系列解决问题的清晰指令的有限序列。也就是说，算法能够对一定规范的输入在有限时间内获得所要求的输出。如果一个算法有缺陷，或不适合于这个问题，执行该算法将不会解决这个问题。

算法必须满足以下五个特性：

(1) 有穷性：一个算法必须在执行有穷步后结束，且每一步都可在有穷时间内完成。

(2) 确定性：算法中的每条指令必须有确切的含义，不会产生二义性。

(3) 可行性：算法中的每条指令都是可行的，且可以通过已经实现的基本运算执行有限次来实现。

(4)输入:一个算法可以有零个或多个输入(算法可以没有输入),这些输入来自某个特定对象的集合。

(5)输出:一个算法应该有一个或多个输出(算法必须有输出),这些输出是同输入有特定关系的量。没有输出的算法是没有意义的。

2. 算法设计的要求

一个问题可以有多种算法,一个"好"算法应该具有以下几个方面的基本特性:

(1)正确性

正确性是设计一个算法的首要条件,所设计的算法要满足具体问题的要求。在输入合法的数据时,算法能在有限的时间内得到正确的结果。其中,"正确"的含义可以理解为以下四个层次:

①程序不含语法错误。

②程序对几组输入数据能给出满足规格说明要求的结果。

③程序对精心选择的、典型的、苛刻而有刁难性的几组输入数据能给出满足规格说明要求的结果。

④程序对一切合法的输入数据都能给出满足规格说明要求的结果。

(2)可读性

一个好的算法首先要便于人们阅读、理解,其次才是计算机可以执行。可读性是软件开发的一项重要原则,算法的可读性好,则其可维护性也强。

(3)健壮性

当输入不合法的数据时,算法应该给出相应的处理结果,而不是产生错误动作或是陷入瘫痪。

(4)高效率和低存储量

效率是指算法的执行时间。对于解决一个特定问题的不同算法,执行时间短的算法效率高。存储量是指算法执行过程中所需要的最大存储空间。这二者与输入的规模和输入数据的性质有关。设计时应尽量选择高效率和低存储量的算法。

3. 算法的描述方法

算法的描述方法有多种,常用的有自然语言、流程图和程序设计语言等。

(1)自然语言

用自然语言描述算法容易理解,但容易出现二义性。

(2)流程图

流程图的优点是直观,但灵活性不如自然语言,对复杂的流程不易表达。

(3)程序设计语言

用程序设计语言描述的算法能够直接在计算机上运行,但抽象性差。

无论选用何种形式描述算法,都必须正确表达问题的求解过程。本书采用C语言描述算法。

4. 算法与程序

程序(Program)是对一个算法使用某种程序设计语言的具体实现。算法与程序非常相似,但二者是有区别的。首先,算法可以有多种表达方式,程序设计要符合程序设计语言的规则;其次,程序不一定满足有穷性;最后,程序中的指令必须是计算机可以执行的,而算法中的指令可以包括计算机的一个或多个操作。

1.4.2 算法分析

同一问题可用不同的算法解决,一个算法的质量将影响到算法乃至程序的效率。算法分析的目的在于选择合适的算法和改进算法。一个算法的评价主要从时间复杂度和空间复杂度来考虑。例如,求多个正整数的最大公约数和最小公倍数。解决该问题可以有分解质因数法、辗转相除法和逐次相减相除法等,哪一种算法更合适取决于不同算法的时间复杂度和空间复杂度。

1. 时间复杂度

对于解决特定问题的算法,执行时间短的显然比执行时间长的效率高。衡量一个算法的执行时间有事后统计和事前分析两种方法。

(1)事后统计

事后统计方法是通过使用测试用例运行已经设计完成的程序,利用计算机计时器测定该程序的运行时间。但该方法存在一定的缺陷:一是必须事先完成程序的设计,耗时耗力;二是计算机硬件和软件等环境因素将会影响测试的准确性,甚至会掩盖算法本身的优劣。

(2)事前分析

事前分析方法不上机运行根据算法编制的程序,而是依据统计方法对算法执行时间进行估算。

程序在计算机上运行的影响因素有:

①机器执行指令的速度。

②算法本身选用的策略。

③编译产生的机器代码质量。

④输入算法的数据量,称为问题规模,问题规模越大,耗时越多。

⑤书写程序的语言,语言越高级,耗时越多。

当算法采用不同的编译系统、不同的策略及不同的编程语言在不同的计算机上运行时,其效率均会不同。所以,不宜使用绝对时间衡量算法效率。因此,最重要的因素是问题规模。

一个算法花费的时间与算法中语句的执行次数成正比,哪个算法中语句执行次数多,所花费的时间就多。

一般情况下,算法中基本操作重复执行的次数称为语句频度或时间频度,它是问题规模 n 的某个函数,用 $T(n)$ 表示。若有某个辅助函数 $f(n)$,使得当 n 趋近于无穷大时,$T(n)/f(n)$ 的极限值为不等于零的常数,则称 $f(n)$ 是 $T(n)$ 的同数量级函数。记作 $T(n)=O(f(n))$,称 $O(f(n))$ 为算法的渐进时间复杂度,简称时间复杂度(Time Complexity)。时间复杂度不是精确的执行次数,而是估算的数量级,着重体现的是随着问题规模 n 的增大,算法执行时间的变化趋势。

下面通过几个例题来分析算法的时间复杂度。

【例1-4】 求以下六个算法的时间复杂度。

(1)

x=x+1;

x=x+1是基本语句,执行次数为1。它的语句频度与问题规模 n 没有关系,时间复杂度

为 $O(1)$,称为常数阶。

(2)
```
for(i=0;i<n;i++)
    x=x+1;
```
x=x+1 是基本语句,执行次数为 n。它的语句频度随问题规模 n 的增大而呈线性增大,时间复杂度为 $O(n)$,称为线性阶。

(3)
```
for(j=0;j<n;j++)
    for(i=0;i<n;i++)
        x=x+1;
```
x=x+1 是基本语句,执行次数为 n^2。时间复杂度为 $O(n^2)$,称为平方阶。

(4)
```
for(k=0;k<n;k++)
    for(j=0;j<n;j++)
        for(i=0;i<n;i++)
            x=x+1;
```
x=x+1 是基本语句,执行次数为 n^3。时间复杂度为 $O(n^3)$,称为立方阶。

(5)
```
i=0;
sum=0;
while(sum<n)
{
    i=i+1;
    sum=sum+i;
}
```
sum=sum+i 是基本语句,设执行次数为 $T(n)$,则要满足:sum=$1+2+3+\cdots+T(n)=(1+T(n))T(n)/2 \leqslant n$,即 $T(n) \leqslant \sqrt{2n}$。该算法的时间复杂度为 $O(\sqrt{n})$。

(6)
```
i=1;
while(i<=n)
    i=i*2;
```
i=i*2 是基本语句,设执行次数为 $T(n)$,则要满足:$2^{T(n)-1} \leqslant n$,即 $T(n) \leqslant \log_2 n+1$。该算法的时间复杂度为 $O(\log_2 n)$,称为对数阶。

常用的时间复杂度所耗费的时间从小到大依次是:

$O(1)$(常数阶)$<O(\log_2 n)$(对数阶)$<O(n)$(线性阶)$<O(n\log_2 n)$(线性对数阶)$<O(n^2)$(平方阶)$<O(n^3)$(立方阶)$<\cdots<O(n^k)$(k 次方阶)$<O(2^n)$(指数阶)

算法的时间复杂度越大,其执行效率就越低。当我们在解决大规模数据问题时,需要发扬工匠精神,探索解决该问题的低时间复杂度算法。例如,我国神舟十二号飞船发射入轨后需要完成自主快速交会对接,整个过程历时约 6.5 小时,自动控制过程用到了很多的算法,高效的算法缩短了交会对接时间,大大缓解了航天员的旅途疲劳,为中国载人航天事业取得了巨大进步助力。

2. 空间复杂度

空间复杂度(Space Complexity)是对一个算法在运行过程中临时占用存储空间大小的量度,记作 $S(n)=O(f(n))$。其中,n 为问题规模,分析方法与算法的时间复杂度相似。

本章小结

数据结构课程主要研究数据在计算机中的表示和对数据的处理方法。本章介绍了相关的基本概念及算法分析的理论。

1. 数据结构(Data Structure)是指相互之间存在一定关系的数据元素的集合。数据结构包含三方面的内容:数据的逻辑结构、数据的存储结构和数据的运算。数据的逻辑结构有四种:集合、线性结构、树形结构和图结构。数据的存储结构有四种:顺序存储结构、链式存储结构、索引存储结构和散列存储结构。

2. 抽象数据类型(Abstract Data Type,ADT)是一个数据模型以及定义在该模型上的一组操作。抽象数据类型描述的是一组逻辑特性,与在计算机内部的表示和实现无关。

3. 算法设计的要求是要满足:正确性、可读性、健壮性、高效率和低存储量。

4. 对一个算法的评价主要从时间复杂度和空间复杂度来考虑。时间复杂度不是精确的执行次数,而是估算的数量级,着重体现的是随着问题规模 n 的增大,算法执行时间的变化趋势。

习 题

一、填空题

1. 数据结构是一门研究非数值计算的程序设计问题中计算机的_____以及它们之间的_____和运算等的学科。

2. 数据的存储结构是指数据元素及其关系在计算机存储器内的表示。存储结构通常有_____、_____、_____和_____四类。

3. 一种抽象数据类型包括_____和_____两个部分。

4. 算法必须满足的特性有_____、_____、_____、_____和_____。

二、选择题

1. 计算机识别、存储和加工处理的对象被统称为( )。

　A. 数据　　　　B. 数据元素　　　　C. 数据结构　　　　D. 数据类型

2. 数据结构通常是研究数据的( )及它们之间的联系。

　A. 存储和逻辑结构　　　　　　B. 存储和抽象

　C. 理想和抽象　　　　　　　　D. 理想与逻辑

3. 下列中不是数据的逻辑结构的是( )。

　A. 散列存储结构　　B. 线性结构　　　C. 树形结构　　　D. 图结构

4. 下列中不是数据的存储结构的是( )。

　A. 散列存储结构　　B. 顺序存储结构　　C. 链式存储结构　　D. 线性结构

5. 同一记录结构中的各数据项的类型（　　）一致。
A. 必须　　　　　　B. 不必　　　　　　C. 不能　　　　　　D. 不可能
6. 组成数据的基本单位是（　　）。
A. 数据项　　　　　B. 数据类型　　　　C. 数据元素　　　　D. 数据变量
7. 算法分析的两个方面是（　　）。
A. 空间复杂度和时间复杂度　　　　　　B. 正确性和简明性
C. 可读性和文档性　　　　　　　　　　D. 数据复杂性和程序复杂性
8. 算法分析的目的是（　　）。
A. 找出数据结构的合理性　　　　　　　B. 研究算法中的输入和输出的关系
C. 分析算法的效率以求改进　　　　　　D. 分析算法的易懂性和文档性
9. 下面（　　）的时间复杂度最好，即执行时间最短。
A. $O(n)$　　　　　B. $O(\log_2 n)$　　　C. $O(n\log_2 n)$　　D. $O(n^2)$

三、简答题

1. 数据的逻辑结构有哪几种？常用的存储结构有哪几种？
2. 举一个数据结构的例子，叙述其逻辑结构、存储结构和运算三方面的内容。
3. 什么叫算法？它有哪些特性？

四、分析题

设 n 为正整数。试分析程序段 1~3 中置以@记号的语句的频度和程序段 4~6 的时间复杂度。

1.
```
i=1; k=0;
while(i<=n-1)
{
    k+=10*i;     /*@*/
    i++;
}
```

2.
```
k=0;
for(i=1; i<=n; i++)
{
    for(j=i; j<=n; j++)
        k++;     /*@*/
}
```

3.
```
i=1; j=0;
while(i+j<=n)
{
    if(i>j)    /*@*/
        j++;
    else
        i++;
}
```

4.
```
void fun1(int n)
{
    int i=1,k=100;
    while(i<n)
    {
        k=k+1;
        i=i+2;
    }
}
```

5.
```
void fun2(int n)
{
    int i=1,k=100;
    while(i<n)
    {
        i=i*10;
        k=k+1;
    }
}
```

6.
```
void fun3(int n)
{
    i=1,k=2;
    while(i<n)
    {
        k=k+10*i;
        i=i+1;
    }
}
```

第 2 章

线性表

线性表是最常用、最简单的一种数据结构。线性表的数据元素之间有一对一的对应关系。在非空表中，除首结点外，每个结点都有且只有一个前驱结点；除尾结点外，每个结点都有且只有一个后继结点。在日常工作中，只要数据元素之间满足线性关系，就可以用线性表建立数学模型，并设计相关算法，解决实际问题。线性结构可以采用顺序存储结构或链式存储结构实现。

> **知识目标**

- 理解线性表的逻辑结构特征。
- 掌握顺序表的含义、特点、基本运算和相关算法分析。
- 掌握链表的含义、特点、基本运算和相关算法分析。
- 理解循环链表和双链表的逻辑结构特征及基本运算。
- 理解顺序表和链表的比较。

第 2 章思维导图

> **技能目标**

- 能应用顺序表的理论设计算法，解决实际问题。
- 能应用链表的理论设计算法，解决实际问题。

> **素质目标**

理解针对实际问题选择不同数据结构解决方案的差异，引导学生运用具体问题具体分析的方法论分析问题、解决问题。软件工程师应具有选择最优方案的知识储备，编写出来的软件才会得到用户的喜欢。

2.1 案例导引

案例：通信录管理。

编写一个用于通信录管理的程序，实现对联系人信息的插入、删除和查找等功能。要求记录每位联系人的姓名、性别、手机号码、住宅电话和邮箱信息。

案例探析：

对于通信录中的联系人需要管理其姓名、性别、电话和邮箱等信息，各位联系人所需要存储的信息类型是相同的，也就是说各个结点应该具有相同的结构。同时，各位联系人的信息记录之间按顺序排列，形成了线性结构。线性结构是最简单、最常用的数据结构。

2.2 线性表的逻辑结构

2.2.1 线性表的定义

线性表（Linear List）是由 n 个性质相同的数据元素组成的有限序列。表中数据元素的个数 n 定义为线性表的长度。$n=0$ 的表称为空表，即该线性表不包含任何数据元素；$n>0$ 时，线性表记为：

$$L=(a_1,a_2,a_3,\cdots,a_i,\cdots,a_n)$$

其中，$a_i(1\leqslant i\leqslant n)$ 称为表中的第 i 个数据元素，下标 i 表示该元素在线性表中的位置。任意一对相邻的数据元素 a_{i-1} 和 $a_i(2\leqslant i\leqslant n)$ 存在着线性关系 (a_{i-1},a_i)，且 a_{i-1} 称为 a_i 的直接前驱，a_i 称为 a_{i-1} 的直接后继。

线性表的逻辑结构为：

(1) 存在唯一的数据元素 a_1，或称首结点，它没有直接前驱，只有一个直接后继。

(2) 存在唯一的数据元素 a_n，或称尾结点，它没有直接后继，只有一个直接前驱。

(3) 除第一个结点（首结点）之外，集合中的每个数据元素均只有一个直接前驱。

(4) 除最后一个结点（尾结点）之外，集合中每个数据元素均只有一个直接后继。

线性表中的数据元素之间是一对一的关系，数据元素可以是简单数据类型，如整型和字符型等；也可以是用户自定义的任何类型，如记录类型等。

线性表是一种典型的线性结构，用二元组表示为：

$S=(A,R)$

$A=\{a_1,a_2,a_3,\cdots,a_i,\cdots,a_n\}$

$R=\{<a_1,a_2>,<a_2,a_3>,\cdots,<a_{i-1},a_i>,<a_i,a_{i+1}>,\cdots,<a_{n-1},a_n>\}$

线性表的逻辑结构如图 2-1 所示。

图 2-1 线性表的逻辑结构

在日常生活中有许多线性表的例子，比如一副扑克牌的点数可以表示为(2,3,4,5,6,7,8,9,10,J,Q,K,A)；再如图书目录和银行排队叫号等都是线性表的例子。

学生信息表就是一个典型的线性结构，见表 2-1。

表 2-1　　　　　　　　　　　　学生信息表

学　号	姓　名	性　别	电话号码	邮　箱
10001	李平	男	86000001	liping@126.com
10002	王芳	女	86000002	wangf@163.com
10003	吴冰	女	86000003	wubing@sina.com
10004	李清	男	86000004	liqing@yahoo.com
...	...	...	...	...

在这个线性表中,每一名学生所对应的一行信息就是一个数据元素,也称为记录,包括学号、姓名、性别、电话号码和邮箱共五个数据项。记录之间是一对一的关系,除了第一条记录和最后一条记录,每条记录都只有一个直接前驱和直接后继。

2.2.2　线性表的抽象数据类型定义

线性表的长度可以随着数据元素的插入和删除等操作而增加或减少,是一种灵活的数据结构。线性表的抽象数据类型定义如下:

ADT List{

　　数据对象:$D=\{a_i | a_i$ 为 DataType 类型,$1 \leqslant i \leqslant n, n \geqslant 0\}$ /* DataType 为自定义类型 */

　　数据关系:$R=\{<a_{i-1}, a_i> | a_{i-1}, a_i \in D, 2 \leqslant i \leqslant n\}$。在非空表中,除了首结点,每个结点都有且只有一个前驱结点;除了尾结点,每个结点都有且只有一个后继结点。

　　基本操作:

　　InitList(&L):构造一个空的线性表 L,即表的初始化。

　　ListLength(L):求线性表 L 中的结点个数,即求表长。

　　GetNode(L,i):取线性表 L 中的第 i 个结点,要求 $1 \leqslant i \leqslant$ ListLength(L)。

　　LocateNode(L,x):在 L 中查找值为 x 的结点,并返回该结点在 L 中的位置。若 L 中有多个结点的值与 x 相同,则返回首次找到的结点位置;若 L 中没有结点的值为 x,则返回一个特殊值表示查找失败。

　　InsertList(&L,x,i):在线性表 L 的第 i 个位置上插入一个值为 x 的新结点,使得原编号为 $i, i+1, \cdots, n$ 的结点变为编号为 $i+1, i+2, \cdots, n+1$ 的结点。这里 $1 \leqslant i \leqslant n+1, n$ 是原表 L 的长度。插入操作成功后表 L 的长度加 1。

　　DeleteList(&L,i):删除线性表 L 的第 i 个结点,使得原编号为 $i+1, i+2, \cdots, n$ 的结点变成编号为 $i, i+1, \cdots, n-1$ 的结点。这里 $1 \leqslant i \leqslant n, n$ 是原表 L 的长度。删除操作成功后表 L 的长度减 1。

}ADT List

2.3 线性表的顺序存储结构

线性表的顺序存储结构又称顺序表(Sequential List)。

顺序表

 2.3.1 顺序表的结构

顺序表是用一组地址连续的存储单元依次存放线性表的数据元素,即保持元素同构且无缺项。

若每个数据元素占用 c 个存储单元,并以所占的第一个存储单元地址作为该数据元素的存储位置,设表的最大长度为 MaxSize,如图 2-2 所示,则表中任一元素 a_i 的存储地址为:

$$LOC(a_i)=LOC(a_1)+(i-1)*c \qquad (1 \leqslant i \leqslant n)$$

顺序表为相邻的元素 a_i 和 a_{i+1} 赋予相邻的存储位置 $LOC(a_i)$ 和 $LOC(a_{i+1})$,即在线性表中逻辑关系相邻的数据元素在内存中的物理位置也是相邻的。对于这种存储方式,只要确定表头结点的首地址,线性表中任一数据元素都可以随机存取,所以顺序表是一种随机的存储结构。

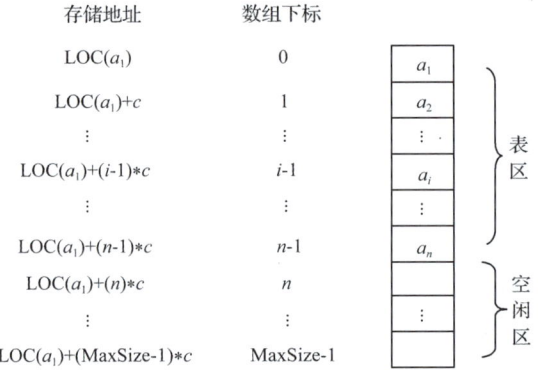

图 2-2 顺序表逻辑结构

 2.3.2 顺序表上实现的基本运算

在 C 语言中,可以采用结构体类型来定义顺序表类型,算法如下:

```
/*顺序表的定义*/
#define MaxSize 80          /*表空间大小应根据实际需要设定,这里假设为 80*/
typedef int DataType;        /*DataType 为数据元素的类型,可以是任何类型*/
typedef struct
{
```

```
    DataType data[MaxSize];        /*data[]用于存放表结点*/
    int length;                    /*当前的表长度*/
}SeqList;
```

顺序表的存储结构如图 2-3 所示。

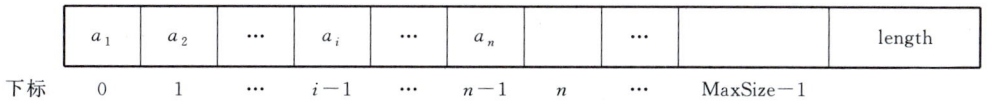

图 2-3　顺序表存储结构

1. 建表

输入给定的数组元素作为线性表的数据元素,将其传入顺序表中,并将传入的元素个数作为顺序表的长度建立顺序表。

【算法 2-1】：
```
void CreateList(SeqList * L,DataType a[],int n)
/*建立顺序表*/
{
    int i;
    if(n>MaxSize)
    {
        printf("overflow");        /*如果 n 大于 MaxSize,出现上溢*/
        exit(0);
    }
    for(i=0;i<n;i++)               /*为线性表的元素赋值*/
        L->data[i]=a[i];
    L->length=n;                   /*设置表中元素的个数*/
}
```

该算法的问题规模是表的长度 n,基本语句是 for 循环中执行元素赋值的语句,故时间复杂度为 $O(n)$。

在日常工作中,根据实际情况可以设计多种建表方式,如通过键盘输入数据或通过文件读取数据等。下面为读者提供从键盘输入数据建立顺序表的算法。

【算法 2-2】：
```
void CreateListB(SeqList * L)
/*从键盘输入数据,建立顺序表*/
{
    int i,value;
    i=0;
    printf("请输入数据,输入 9999 时结束:\n");
    scanf("value=%d",&value);
    while(value!=9999)
    {
        if(i>MaxSize-1)
        {
            printf("overflow");                /*如果 i 大于 MaxSize-1,出现上溢*/
            exit(0);
```

```
        }
        L->data[i]=value;                    /* 为线性表的元素赋值 */
        i++;
        scanf("value=%d",&value);
    }
    L->length=i;                             /* 设置表中元素个数 */
}
```

2. 插入

线性表的插入运算是指在线性表的第 i 个($1 \leqslant i \leqslant n+1$)位置上插入一个新元素 x,使长度为 n 的线性表($a_1,a_2,\cdots,a_i,\cdots,a_n$)变成长度为 $n+1$ 的线性表($a_1,a_2,\cdots,a_{i-1},x,a_i,\cdots,a_n$)。

顺序表中要保持元素同构且无缺项,因此在表中进行插入运算时,必须将表尾结点至待插入位置的结点依次后移,空出第 i 个位置,如图 2-4(b)所示(由内存的特性可知,此时该物理单元的内容仍为 a_i,记为(a_i)),然后将新元素插入该位置,完成插入运算。仅当在原表尾结点后插入新结点时,即插入位置为 $i=n+1$ 时,无须移动结点。

在 C 语言中,数组下标从 0 开始依次存放数据元素,其完整插入过程如图 2-4 所示。

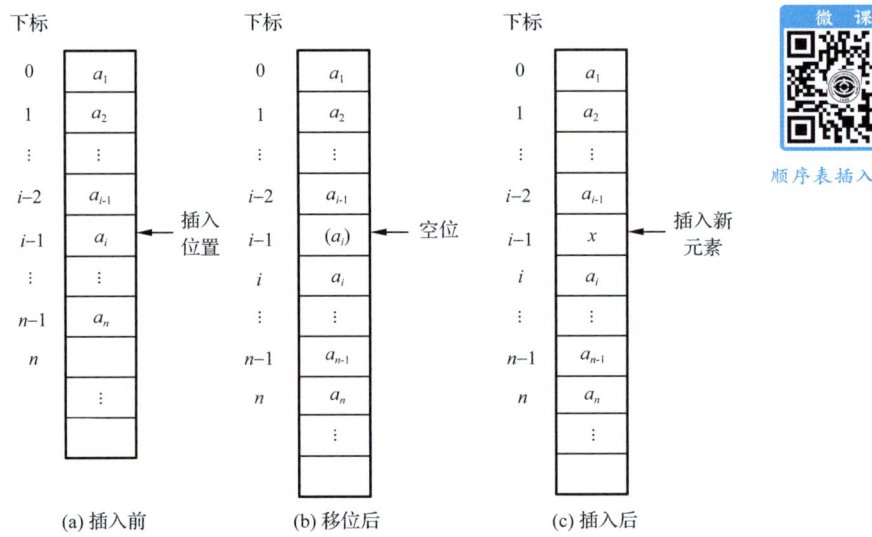

图 2-4 顺序表插入运算

【算法 2-3】:

```
void InsertList(SeqList *L,DataType x,int i)
/* 将新结点 x 插入 L 所指顺序表的第 i 个结点的位置上 */
{
    int j;
    if(L->length==MaxSize)                   /* 表空间已满,不能插入元素,退出运行 */
    {
        printf("表空间已满,不能插入元素,退出运行。");
        exit(0);
    }
    if(i<1||i>L->length+1)                   /* 插入位置错误,退出运行 */
```

```
    {
        printf("插入位置非法");
        exit(0);
    }
    for(j=L->length-1;j>=i-1;j--)    /*从表尾结点至第i个结点依次后移*/
        L->data[j+1]=L->data[j];
    L->data[i-1]=x;                  /*新元素赋值*/
    L->length++;                     /*表长加1*/
}
```

该算法的问题规模是表的长度 n,基本语句是 for 循环中执行元素后移的语句。当 $i=1$ 时,即新插入的元素为表头结点,需要移动表中的所有元素,元素后移语句将执行 n 次,这是最坏的情况,时间复杂度为 $O(n)$;当 $i=n+1$ 时,即新插入的结点为表尾结点,元素不需要执行后移,这是最好的情况,时间复杂度为 $O(1)$。表长为 n 的线性表中,在第 i 个位置插入一个新元素,元素后移语句的执行次数为 $n-i+1$。假设 i 是一个随机值,即在多次插入运算中取值分布是均匀的,则概率 p_i 为 $\frac{1}{n+1}$,需要移动元素的平均次数为:

$$\sum_{i=1}^{n+1} p_i(n-i-1) = \frac{1}{n+1}\sum_{i=1}^{n+1}(n-i+1) = \frac{n}{2}$$

也就是说,在顺序表上实现插入操作,等概率情况下,平均要移动表中一半的数据元素,算法的平均时间复杂度为 $O(n)$。

3. 删除

线性表的删除运算是指将线性表的第 i 个($1 \leq i \leq n$)位置上的元素删除,使长度为 n 的线性表 $(a_1,a_2,\cdots,a_i,\cdots,a_n)$ 变成长度为 $n-1$ 的线性表 $(a_1,a_2,\cdots,a_{i-1},a_{i+1},\cdots,a_n)$。

顺序表中应保持元素同构且无缺项。在表中进行删除运算时,将待删除结点之后的结点至表尾结点依次前移,顺次覆盖前一个位置的元素,从而实现删除第 i 个元素的操作。仅当删除原表尾结点时,即删除位置为 $i=n$ 时,无须移动结点。其删除过程如图 2-5 所示。

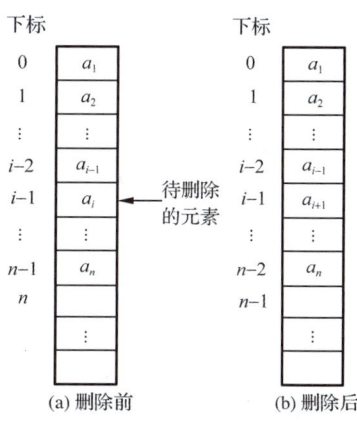

图 2-5 顺序表删除运算

【算法 2-4】:
```
void DeleteList(SeqList *L,int i)
/*从L所指的顺序表中删除第i个结点*/
{
    int j;
    if(L->length==0)
    {
        printf("线性表为空,退出运行\n");
        exit(0);
    }
    if(i<1||i>L->length)
    {
        printf("删除位置非法\n");
```

顺序表删除运算

```
            exit(0);
    }
    for(j=i;j<=L->length-1;j++)
        L->data[j-1]=L->data[j];        /*将自第i个元素之后的所有元素前移*/
    L->length--;                         /*表长减1*/
}
```

该算法的问题规模是表长 n，基本语句为 for 循环中元素前移的语句。当 $i=1$ 时，即删除表头结点，需要移动表中除表头结点外的所有元素，这是最坏的情况，时间复杂度为 $O(n)$；当 $i=n$ 时，即删除表尾结点，元素不需要移动，这是最好的情况，时间复杂度为 $O(1)$。在表长为 n 的线性表中，删除第 i 个元素，元素前移语句的执行次数为 $n-i$。假设 i 是一个随机值，即在多次删除运算中取值分布是均匀的，则概率 p_i 为 $\frac{1}{n}$，需要移动元素的平均次数为：

$$\sum_{i=1}^{n} p_i(n-i) = \frac{1}{n}\sum_{i=1}^{n}(n-i) = \frac{n-1}{2}$$

也就是说，在顺序表上实现删除操作，等概率情况下，平均要移动表中大约一半的数据元素，算法的平均时间复杂度为 $O(n)$。

4. 查找

查找运算分为按值查找和按位查找。

(1) 按值查找

在顺序表中实现按值查找操作，需要对顺序表中的元素按照顺序依次进行比较，如果查找成功，则返回元素的序号(注意：不是元素的下标)；否则，返回 0。

【算法 2-5】：

```
int LocateList(SeqList L,DataType x)
/*顺序表按值查找*/
{
    int i=0;
    while(i<L.length&&L.data[i]!=x)
        ++i;                            /*如果查找成功，下标为i的元素等于x*/
    if(i<L.length)
        return i+1;                     /*返回找到元素的序号i+1*/
    else
        return 0;                       /*找不到返回0*/
}
```

该算法的问题规模是表长 n，基本语句为 while 循环中元素比较的语句。如果顺序表的最后一个元素为要找的 x，就需要从第一个元素开始，比较 n 个元素，这是最坏的情况，时间复杂度为 $O(n)$；如果顺序表的第一个元素就是 x，算法只要比较一次即可，这是最好的情况，时间复杂度为 $O(1)$。等概率情况下，平均要比较 $n/2$ 个元素，该算法的平均时间复杂度为 $O(n)$。

本算法按顺序表从前向后进行查找，也可以修改算法实现从后向前查找。当实际项目中数据量比较大，经常使用的数据在表的后半部分时，适合采取从后向前查找的算法。

(2) 按位查找

根据顺序表的随机查找的特性，按位查找只需返回相应位置的数据元素即可。

【算法 2-6】：
```
DataType GetNode(SeqList L,int i)
/*顺序表按位查找*/
{
    if(i<1||i>L.length)
    {
        printf("查找位置非法");
        exit(0);
    }
    else
        return L.data[i-1];              /*返回找到的值*/
}
```
显然，按位查找算法的时间复杂度为 $O(1)$。

2.4 线性表的链式存储结构

顺序表的特点是利用数据元素在物理位置上的邻接关系来表示结点间的逻辑关系，这样顺序表就无须为表示结点间的逻辑关系而增加额外的空间，同时也可以直接存取表中的任一元素。但它也有相应的缺点：

(1)插入和删除操作需要移动大量的结点。

(2)表的容量难以预先确定。在为长度变化较大的线性表预先分配空间时，只能按照最大空间需求分配，造成空间利用率低。

(3)造成存储空间的"碎片"。因为顺序表存储要求占用连续的存储空间，即使空闲单元总数超过了表的容量，如果不连续，也无法使用。

鉴于顺序表的这些不足，我们考虑线性表的链式存储结构。

2.4.1 链表的结构

线性表的链式存储结构简称链表(Linked List)，是用一组任意的存储单元存储该线性表中的各个数据元素，存储单元可以连续，也可以不连续。因此，链表中数据元素的逻辑次序和物理次序不一定相同。为了能体现元素间的逻辑顺序，每个结点除了存储数据元素的信息外，还要存储其后继元素所在的地址信息。因此，一个链表结点由两个域构成：存储数据元素信息的域称为数据域(data)；存储直接后继存储位置的域称为指针域(next)。

链表通过每个结点中的指针域将线性表的各个结点按逻辑顺序链接在一起。若链表的每个结点中只有一个指针域，这种链表称为单链表(Single Linked List)，结点结构如图 2-6 所示。线性表(a_1,a_2,a_3,a_4)的链式存储结构如图 2-7(a)所示，但用这种方法表示单链表很不方便，而且用户也没必要关心线性表中每个数据元素的实际内存地址，因此通常采用如图 2-7(b)所示的形式表示单链表的逻辑关系。

图 2-6　单链表的结点结构

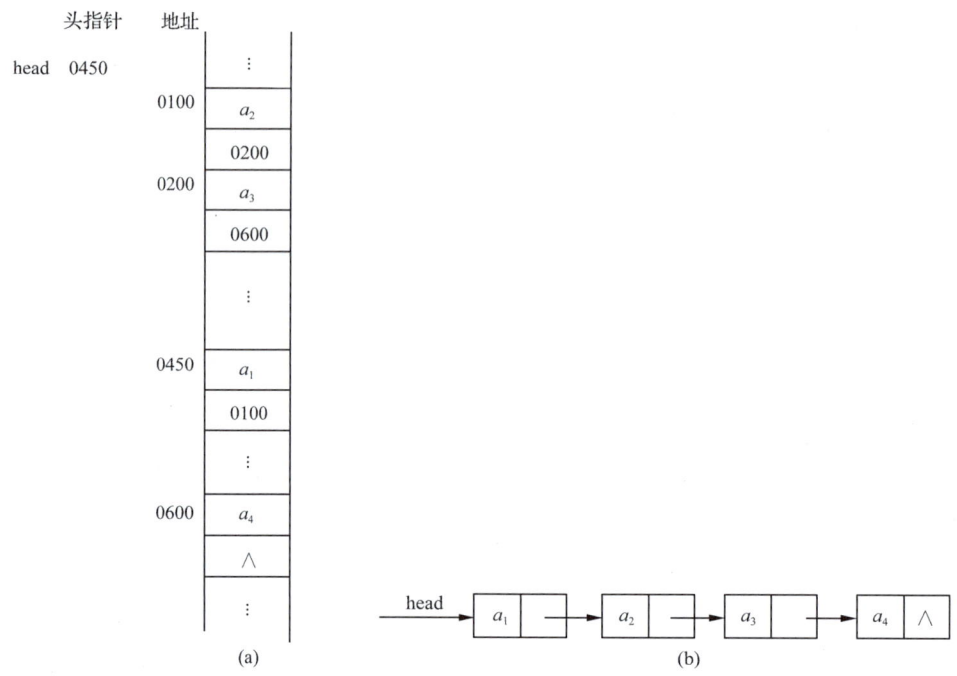

图 2-7　线性表(a_1,a_2,a_3,a_4)的链式存储

链表的存取要从头指针 head 开始,头指针指示链表中第一个结点(称为首结点)的存储位置;链表的最后一个结点称为尾结点,由于其没有直接后继,尾结点的指针域为空(NULL),用"∧"表示。线性表($a_1,a_2,\cdots,a_i,\cdots,a_n$)的单链表如图 2-8 所示。

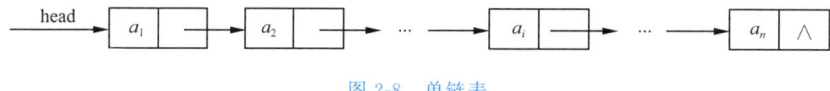

图 2-8　单链表

从图 2-8 中可以看到,除首结点外,单链表中每个结点的存储地址存放在其前驱结点的指针域中。由于首结点与其他结点的存储地址存放位置不同,因此结点的处理就有所不同。为了方便操作,在单链表第一个结点之前附加一个同结构的结点,称为头结点(front)或表头结点。头结点的数据域可以空闲,也可以用来存储如线性表长度等附加信息,但实际使用时要考虑结点数据域的数据类型设置。增加了头结点的单链表,链表头指针在空表和非空表中的处理便统一了,链表的首结点也不必再进行特殊处理。带头结点的单链表如图 2-9 所示。本书中,如无特殊说明,单链表的案例均采用带头结点的单链表。

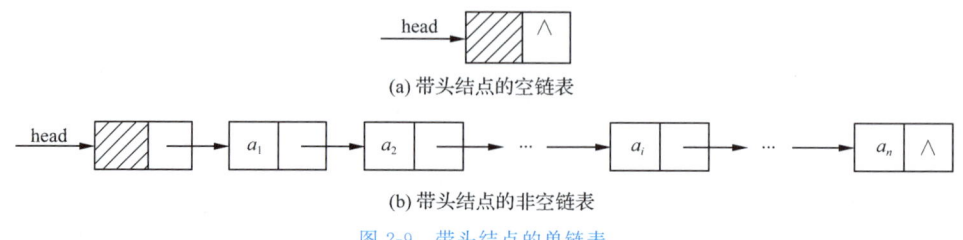

图 2-9　带头结点的单链表

2.4.2 单链表上实现的基本运算

在 C 语言中,单链表可以定义如下:
```
/*单链表的定义*/
typedef int DataType;              /*DataType 为数据元素的类型,可以是任何类型*/
typedef struct node                /*结点类型定义*/
{
    DataType data;                 /*结点的数据域*/
    struct node *next;             /*结点的指针域*/
}ListNode;
typedef ListNode *LinkList;
```

1. 建表

链表的建立有头插法建表和尾插法建表两种方式。

(1)头插法建表

头插法建立链表是将新生成的结点插入现有链表首结点之前,无头结点的单链表和带头结点的单链表头插法建表算法如下:

单链表的建立

【算法 2-7】:
```
LinkList CreateListF1(void)
/*用头插法建无头结点的单链表*/
{
    int value;
    LinkList head=NULL;                        /*设置头指针*/
    ListNode *p;                               /*p用于指向新结点*/
    printf("输入 9999,结束输入!\n");
    printf("请输入数据值:\n");
    scanf("%d",&value);                        /*输入数据值*/
    while(value!=9999)
    {
        p=(ListNode *)malloc(sizeof(ListNode));  /*生成新结点*/
        if(!p)                                   /*如果新结点申请空间不成功,退出*/
            exit(-1);
        p->data=value;                           /*为新结点赋值*/
        p->next=head;                            /*新结点的指针指向原有链表首结点*/
        head=p;                                  /*头指针指向新结点*/
        printf("请输入数据值:\n");
        scanf("%d",&value);
    }
    return head;                                 /*返回头指针*/
}
```

【算法 2-8】：
```
LinkList CreateListF2(void)
/*用头插法建带头结点的单链表*/
{
    int value;
    LinkList head;                                  /*设置头指针*/
    ListNode * p;                                   /*p用于指向新结点*/
    head=(ListNode * )malloc(sizeof(ListNode));     /*初始化一个空链表*/
    head->next=NULL;
    printf("输入9999,结束输入！\n");
    printf("请输入数据值:\n");
    scanf("%d",&value);                             /*输入数据值*/
    while(value!=9999)
    {
        p=(ListNode * )malloc(sizeof(ListNode));    /*生成新结点*/
        if(!p)                                      /*如果新结点申请空间不成功,退出*/
            exit(-1);
        p->data=value;                              /*为新结点赋值*/
        p->next=head->next;                         /*新结点的指针指向原有链表首结点*/
        head->next=p;                               /*头结点的指针指向新结点*/
        printf("请输入数据值:\n");
        scanf("%d",&value);
    }
    return head;                                    /*返回头指针*/
}
```

以带头结点单链表的头插法为例，具体操作过程如图 2-10 所示。

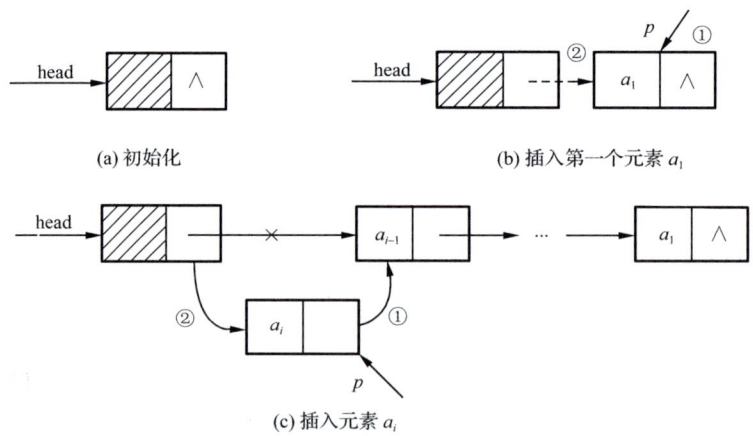

图 2-10 带头结点单链表的头插法建表

(2)尾插法建表

尾插法建立链表是将新生成的结点链接到现有表的尾结点之后。无头结点的单链表和带头结点的单链表尾插法建表算法如下：

【算法 2-9】：
LinkList CreateListR1(void)
/*用尾插法建无头结点的单链表*/
{
    int value;
    LinkList head=NULL;　　　　　　　　　　　/*设置头指针*/
    ListNode *p,*r;　　　　　　　　　　　　　/*p用于指向新结点,r用于指向表尾结点*/
    r=NULL;
    printf("输入 9999,结束输入！\n");
    printf("请输入数据值:\n");
    scanf("%d",&value);　　　　　　　　　　　/*输入数据值*/
    while(value!=9999)
    {
        p=(ListNode *)malloc(sizeof(ListNode));　/*生成新结点*/
        if(!p)　　　　　　　　　　　　　　　　　/*如果新结点申请空间不成功,退出*/
            exit(-1);
        p->data=value;　　　　　　　　　　　　　/*为新结点赋值*/
        if(head==NULL)
            head=p;　　　　　　　　　　　　　　　/*新结点插入空表*/
        else
            r->next=p;　　　　　　　　　　　　　/*新结点接在表尾*/
        r=p;　　　　　　　　　　　　　　　　　　/*r指向新结点*/
        printf("请输入数据值:\n");
        scanf("%d",&value);
    }
    if(r!=NULL)
        r->next=NULL;　　　　　　　　　　　　　/*表尾结点指针置空*/
    return head;　　　　　　　　　　　　　　　　/*返回头指针*/
}

【算法 2-10】：
LinkList CreateListR2(void)
/*用尾插法建带头结点的单链表*/
{
    int value;
    LinkList head;　　　　　　　　　　　　　　/*设置头指针*/
    ListNode *p,*r;　　　　　　　　　　　　　/*p用于指向新结点,r用于指向表尾结点*/
    head=(ListNode *)malloc(sizeof(ListNode));　/*生成头结点*/
    r=head;
    printf("输入 9999,结束输入！\n");
    printf("请输入数据值:\n");
    scanf("%d",&value);　　　　　　　　　　　/*输入数据值*/
    while(value!=9999)
    {
        p=(ListNode *)malloc(sizeof(ListNode));　/*生成新结点*/

```
        if(!p)                                    /*如果新结点申请空间不成功,退出*/
            exit(-1);
        p->data=value;                             /*为新结点赋值*/
        r->next=p;                                 /*新结点接在表尾*/
        r=p;                                       /*r指向新结点*/
        printf("请输入数据值:\n");
        scanf("%d",&value);
    }
    r->next=NULL;                                  /*表尾结点指针置空*/
    return head;                                   /*返回头指针*/
}
```

以带头结点单链表的尾插法为例,具体操作过程如图 2-11 所示。

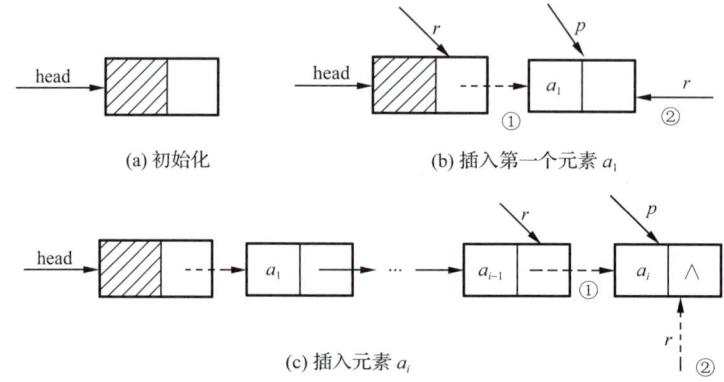

图 2-11　带头结点单链表的尾插法建表

以上四种建表算法中,问题规模都取决于表长 n,基本语句为 while 循环中新结点插入的语句。因此,算法的平均时间复杂度均为 $O(n)$。

2. 插入

将新元素 x 插入链表中的数据元素 a_{i-1} 和 a_i 之间,实现链表的插入运算。首先要遍历单链表,找到 a_{i-1} 的存储地址 r;然后生成新结点 p,将其数据域赋值为 x;结点 p 的 next 指针指向 r 的 next;最后将结点 r 的 next 指向 p。具体步骤如图 2-12 所示。

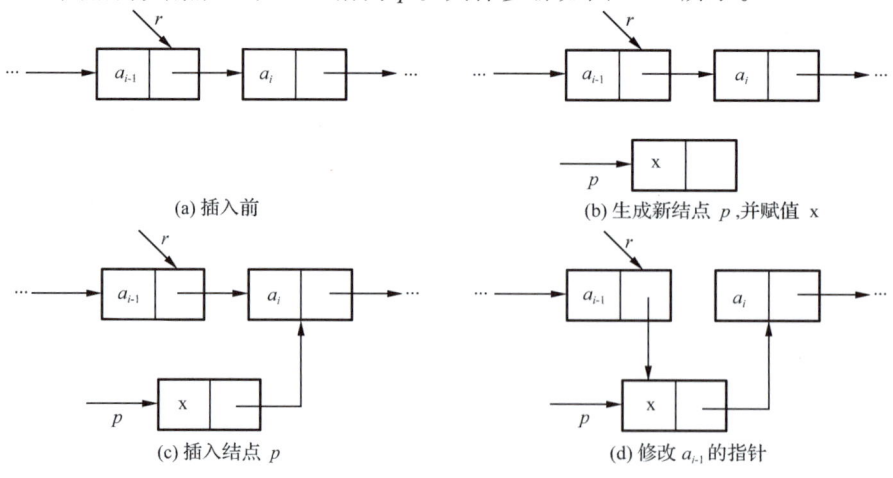

图 2-12　单链表的插入

【算法 2-11】：
void InsertList(LinkList head,DataType x,int i)
/*将值为 x 的新结点插入带头结点的单链表 head 的第 i 个结点的位置上 */
{
    int j;   /* j 用于记录当前结点位置 */
    ListNode * p,* r;
    r＝head;
    j＝0;
    while(r－>next&&j<i－1)   /* 寻找第 i-1 个结点 */
    {
        r＝r－>next;
        j＋＋;
    }
    if(j!＝i－1)
    {
        printf("插入位置非法\n");
        exit(0);
    }
    p＝(ListNode *)malloc(sizeof(ListNode));   /* 生成新结点 */
    if(! p)   /* 如果新结点申请空间不成功,退出 */
        exit(－1);
    p－>data＝x;   /* 为新结点 p 赋值 x */
    p－>next＝r－>next;   /* 插入结点 p */
    r－>next＝p;   /* 修改 r 的指针 */
}

本算法的问题规模是表长 n，基本语句为 while 循环中用于寻找第 $i-1$ 个结点的语句。因此，算法的平均时间复杂度为 $O(n)$。

3. 删除

如果要删除单链表中的数据元素 a_i，需要找到指向待删除元素的指针 p 及指向其直接前驱结点的指针 r，再将 r 的 next 指针指向 p 的后继，最后释放结点 p。操作步骤如图 2-13 所示。

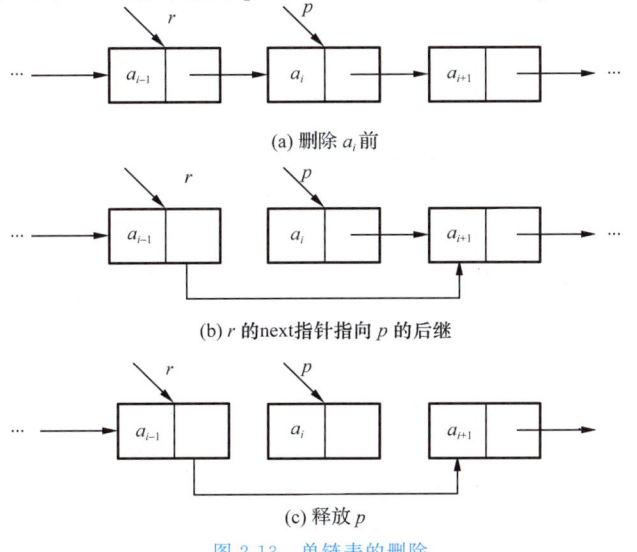

图 2-13　单链表的删除

【算法 2-12】：
```
void DeleteList(LinkList head,DataType x)
/*删除带头结点的单链表中值等于 x 的结点*/
{
    ListNode *p,*r;                 /* p 指向查找的结点,r 指向 p 的前驱结点*/
    r=head;
    p=head->next;
    while(p&&p->data!=x)            /*查找值等于 x 的结点*/
    {
        p=p->next;
        r=r->next;
    }
    if(p==NULL)                     /*如果 p 为空,查找失败*/
    {
        printf("待删除结点不存在！\n");
        exit(0);
    }
    r->next=p->next;                /* r 的 next 指针指向 p 的后继*/
    free(p);                        /*释放结点 p */
}
```

本算法的问题规模是表长 n，基本语句为 while 循环中用于查找值等于 x 的结点的语句。算法的平均时间复杂度为 $O(n)$。

4. 查找

单链表上的查找与顺序表的查找不同，不能实现随机查找。若要找到某个元素，只能从表头开始查找，属于顺序查找。

（1）按值查找

在单链表中，每一个数据元素的存储位置都存放在其直接前驱结点的指针域中。因此，单链表的按值查找运算需要从表首结点开始，依次将表中结点的数据域与给定值比较，直到某个结点的数据域等于给定值，则查找成功，返回指向该结点的指针；若查过表尾仍未找到，则查找失败，返回 NULL。

【算法 2-13】：
```
LinkList LocNode(LinkList head,DataType x)
/*在带头结点的单链表 head 中查找其值为 x 的结点*/
{
    ListNode *r=head->next;          /*设置比较的指针 r 从链表首结点开始*/
    while(r&&r->data!=x)             /*直到 r 为 NULL 或 r->data 等于 x 为止*/
        r=r->next;
    return r;
}
```

（2）按位查找

单链表的按位查找需要从表头结点开始，依次用给定的序号与表中结点的序号比较，当查找成功时，返回结点的地址；否则，返回 NULL。

【算法 2-14】：
```
LinkList GetNode(LinkList head,int i)
/*在带头结点的单链表 head 中查找第 i 个结点*/
{
    if(i<1)                           /*如果 i 小于 1,查找位置不合理,返回 NULL*/
    {
        printf("查找位置不合理！\n");
        return NULL;
    }
    int j=0;                          /*设置计数器 j,赋初值为 0*/
    ListNode *r=head;
    while(r->next&&j<i)               /*直到 r->next 为 NULL 或 j 等于 i 为止*/
    {
        r=r->next;
        j++;
    }
    if(j==i)
        return r;
    else
        return NULL;
}
```
两种查找都需要从表头结点依次向后比较,因此问题规模均为表长 n,时间复杂度均为 $O(n)$。

循环链表

2.4.3 循环链表

将单链表中的最后一个结点的指针指向链表中的第一个结点,使整个链表构成一个环形,这种链表称为单循环链表,简称循环链表(Circular Linked List)。

从循环链表中的任意一个结点出发都可以找到表中的其他结点。为了使空表与非空表的处理统一,通常循环链表也附设一个头结点,如图 2-14 所示。有时,在单循环链表中只设指向尾结点的尾指针 rear 而不设头指针,这样对链表头结点和尾结点的操作都变得方便了。

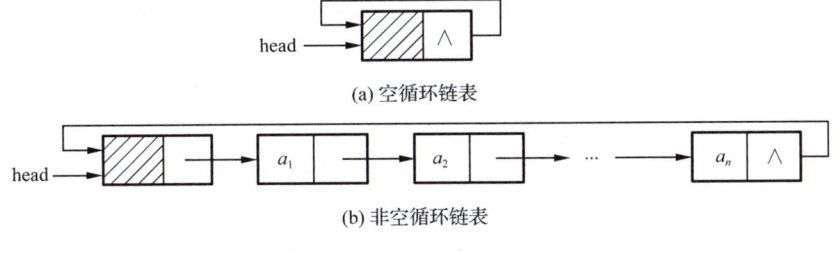

图 2-14 循环链表

循环链表的运算与单链表基本一样,差别在于当需要从头到尾遍历整个链表时,判断是否达到表尾的条件不同。在单链表中找表尾结点要判断某结点链域值是否为"空",在循环链表中找表尾结点则要判断某结点的链域值是否等于头指针。

在循环链表中,从表中任一结点 p 出发,均可以找到其直接前驱结点。算法如下:
【算法 2-15】:
LinkList prior(ListNode * p)
/* 求循环链表中任意一个结点的前驱结点 */
{
    ListNode * s;
    s=p—>next;   /* 初始化 s 为 p 的直接后继 */
    while(s—>next!=p)   /* 当 s 的直接后继为 p 时,s 是 p 的直接前驱 */
        s=s—>next;
    return s;
}
显然,本算法的时间复杂度为 $O(n)$。

2.4.4 双链表

双链表

在单链表和循环链表中,数据元素的结点除数据域外,只有一个指向其直接后继的指针域,若要查找其前驱结点就需要遍历链表。为了解决这种单向性的问题,可以在单链表的结点中增加一个指向其直接前驱结点的指针域,这样有两种不同方向链的链表就称为双(向)链表(Double Linked List),其结点结构如图 2-15(a)所示。其中,data:数据域,存放数据元素;prior:前驱指针域,存放该结点的前驱结点地址;next:后继指针域,存放该结点的后继结点地址。给双链表添加一个表头结点成为带表头结点的双链表,如图 2-15(b)所示。如果每条链都构成循环链表,就形成了双循环链表,如图 2-15(c)所示。

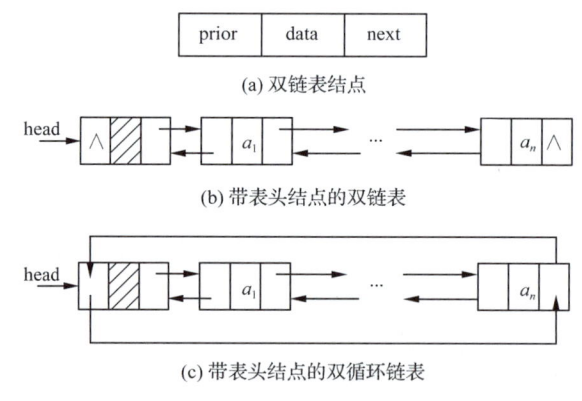

(a) 双链表结点

(b) 带表头结点的双链表

(c) 带表头结点的双循环链表

图 2-15 双链表

双链表和单链表相比,每一个结点增加了一个指针域,虽然多占用了空间,但它给数据运算带来了方便。在双链表中,如果只涉及单向的指针,则其运算与单链表的算法一致;如果运算涉及两个方向的指针,由于双链表的对称结构,其插入和删除操作都很容易。双链表有一个重要的特点,若 p 是指向表中任一结点的指针,则有:

        (p—>next)—>prior==(p—>prior)—>next==p

在 C 语言中,双链表可以定义如下:

```
/*双链表的定义：*/
typedef int DataType;              /*DataType为数据元素的类型，可以是任何类型*/
typedef struct Dnode               /*结点类型定义*/
{
    DataType data;                 /*结点的数据域*/
    struct Dnode * prior;          /*结点的前驱指针域*/
    struct Dnode * next;           /*结点的后继指针域*/
}DulListNode;
typedef DulListNode * DulLinkList;
```

1. 插入

在双链表中结点 s 的后面插入新结点 p，需要修改四个指针：

① p->prior=s;
② p->next=s->next;
③ s->next->prior=p;
④ s->next=p;

在涉及链表指针的操作中，应注意修改指针的顺序，以避免出现丢失后半段链表的情况。在修改第②和③步指针时，要用到 s->next 以指向 s 的后继结点，所以第④步的操作要在第②和③步指针修改完成后进行，而第②和③步的操作顺序可以互换。操作步骤如图 2-16 所示。

2. 删除

在双链表中删除结点 s，可以采用如下语句完成：

① s->next->prior=s->prior;
② s->prior->next=s->next;
③ free(s);

第①和②步可以互换，如图 2-17 所示。

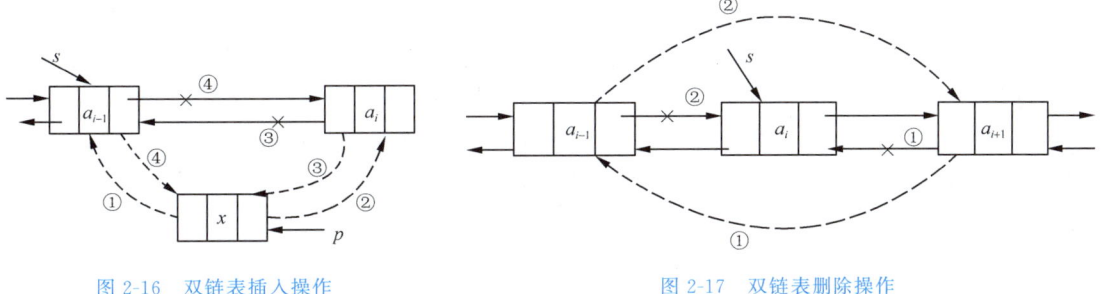

图 2-16 双链表插入操作　　　　　图 2-17 双链表删除操作

2.5 顺序表与链表的比较

1. 考虑时间因素

顺序表的查找运算是随机操作，对表中任一结点都可以直接存取，而链表中的结点需要从头指针起沿着链表遍历才能找到。所以，当线性表的操作主要是进行查找，很少做插入和删除操作时，宜采用顺序表作为存储结构；对于频繁进行插入和删除的线性表，宜采用链表作为存储结构;若表的插入和删除主要发生在表的首尾两端,则宜采用尾指针表示的单循环链表作为存储结构。

2. 考虑空间因素

顺序表的存储空间是静态分配的,在程序执行之前必须明确定义其存储规模。估计太小可能造成空间溢出,估计太大将造成空间浪费。链表的存储空间是动态分配的,只要系统内存尚有空闲,就不会产生溢出。

当线性表的长度变化较大,难以估计其存储规模时,宜采用动态链表作为存储结构;当线性表的长度变化不大,易于事先确定其大小时,为了节约存储空间,宜采用顺序表作为存储结构。

存储密度(Storage Density)是指结点数据本身所占的存储量与整个结点结构所占的存储量之比。动态链表存储密度小于1,顺序表存储密度等于1。显然,存储密度越大,存储空间的利用率就越高。

3. 考虑程序设计语言

从计算机程序语言看,绝大多数高级语言都提供数组类型,因此顺序表的实现相对简单一些。若无指针类型,则可以采用静态链表的方法来模拟动态存储结构。

2.6 案例实现:通信录管理

2.6.1 案例分析

设通信录见表2-2,在该线性表中,一个数据元素是每一个联系人所对应的一行信息,包括姓名、性别、手机号码、住宅电话和邮箱共五个数据项,通信录中的记录按顺序排列。其中,"性别"字段用0和1表示,0表示女性,1表示男性。记录之间是一对一的关系,除第一条记录和最后一条记录外,每条记录都只有一个直接前驱和直接后继。因此,系统中的数据元素是线性结构,可以采用顺序表和链表两种方式实现。

表 2-2　　　　　　　　　　　　　　　通信录

姓 名	性 别	手机号码	住宅电话	邮 箱
白洁	0	13000000001	85000001	baijie@126.com
陈刚	1	13000000002	85000002	chengang@163.com
李丽	0	13000000003	85000003	lili@sina.com
王明	1	13000000004	85000004	wangm@sohu.com
…	…	…	…	…

2.6.2 案例实现1——用顺序表实现通信录管理

1. 案例分析

用顺序表实现的通信录管理系统中,设计了以下操作:

(1)以数组中存放的数据作为输入构建顺序表,并输出检验。本步骤使用了顺序表的建立算法。

(2)输入新记录的插入位置和各项值,实现新记录的插入,并输出检验。本步骤使用了顺序表的指定位置插入算法。

(3)输入要查找的记录的"姓名",若找到则输出该记录的信息,否则输出"该记录不存在"。本步骤使用顺序表的查找算法。

(4)在第(3)步的基础上,删除找到的记录。本步骤使用顺序表的删除算法。

2. 案例实现

```
#include <stdio.h>
#include <string.h>
#include <stdlib.h>
#define MaxSize 80           /*表空间大小应根据实际需要设定,这里假设为80*/
typedef struct
{
    char name[8];            /*姓名*/
    int sex;                 /*性别*/
    char mobphone[12];       /*手机号码*/
    char homephone[12];      /*住宅电话*/
    char email[30];          /*邮箱*/
}DataType;                   /*设通信录中含有姓名、性别、手机号码、住宅电话和邮箱信息*/
typedef struct
{
    DataType data[MaxSize];  /*data[]用于存放表结点*/
    int length;              /*当前的表长度*/
}SeqList;
/***************************************************/
/*函数名:CreateList                                */
/*函数功能:建立顺序表 L                            */
/*形参说明:L——指向顺序表 L 的指针                */
/*         a[]——输入数组                         */
/*         n——输入元素的个数                     */
/*返回值:无                                        */
/***************************************************/
void CreateList(SeqList *L,DataType a[],int n)
{
    int i;
    if(n>MaxSize)
```

```c
    {
        printf("overflow");              /* 如果 n 大于 MaxSize,出现上溢 */
        exit(0);
    }
    for(i=0;i<n;i++)                     /* 为数组元素赋值 */
        L->data[i]=a[i];
    L->length=n;                         /* 设置表中元素个数 */
}
/*******************************************************************/
/* 函数名:InsertList                                                 */
/* 函数功能:将新结点 x 插入 L 所指的顺序表的第 i 个结点的位置上         */
/* 形参说明:L——指向顺序表 L 的指针                                  */
/*         x——待插入结点的值                                       */
/*         i——待插入结点的序号                                     */
/* 返回值:无                                                        */
/*******************************************************************/
void InsertList(SeqList * L,DataType x,int i)
{
    int j;
    if(L->length==MaxSize)               /* 表空间已满,退出运行 */
    {
        printf("表空间已满,退出运行");
        return 0;
    }
    if(i<1||i>L->length+1)               /* 插入位置错误,退出运行 */
    {
        printf("插入位置非法");
        exit(0);
    }
    for(j=L->length-1;j>=i-1;j--)        /* 从表尾结点至第 i 个结点依次后移 */
        L->data[j+1]=L->data[j];
    strcpy(L->data[i-1].name,x.name);    /* 新元素赋值 */
    L->data[i-1].sex=x.sex;
    strcpy(L->data[i-1].mobphone,x.mobphone);
    strcpy(L->data[i-1].homephone,x.homephone);
    strcpy(L->data[i-1].email,x.email);
    L->length++;                         /* 表长加 1 */
}
/*******************************************************************/
/* 函数名:DeleteList                                                 */
/* 函数功能:从顺序表中删除第 i 个结点                                 */
/* 形参说明:L——指向顺序表 L 的指针                                  */
/*         i——待删除结点的序号                                     */
/* 返回值:无                                                        */
```

```c
/**********************************************/
void DeleteList(SeqList *L,int i)
{
    int j;
    if(L->length==0)
    {
        printf("线性表为空,退出运行\n");
        exit(0);
    }
    if(i<1||i>L->length)
    {
        printf("删除位置非法\n");
        exit(0);
    }
    for(j=i;j<=L->length-1;j++)
        L->data[j-1]=L->data[j];      /*将自第i个元素之后的所有元素前移*/
    L->length--;                       /*表长减1*/
}
/**********************************************/
/*函数名:LocateList                              */
/*函数功能:顺序表按值查找                          */
/*形参说明:L——顺序表L                           */
/*        name[ ]——待查找记录的姓名              */
/*返回值:i+1——找到返回元素的序号i+1,找不到返回0    */
/**********************************************/
int LocateList(SeqList L,char name[ ])
{
    int i=0;
    while(i<L.length&&strcmp(L.data[i].name,name))
        ++i;                          /*下标为i的元素为待查找的元素*/
    if(i<L.length)
    {
        printf("%s\t%d\t%s\t%s\t%s \n",L.data[i].name,L.data[i].sex,L.data[i].mobphone,
            L.data[i].homephone,L.data[i].email);  /*输出找到的记录的信息*/
        return i+1;                   /*返回找到元素的序号i+1*/
    }
    else
        return 0;                     /*未找到,返回0*/
}
/**********************************************/
/*函数名:PrintList                               */
/*函数功能:顺序表的打印输出                        */
/*形参说明:L——顺序表L                           */
/*返回值:无                                      */
```

```c
/* * * * * * * * * * * * * * * * * * * * * * * * * * * * * * * * * */
void PrintList(SeqList L)
{
    int i;
    for(i=0;i<L.length;i++)
        printf("%s    %d    %s    %s    %s \n",L.data[i].name,L.data[i].sex,
            L.data[i].mobphone,L.data[i].homephone,L.data[i].email);
    printf("\n");
}
/* * * * * * * * * * * * * * * * * * * * * * * * * * * * * * * * * */
/* 函数名:main                                                       */
/* 函数功能:通信录管理程序主函数,用顺序表实现通信录的操作              */
/* 形参说明:无                                                       */
/* 返回值:0                                                          */
/* * * * * * * * * * * * * * * * * * * * * * * * * * * * * * * * * */
int main()
{
    SeqList L;
    int i,n=2,m;
    DataType x;
    /* 初始化顺序表 */
    DataType a[]={{"白洁",0,"13000000001","85000001","baijie@126.com"},
                  {"陈刚",1,"13000000002","85000002","chengang@163.com"}};
    char name[8];
    CreateList(&L,a,n);                    /* 建立顺序表 */
    PrintList(L);                          /* 打印顺序表 */
    printf("请输入插入位置:");              /* 确定顺序表的插入位置 */
    scanf("%d",&i);
    printf("请输入新联系人姓名:");          /* 输入新结点的相关信息 */
    scanf("%s",x.name);
    printf("请输入新联系人性别,男:1,女:0:");
    scanf("%d",&x.sex);
    printf("请输入新联系人手机号码:");
    scanf("%s",x.mobphone);
    printf("请输入新联系人住宅电话:");
    scanf("%s",x.homephone);
    printf("请输入新联系人邮箱:");
    scanf("%s",x.email);
    InsertList(&L,x,i);
    printf("通信录:\n");
    PrintList(L);                          /* 打印顺序表 */
    printf("请输入要删除的联系人姓名:");    /* 确定顺序表的查找信息 */
    scanf("%s",name);
    m=LocateList(L,name);                  /* 确定顺序表指定姓名的结点位置 */
```

```
        DeleteList(&L,m);                    /*删除相应的结点*/
        printf("通信录:\n");
        PrintList(L);                        /*打印顺序表*/
        return 0;
}
```
系统运行如图 2-18 所示。

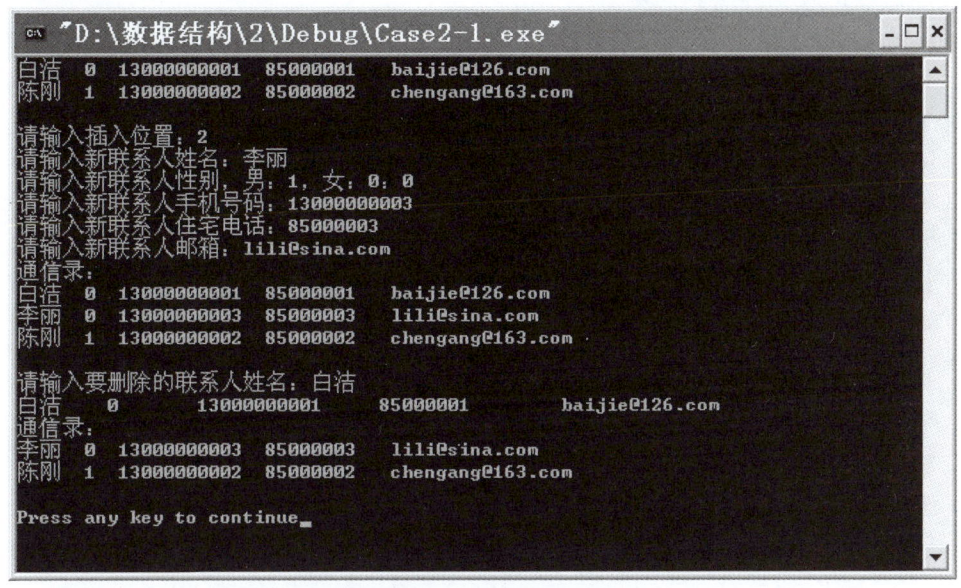

图 2-18 用顺序表实现通信录管理运行图

在本案例中采用数组数据对顺序表进行初始化,读者可以自行尝试将文本数据作为输入数据。

2.6.3 案例实现2——用链表实现通信录管理

1. 案例分析

在链表实现中,为加强程序灵活性和可操作性,要求系统运行采用菜单实现。程序运行后,给出以下六个菜单项的内容和输入提示:

1. 通信录链表的建立
2. 通信录结点的插入
3. 通信录结点的删除
4. 通信录结点的查询
5. 通信录结点的输出
0. 退出管理系统

请选择 0—5:

要求使用数字 0~5 来选择菜单项,执行相应的操作,其他输入则无效。

针对案例的具体要求,设计以下操作:

(1)设计菜单显示,由用户选择菜单项执行不同的功能。

(2)以单链表存储数据。因为在通信录的使用中,新添加的记录使用频率相对较高,所以本步骤采用了无头结点单链表的头插法作为建立算法。

(3)输入新记录的各项值,在原有链表的首结点之前插入新结点。本步骤采用了单链表的头插法。

(4)输入要查找记录的姓名,若找到则输出该记录的信息,否则输出"该记录不存在"。本步骤使用单链表的查找算法。

(5)输入要删除记录的姓名,若找到则删除该记录,否则提示"没有查到要删除的通讯者"。本步骤使用单链表的删除算法。

2. 案例实现

```
#include <stdio.h>
#include <string.h>
#include <stdlib.h>

typedef struct
{
    char name[8];                    /*姓名*/
    int sex;                         /*性别*/
    char mobphone[12];               /*手机号码*/
    char homephone[12];              /*住宅电话*/
    char email[30];                  /*邮箱*/
}DataType;
typedef struct node                  /*结点类型定义*/
{
    DataType data;                   /*结点数据域*/
    struct node *next;               /*结点指针域*/
}ListNode;
typedef ListNode *LinkList;
/*函数声明*/
int menu_select();
LinkList createList();
void InsertNode(LinkList *head,ListNode *p);
LinkList ListFind(LinkList head);
void DelNode(LinkList *head);
void PrintList(LinkList head);
/****************************************/
/*函数名:main                            */
/*函数功能:通信录管理程序主函数,用单链表实现通信录的操作  */
/*形参说明:无                            */
/*返回值:0                               */
/****************************************/
int main()
{
    ListNode *p;                     /*定义一个指向结点的指针变量*/
```

```c
    LinkList head;              /*定义指向单链表的头指针*/
    for(;;){
        switch(menu_select( ))
        {
        case 1:
            printf("*******************\n");
            printf("* 通信录链表的建立 *\n");
            printf("*******************\n");
            head=createList();
            break;
        case 2:
            printf("*******************\n");
            printf("* 通信录结点的插入 *\n");
            printf("*******************\n");
            p=(ListNode *)malloc(sizeof(ListNode));
            printf("姓名(8)性别(4)手机号码(12)住宅电话(12)邮箱(30)\n");
            scanf("%s %d %s %s %s",p->data.name,&p->data.sex,p->data.mobphone,
                p->data.homephone,p->data.email);
            InsertNode(&head,p);/*本案例实现了在通信录链表头端的结点插入读者,其他位置
                            的结点插入读者可在当前模块基础上调整实现*/
            break;
        case 3:
            printf("********************************\n");
            printf("** 通信录结点的删除 **********\n");
            printf("********************************\n");
            DelNode(&head);
            break;
        case 4:
            printf("********************************\n");
            printf("** 通信录结点的查询 **********\n");
            printf("********************************\n");
            p=ListFind(head);
            if(p!=NULL)
            {
                printf("姓名 性别 手机号码 住宅电话 邮箱\n");
                printf("---------------------------------------------\n");
                printf("%s,%d,%s,%s,%s\n",p->data.name, p->data.sex, p->data.
                    mobphone,p->data.homephone,p->data.email);
                printf("---------------------------------------------\n");
            }
            else
                printf("该记录不存在\n");
            break;
        case 5:
            printf("********************************\n");
```

```
                printf("* * * 通信录结点的输出 * * * \n");
                printf("******************************\n");
                PrintList(head);
                break;
            case 0:
                printf("\t 再见！\n");
                return;
        }
    }
    return 0;
}
/***********************************************/
/* 函数名:menu_select                          */
/* 函数功能:菜单选择函数                        */
/* 形参说明:无                                  */
/* 返回值:sn——整型,所选菜单项的序号             */
/***********************************************/
int menu_select()
{
    int sn;
    printf("通信录管理系统\n");
    printf("==============================\n");
    printf("1.通信录链表的建立\n");
    printf("2.通信录结点的插入\n");
    printf("3.通信录结点的删除\n");
    printf("4.通信录结点的查询\n");
    printf("5.通信录结点的输出\n");
    printf("0.退出管理系统\n");
    printf("==============================\n");
    printf(" 请 选 择 0-5\n");
    for(;;)
    {
        scanf("%d",&sn);
        if(sn<0||sn>5)
            printf("\n\t 输入错误,重选 0-5");
        else
            break;
    }
    return sn;
}
/***********************************************/
/* 函数名:createList                           */
/* 函数功能:用头插法建立通信录链表              */
/* 形参说明:无                                  */
/* 返回值:head——链表的头指针                   */
```

```c
/*************************************/
LinkList createList()
{
    LinkList head;
    ListNode *p;
    char flag='y';                                /*设置重复添加的标记*/
    head=NULL;
    while((flag=='y')||(flag=='Y'))
    {
        p=(ListNode *)malloc(sizeof(ListNode));   /*申请新结点*/
        if(!p)                                    /*如果新结点申请空间不成功,退出*/
            exit(-1);
        printf("姓名(8)性别(4)手机号码(12)住宅电话(12)邮箱(30)\n");
        scanf("%s %d %s %s %s",p->data.name,&p->data.sex,p->data.mobphone,p->data.homephone,p->data.email);
        p->next=head;
        head=p;
        getchar();
        printf("继续输入吗?(y/n):\n");
        scanf("%c",&flag);
    }
    return head;                                  /*返回链表头指针*/
}
/***************************************/
/*函数名:InsertNode                       */
/*函数功能:通信录链表上结点的插入          */
/*形参说明:head——指向链表的头指针的指针   */
/*         p——指向待插入结点的指针        */
/*返回值:无                               */
/***************************************/
void InsertNode(LinkList *head,ListNode *p)
{
    char flag='y';
    p->next=*head;
    *head=p;
    while((flag=='y')||(flag=='Y'))
    {
        printf("继续添加吗?(y/n):\n");
        scanf(" %c",&flag);
        if((flag=='y')||(flag=='Y'))
        {
            p=(ListNode *)malloc(sizeof(ListNode));
            if(!p)            /*如果新结点申请空间不成功,退出*/
                exit(-1);
            printf("姓名(8)性别(4)手机号码(12)住宅电话(12)办公号码(13)邮箱(30)\n\n");
```

```c
        scanf("%s %d %s %s %s",p->data.name,&p->data.sex,p->data.mobphone,
        p->data.homephone,p->data.email);
        p->next=*head;
        *head=p;
    }
}
/***********************************************/
/* 函数名:ListFind                              */
/* 函数功能:通信录链表的查找函数                */
/* 形参说明:head——链表的头指针                 */
/* 返回值:p——指向找到的结点的指针,为空表示未找到 */
/***********************************************/
LinkList ListFind(LinkList head)
{
    ListNode *p;
    char name[8];
    p=head;
    printf("请输入要查找的名字:");
    scanf("%s",name);
    while(p && strcmp(p->data.name,name)!=0)
        p=p->next;
    return p;
}
/***********************************************/
/* 函数名:DelNode                               */
/* 函数功能:通信录链表上结点的删除              */
/* 形参说明:head——指向链表的头指针              */
/* 返回值:无                                    */
/***********************************************/
void DelNode(LinkList *head)
{
    ListNode *p,*q;
    p=ListFind(*head);
    if(p==NULL)
    {
        printf("没有查到要删除的通讯者\n");
        return;
    }
    if(*head==p)
    {
        *head=(*head)->next;
        free(p);
        printf("该记录已删除!\n");
    }
```

```
        q=*head;
        while(q!=NULL && q->next!=p)
            q=q->next;
        q->next=p->next;
        free(p);
        printf("通讯者已被删除!\n");
}
/*********************************/
/* 函数名:PrintList              */
/* 函数功能:通信录链表的输出函数  */
/* 形参说明:head——链表的头指针  */
/* 返回值:无                     */
/*********************************/
void PrintList(LinkList head)
{
    ListNode *p;
    p=head;
    printf("姓名 性别 手机号码 住宅电话 邮箱\n");
    printf("-------------------------------------\n");
    while(p!=NULL)
    {
        printf("%s,%d,%s,%s,%s\n",p->data.name,p->data.sex,p->data.mobphone,
            p->data.homephone,p->data.email);
        printf("-------------------------------------\n");
        p=p->next;
    }
}
```

系统运行后,输入"白洁 0 13000000001 85000001 baijie@126.com"和"陈刚 1 13000000002 85000002 chengang@163.com"两条记录,如图2-19所示。然后选择"2"插入结点"李丽"的信息,选择"5"输出后如图2-20所示。

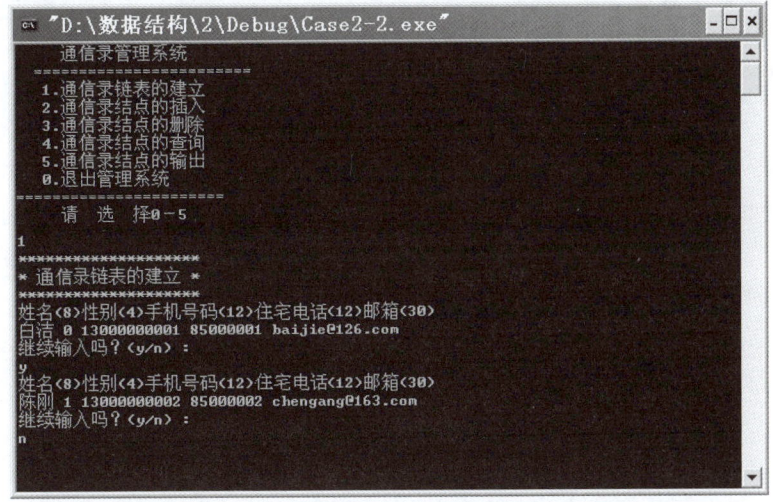

图2-19 插入两条记录

图 2-20 插入结点"李丽"并输出

通过学习"通信录管理"案例的分析与实现可以看出,对于同一个线性表的应用问题,采用顺序存储结构和链式存储结构都可以处理。在设计线性表的运算方法时,应把握线性表的逻辑结构,注意数据元素间的一对一关系,针对不同的存储结构选用不同的算法。

本章小结

1.线性表是最基本、最常用的数据结构。线性表的数据元素之间有一对一的对应关系。在非空表中,除首结点外,每个结点都有且只有一个前驱结点;除尾结点外,每个结点都有且只有一个后继结点。线性表的存储结构通常选用顺序存储结构和链式存储结构。

2.顺序表用一组地址连续的存储单元依次存放线性表的数据元素,即保持元素同构且无缺项。顺序表是一种随机的存储结构。

3.链表的特点是用一组任意的存储单元存储该线性表中的各个数据元素,存储单元可以连续,也可以不连续。一个单链表结点由数据域和指针域构成,利用指针表示数据元素间的逻辑关系。

4.当线性表的操作主要是进行查找,很少做插入和删除操作时,宜采用顺序表作为存储结构;对于频繁进行插入和删除操作的线性表,宜采用链表作为存储结构;当线性表的长度变化较大,难以估计其存储规模时,宜采用动态链表作为存储结构;当线性表的长度变化不大,易于事先确定其大小时,为了节约存储空间,宜采用顺序表作为存储结构。

习 题

一、选择题

1.线性表是具有 n 个(　　)的有限序列($n>0$)。

A.表元素　　　　　B.字符　　　　　C.数据元素　　　　D.数据项

2.线性表的顺序存储结构是一种(　　)的存储结构。

A.随机存取　　　　B.顺序存取　　　C.索引存取　　　　D.HASH 存取

3.在一个长度为 n 的顺序表中,向第 i 个元素($1 \leqslant i \leqslant n+1$)之前插入一个新元素时,需向后移动(　　)个元素。

A.$n-1$　　　　　B.$n-i+1$　　　　C.$n-i-1$　　　　D.i

4.在一个长度为 n 的顺序表中,假设在任何位置上的删除操作都是等概率的,则删除一个元素时大约要移动表中的(　　)个元素。

A. $n+1$　　　　B. $n-1$　　　　C. $(n-1)/2$　　　　D. n

5. 若线性表采用顺序存储结构,每个元素占用 4 个存储单元,第一个元素的存储地址为 100,则第 12 个元素的存储地址是(　　)。

A. 112　　　　B. 144　　　　C. 148　　　　D. 412

6. 在一个长度为 n 的顺序表中任一位置插入一个新元素的时间复杂度为(　　)。

A. $O(n)$　　　　B. $O(n/2)$　　　　C. $O(1)$　　　　D. $O(n^2)$

7. 在一个单链表中,已知 q 结点是 p 结点的前驱结点,若要在 q 和 p 之间插入 s 结点,则执行(　　)。

A. s->next=p->next;p->next=s;

B. p->next=s->next;s->next=p;

C. q->next=s;s->next=p;

D. p->next=s;s->next=q;

8. 设指针 p 指向单链表中某结点(数据域为 m),指针 f 指向将要插入的新结点(数据域为 x),当 x 插在结点 m 之后时,只要先修改(　　)后再修改 p->next=f 即可。

A. f->next=p;　　　　　　　　B. f->next=p->next;

C. p->next=f->next;　　　　　D. f=NULL;

9. 下面关于线性表的叙述中错误的是(　　)。

A. 线性表采用顺序存储,必须占用一片连续的存储空间

B. 线性表采用链式存储,不必占用一片连续的存储空间

C. 线性表采用链式存储,便于插入和删除操作的实现

D. 线性表采用顺序存储,便于插入和删除操作的实现

10. 在具有 n 个结点的有序单链表中插入一个新结点,并使链表仍然有序的算法的时间复杂度是(　　)。

A. $O(1)$　　　　B. $O(n)$　　　　C. $O(n\log_2 n)$　　　　D. $O(n^2)$

11. 在一个以 head 为头的单循环链表中,p 指针指向链尾的条件是(　　)。

A. p->next=head　　　　　　B. p->next=NULL

C. p->next->next=head　　　D. p->data=head

12. 在一个单链表 L 中,若要删除由指针 q 所指向结点的后继结点,则执行(　　)。

A. p=q->next;p->next=q->next;free(p);

B. p=q->next;q->next=p;free(p);

C. p=q->next;q->next=p->next;free(p);

D. q->next=q->next->next;q->next=q;free(p);

13. 单链表的存储密度为(　　)。

A. 大于 1　　　　B. 等于 1　　　　C. 小于 1　　　　D. 不能确定

14. 在双向链表存储结构中,删除 p 所指的结点时需修改指针(　　)。

A. ((p->next)->next)->prior=p; p->next=(p->next)->next;

B. (p->prior)->next=p->next;(p->next)->prior=p->prior;

C. p->prior=(p->prior)->prior;((p->prior)->prior)->next=p;

D. ((p->prior)->prior)->next=p;p->prior=(p->prior)->prior;

二、判断题

1. 线性表的逻辑顺序与存储顺序总是一致的。（   ）
2. 线性表中的所有元素都有一个前驱元素和后继元素。（   ）
3. 线性表无论是采用顺序表还是链表，删除值为 x 的结点的时间复杂度均为 $O(n)$。（   ）
4. 用一组地址连续的存储单元存放的元素一定构成线性表。（   ）
5. 顺序表结构适宜于进行顺序存取，而链表适宜于进行随机存取。（   ）
6. 顺序表中所有结点的类型必须相同。（   ）
7. 单链表进行插入和删除操作时不必移动链表中的结点。（   ）
8. 非空的双向循环链表中任何结点的前驱指针均不为空。（   ）
9. 链表从任何一个结点出发，都能访问到所有结点。（   ）
10. 带表头结点的双向循环链表判空的条件是 head—>next==head。（   ）

三、算法设计题

1. 设有一组初始记录关键字序列$(K_1,K_2,\cdots,K_n)$，要求设计一个算法能够在$O(n)$的时间复杂度内将线性表划分成两部分，其中左半部分的每个关键字均小于K_i，右半部分的每个关键字均大于或等于K_i。
2. 写出在顺序存储结构下将线性表逆转的算法，要求使用最少的附加空间。
3. 设计在单链表中删除值相同的多余结点的算法。
4. 设单链表中有仅包含三类字符的数据元素（大写字母、数字和其他字符），要求利用原单链表中结点空间设计出三个单链表的算法，使每个单链表只包含同类字符。
5. 设计两个有序单链表的合并排序算法。
6. 设计使单链表逆置的算法，要求使用最少的附加空间。
7. 设有一个循环双链表，其中有一个结点的指针为 p，设计一个算法将 p 与其后继结点交换。

第 3 章

栈和队列

栈和队列是受限的线性表,它们的逻辑结构与线性表相同,只是运算规则比普通的线性表有更多的限制。栈只允许在一端进行插入和删除操作;队列只允许在一端进行插入,在另一端进行删除。

栈和队列应用广泛,如计算机运算中的进制转换和键盘缓冲区等。因此,把栈和队列作为特殊的线性表单独介绍。

知识目标

- 理解栈的逻辑结构特征以及栈与线性表的异同。
- 理解队列的逻辑结构特征以及队列与线性表的异同。
- 掌握顺序栈及链栈的进栈、出栈等基本算法和相关分析。
- 掌握顺序队列及链队列的入队、出队等基本算法和相关分析。

技能目标

- 能够应用栈的理论设计算法,解决实际问题。
- 能够应用队列的理论设计算法,解决实际问题。

素质目标

学习栈和队列的逻辑结构,理解规则的重要性,帮助学生树立正确的世界观和价值观。

第 3 章思维导图

3.1　案例导引

案例 1:汉诺塔问题。

传说所罗门庙里有一个塔台,台上有三根用钻石做成的标号分别为 A、B 和 C 的柱子,在 A 柱上放着 64 个金盘,每一个金盘都比下面的略小一点。把 A 柱上的金盘全部移到 C 柱上的那一天就是世界末日。移动的条件是,一次只能移动一个金盘,移动过程中大金盘不能放在小金盘上面。编写程序求出 n 个金盘移动的次数。

案例探析：

设移动次数为 $H(n)$。分析题目要求,首先我们要把 A 柱上面的 $n-1$ 个金盘移动到 B 柱上,然后把最大的一块放在 C 柱上,最后把 B 柱上的所有金盘移动到 C 柱上,由此得出表达式：

$H(1)=1$

$H(n)=2*H(n-1)+1(n>1)$

那么我们就能得到 $H(n)$ 的一般式：

$H(n)=2^n-1(n>0)$

$n=64$ 时,$H(64)=2^{64}-1=18446744073709551615$

假如每秒钟移动一次,共需多长时间呢？一个平年 365 天有 31536000 秒,闰年 366 天有 31622400 秒,平均每年 31556952 秒,计算一下：

$18446744073709551615/31556952=584554049253.855$ 年

这表明移完这些金盘需要 5845 亿年以上。

由以上分析可以发现,从 A 柱移动第 n 个金盘时,只要把其上的 $n-1$ 个移到 B 柱上,再把第 n 个移到 C 柱上,最后把 B 上的所有金盘移动到 C 上即可。这就是一个递归的过程。模拟计算机的处理,在完成第 n 个金盘的移动时要记录好前 $n-1$ 个的相关信息,第 n 个金盘移动后,再恢复前 $n-1$ 个金盘的信息,以便于实现前 $n-1$ 个金盘的操作。这时,后记录的信息要先取出来,就是一个后进先出的过程,可以采用栈结构来实现。

案例 2： 机器翻译。

某机器翻译软件的实现原理为:从头到尾依次将文中每个英文单词用对应的中文含义来替换。对于文中的每个英文单词,该软件先在内存中进行查找,如果内存中有,就使用对应的中文含义替换；如果内存中没有,软件就会到外存的词典内查找该单词,然后翻译,并将这个单词和译义放入内存,以备后续的查找和翻译。

假设内存中有 M 个单元,每个单元能存放一个单词和译义。每当软件将一个新单词存入内存前,如果当前内存中已存入的单词数不超过 $M-1$,软件会将新单词存入一个未使用的内存单元；若内存中已存入 M 个单词,软件会清空最早进入内存的那个单词,腾出单元存放新单词。

假设一篇英文文章长度为 N 个单词。给定这篇待译文章,翻译软件需要去外存查找多少次词典？假设在翻译开始前,内存中没有任何单词。为便于处理,本案例采用不大于 1000 的整数代表英文单词。

案例的输入格式要求为：

(1)共 2 行。每行中两个数之间用一个空格隔开。

(2)第一行为两个正整数 M,N,分别代表内存容量和文章的长度。第二行为 N 个非负整数,按照文章的顺序,每个数(大小不超过 1000)代表一个英文单词。文章中两个单词是同一个单词,当且仅当它们对应的非负整数相同。

案例的输出格式要求：

一个整数,为软件需要到外存查词典的次数。

比如,用户输入为：

3 7

1 2 1 5 4 4 1

获得输出为:
5

案例探析:

以案例的具体输入为例,每行表示一个单词的翻译,冒号前为本次翻译后的内存状况。探析查字典的具体过程如下:

(1) 1:查找单词 1 并调入内存。
(2) 1 2:查找单词 2 并调入内存。
(3) 1 2:在内存中找到单词 1。
(4) 1 2 5:查找单词 5 并调入内存。
(5) 2 5 4:查找单词 4 并调入内存替代单词 1。
(6) 2 5 4:在内存中找到单词 4。
(7) 5 4 1:查找单词 1 并调入内存替代单词 2。

共计查了 5 次词典。

根据案例的描述,内存中的单词处理顺序为先进先出,所以采用队列来表示内存来解决本问题。

3.2 栈

3.2.1 栈的逻辑结构

1. 栈的定义

栈(Stack)是运算受限的线性表,只允许在表的一端进行插入和删除操作。允许插入和删除的一端称为栈顶(Top),栈顶将随着栈中数据元素的插入和删除而动态变化,通过栈顶指针表示当前数据元素的位置。另一端称为栈底(Bottom),栈底是固定的。当表中没有数据元素时,称为空栈。栈如图 3-1 所示。

在栈 $S=(a_1,a_2,\cdots,a_n)$ 中,a_1 称为栈底元素,a_n 称为栈顶元素。在栈顶插入元素称为入栈(或进栈、压栈),删除栈顶元素称为出栈(或退栈、弹栈)。栈中的数据元素按后进先出的原则操作。因此,栈又称为"后进先出"(Last In First Out)表,简称 LIFO 表。在软件应用中,栈的使用非常普遍。例如,浏览器中的"后退"按钮,用户单击该按钮后就可以按照访问顺序的逆序加载浏览过的网页。

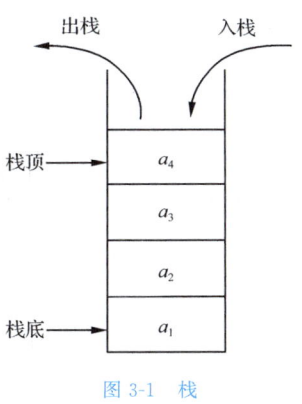

图 3-1 栈

2. 栈的抽象数据类型定义

栈的抽象数据类型表示了栈中的数据对象、数据关系以及基本操作,定义如下:

ADT Stack{
    数据对象:$S=\{a_i|a_i$ 为 DataType 类型,$1\leqslant i\leqslant n,n\geqslant 0\}$ /* DataType 为自定义类型 */

数据关系：$R=\{<a_{i-1},a_i>|a_{i-1},a_i\in D,2\leqslant i\leqslant n\}$。在非空表中，除了首结点，每个结点都有且只有一个前驱结点；除了尾结点外，每个结点都有且只有一个后继结点。栈中的数据元素只能在栈顶一端进行插入和删除操作。

基本操作：

InitStack(&S)：构造一个空栈，即栈的初始化。
StackEmpty(&S)：判栈空。若栈为空，返回 1；否则，返回 0。
StackFull(&S)：判栈满。若栈满，返回 1；否则，返回 0。
Push(&S,x)：入栈。将元素 x 插入为新的栈顶元素。
Pop(&S,&x)：出栈。删除栈 S 的栈顶元素，用 x 返回栈顶元素值。
GetTop(&S,&x)：取栈顶元素。用 x 返回栈顶元素值。

}ADT Stack

3.2.2 顺序栈

顺序栈

1. 顺序栈

栈的顺序存储结构称为顺序栈(Sequential Stack)，利用一组地址连续的存储空间依次存放从栈底到栈顶的数据元素。与顺序表类似，顺序栈采用一维数组实现。可以采用数组的任意一端作为栈底，通常设定数组中下标为 0 的一端作为栈底，同时设定指针 top 用于指示当前栈顶的位置。

顺序栈的类型定义如下：

```
#define StackSize 100        /*设定栈的长度，可根据实际问题具体定义*/
typedef int DataType;
typedef struct
{
    DataType Stack[StackSize];
    int top;                 /*设定栈顶指针*/
}SeqStack;
```

当栈中没有元素时为空栈，top==-1；当栈中放满数据元素时，top==StackSize-1，表示栈满。入栈时，先使栈顶指针 top 加 1，再放入数据元素；出栈时，先读取栈顶元素，再将栈顶指针 top 减 1。栈的操作如图 3-2 所示。

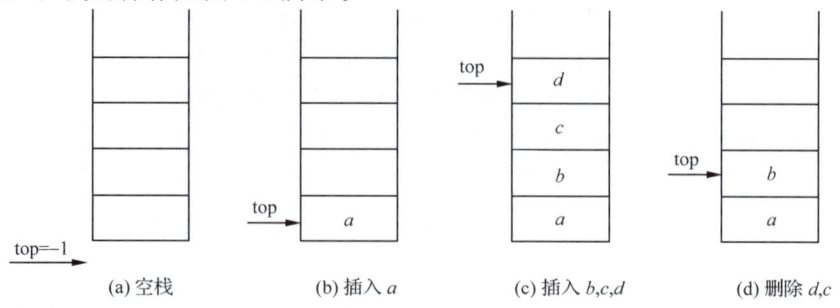

图 3-2 顺序栈中栈顶指针与栈中元素之间的关系

在栈的操作过程中,栈满时做进栈操作会出现空间溢出,称为上溢,这是一种出错状态,应该避免。在栈空时做出栈操作产生的溢出称为下溢,这是正常现象,是程序控制转移的条件。

2. 顺序栈的实现

顺序栈的基本运算实现如下:

(1) 栈的初始化

栈的初始化就是置空栈,只需把 top 指针置为 -1 即可。

【算法 3-1】:

```
void InitStack(SeqStack *S)
/*栈的初始化*/
{
    S->top=-1;
}
```

(2) 判栈空

判断栈是否为空,就是要判断 top 指针是否为 -1。

【算法 3-2】:

```
int StackEmpty(SeqStack *S)
/*判栈空*/
{
    return S->top==-1;              /*当栈为空时,返回1;否则,返回0*/
}
```

(3) 判栈满

判断栈是否已满,需要判断 top 指针是否达到了数组上限。

【算法 3-3】:

```
int StackFull(SeqStack *S)
/*判栈满*/
{
    return S->top==StackSize-1;     /*当栈满时,返回1;否则,返回0*/
}
```

(4) 入栈

先将栈顶指针加 1,再将元素 x 插入为新的栈顶元素,完成入栈操作。

【算法 3-4】:

```
void Push(SeqStack *S,DataType x)
/*入栈*/
{
    if(StackFull(s))                /*栈满时,不能再做入栈操作*/
    {
        printf("栈已满,不能入栈!");
        exit(0);
    }
    S->top++;                       /*栈顶指针加1*/
    S->Stack[S->top]=x;             /*输入新的栈顶元素*/
}
```

(5) 出栈

删除栈 S 的栈顶元素，用 x 返回其值，栈顶指针减 1。

【算法 3-5】：

```
void Pop(SeqStack *S,DataType *x)
/*出栈*/
{
    if(StackEmpty(S))                    /*栈空时，不能再做出栈操作*/
    {
        printf("栈已空，不能出栈！");
        exit(0);
    }
    *x=S->Stack[S->top];                 /*将栈顶元素取出*/
    S->top--;                            /*栈顶指针减1*/
}
```

(6) 取栈顶元素（读栈）

用 x 返回栈 S 的栈顶元素。

【算法 3-6】：

```
void GetTop(SeqStack *S,DataType *x)
/*取栈顶元素*/
{
    if(StackEmpty(S))                    /*栈空时，无栈顶元素*/
    {
        printf("栈为空！");
        exit(0);
    }
    *x=S->Stack[S->top];                 /*将栈顶元素取出*/
}
```

3. 双栈

当程序中需要同时使用两个具有相同数据类型的栈时，可以为每个栈各开辟一个数组空间。但由于数组空间是静态申请的，有可能出现一个栈已满，出现上溢，而另一个栈仍有大量空间没有利用的情况，从而造成浪费。为了合理利用空间，可以使两个栈共享一个足够大的数组，利用栈的动态特性使两个栈的存储空间相互补充。

两个栈分别使用数组的两端做栈底，完成进栈操作时，栈顶指针从数组两端向中间延伸。当两个栈的栈顶指针相遇时栈满。双栈的存储表示如图 3-3 所示。

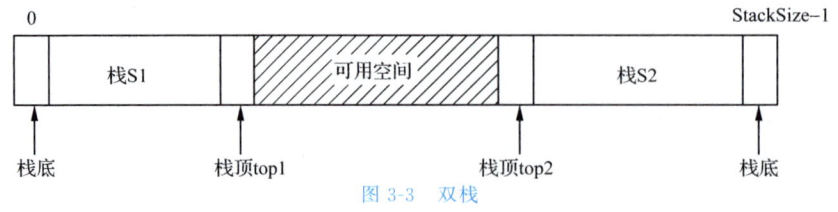

图 3-3 双栈

双栈的类型定义为：

```
#define StackSize 100
typedef int DataType;
```

```
typedef struct
{
    DataType Stack[StackSize];
    int top1,top2;
}DSeqStack；
```

双栈的基本运算实现如下：

(1) 双栈初始化

双栈初始化要分别设置两个栈的栈顶指针。

【算法 3-7】：
```
void DInitStack(DSeqStack *S)
/*双栈初始化*/
{
    S->top1=-1;
    S->top2=StackSize;
}
```

(2) 双栈判栈满

当两个栈的栈顶指针相遇时，双栈栈满。

【算法 3-8】：
```
int DStackFull(DSeqStack *S)
/*判双栈栈满*/
{
    return S->top2==S->top1+1;              /*当栈满时,返回1;否则,返回0*/
}
```

(3) 双栈入栈

双栈在入栈操作时，首先要判断栈是否已满，然后根据 tag 标志判定哪一个栈执行入栈操作。

【算法 3-9】：
```
void DPush(DSeqStack *S,DataType x,int tag)
/*双栈入栈*/
{
    if(DStackFull(s))                       /*栈满时,不能再做入栈操作*/
    {
        printf("栈已满,不能入栈!");
        exit(0);
    }
    switch(tag)
    {
        case 1:                             /*栈1入栈*/
            S->top1++;
            S->Stack[S->top1]=x;
            break;
        case 2:                             /*栈2入栈*/
            S->top2--;
            S->Stack[S->top2]=x;
```

```
                break;
            default:
                exit(0);
        }
    }
```

(4) 双栈出栈

双栈在出栈操作时,先根据 tag 标志判定哪一个栈执行出栈操作,然后判断该栈是否为空,不空时即可完成出栈。

【算法 3-10】:

```
void DPop(DSeqStack *S,DataType *x,int tag)
/*双栈出栈*/
{
    switch(tag)
    {
        case 1:                                    /*栈1出栈*/
            if(S->top1==-1)                        /*栈空时,不能再做出栈操作*/
            {
                printf("栈已空,不能出栈!");
                exit(0);
            }
            *x=S->Stack[S->top1];                  /*将栈顶元素取出*/
            S->top1--;                             /*栈顶指针减1*/
            break;
        case 2:                                    /*栈2出栈*/
            if(S->top2==StackSize)                 /*栈空时,不能再做出栈操作*/
            {
                printf("栈已空,不能出栈!");
                exit(0);
            }
            *x=S->Stack[S->top2];                  /*将栈顶元素取出*/
            S->top2++;                             /*栈顶指针加1*/
            break;
        default:
            exit(0);
    }
}
```

3.2.3 链 栈

链栈

1. 链栈定义

栈的链式存储结构称为链栈(Linked Stack)。链栈是运算受限的单链表,其插入和删除操作都限定在表头位置上进行。栈顶指针就是链表的头指针,用来唯一确定一个链栈。

链栈可以有头结点,也可以没有头结点。因为以单链表的头部做栈顶是最方便的,所以通常选用无头结点的单链表表示链栈,如图 3-4 所示。

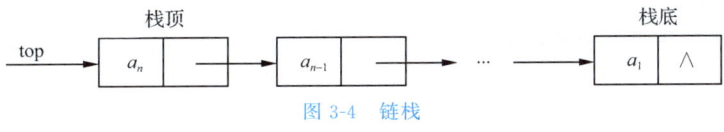

图 3-4　链栈

链栈的类型定义如下:
typedef struct StackNode
{
　　DataType data;
　　struct StackNode * next;
}StackNode,* LinkStack;

2. 链栈的实现

链栈的基本操作在本质上是单链表基本操作的简化。使用链栈时不必事先估计栈的最大容量,只要系统有可用空间,链栈就不会出现溢出。结点使用完毕后,应释放空间。插入和删除操作只需处理栈顶的情况,无须考虑其他位置的情况。

链栈的基本运算实现如下:
(1)链栈的初始化
【算法 3-11】:
void LInitStack(LinkStack * top)
/ * 链栈初始化 * /
{
　　* top=NULL;
}

(2)判断链栈是否为空
判断链栈是否为空,即判断 top 指针是否为空。栈空返回 1;否则,返回 0。
【算法 3-12】:
int LStackEmpty(LinkStack top)
/ * 判断链栈是否为空 * /
{
　　if(top==NULL)　　　　　　　　　　　/ * 栈空返回 1;否则,返回 0 * /
　　　　return 1;
　　else
　　　　return 0;
}

(3)入栈
入栈操作就是将新结点插入链表的第一个结点之前。操作时首先要生成新结点,然后在栈顶位置插入新结点。操作成功时返回 1。
【算法 3-13】:
int LPush(LinkStack * top,DataType x)
/ * 链栈的入栈操作 * /
{
　　StackNode * p;

```
    p=(StackNode *)malloc(sizeof(StackNode));          /*生成新结点*/
    if(!p)
    {
        printf("入栈操作出错!\n");
        exit(-1);
    }
    p->data=x;
    p->next=*top;
    *top=p;
    return 1;
}
```

(4) 出栈

出栈操作就是将链栈的第一个结点删除,并将该结点的元素赋值给 x,然后释放结点空间。操作成功时返回 1。

【算法 3-14】:
```
int LPop(LinkStack *top,DataType *x)
/*链栈的出栈操作*/
{
    StackNode *p;
    if(!(*top))
    {
        printf("栈已空!\n");
        exit(0);
    }
    p=*top;                         /*p 指向栈顶元素*/
    *top=p->next;                   /*将栈顶结点从链上取下,即出栈*/
    *x=p->data;                     /*将栈顶元素值赋给指针 x 所指的变量 x*/
    free(p);                        /*释放 p 指向的结点*/
    return 1;
}
```

(5) 取栈顶元素(读栈)

用 x 返回栈顶元素,操作成功时返回 1。

【算法 3-15】:
```
int LGetPop(LinkStack top,DataType *x)
/*链栈的读栈操作*/
{
    if(!top)
    {
        printf("栈已空!\n");
        exit(0);
    }
    *x=top->data;                   /*将栈顶元素值赋给指针 x 所指的变量 x*/
    return 1;
}
```

3.2.4 顺序栈和链栈的比较

(1)时间性能:因为栈的所有操作都在栈顶进行,所以顺序栈和链栈的基本操作的算法都只需要常数阶的时间。

(2)空间性能:顺序栈初始化时需要设定一个固定的长度,当数据元素过多时可能出现上溢现象,数据元素较少时又存在空间浪费的现象。链栈只有在内存空间不足时才会出现栈满的问题,但因为每个元素结点都需要指针域,从而产生了结构性开销。

因此,栈的使用过程中如果元素个数变化较大宜选用链栈;反之,宜选用顺序栈。

 ### 3.2.5 栈的应用

栈的应用

栈是计算机软件中应用最广的数据结构之一。例如,程序递归的实现以及程序在编译中的表达式求值和括号匹配等问题都是栈的应用。下面,介绍栈的几个应用实例。

1. 递归——阶乘问题

栈的一个重要应用就是在程序设计语言中实现递归。栈是嵌套调用机制的实现基础。

递归就是子程序(或函数)直接或间接调用自己的算法。也就是说,递归函数的调用是函数在执行过程中进行多次的自我嵌套调用。递归算法是程序设计中的常用算法之一,可以使程序设计简单精练、结构清晰、容易实现。

递归通常用于解决结构自相似的问题。例如,台阶问题、汉诺塔问题及图的遍历等。它本质上是将一个大问题转换为一个或几个小问题,再将小问题继续分解为更小的问题,直到小问题可以解决为止。因此,递归有两个组成部分:一是递归终止条件;二是递归模式。

过程调用的执行步骤为:

(1)记录调用过程结束时的返回地址以及前一次调用过程中的数据信息。

(2)无条件转移到被调用过程的入口地址开始执行程序。

(3)传递返回的数据信息。

(4)取出返回地址,且无条件地转移到该地址,即返回到调用过程中去执行程序。

下面用一个典型的实例来分析递归算法。

【案例 3-1】 用递归的方法解决阶乘问题。

题目要求:

用递归调用编写计算阶乘 $n!$ 的函数 $f(n)$。

$$f(n)=\begin{cases}1 & n=0\\ n*(n-1)! & n>0\end{cases}$$

设计思路:

本函数中,$n=0$ 是终止递归的条件,以 3! 为例说明,栈的变化过程如图 3-5 所示。

(1)开始时,栈为空。如图 3-5(a)所示。

(2)在栈中保存 3 和 2!。如图 3-5(b)所示。

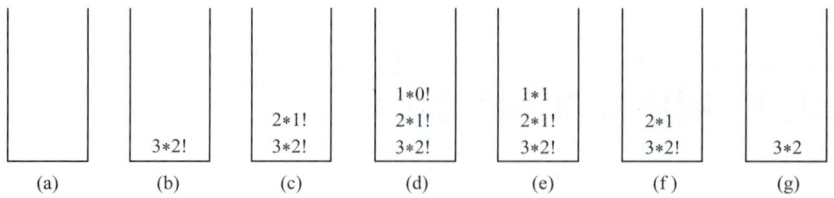

图 3-5　递归调用栈——阶乘问题

(3)调用 2!，在栈中保存 2 和 1!。如图 3-5(c)所示。

(4)调用 1!，在栈中保存 1 和 0!。如图 3-5(d)所示。

(5)调用 0!。因为 $n=0$ 达到了递归终止的条件，0! 值为 1，所以返回 1。1 和 1 退栈，此时得到 1! 的值为 1。如图 3-5(e)所示。

(6)2 和 1 退栈，此时得到 2! 的值为 2。如图 3-5(f)所示。

(7)3 和 2 退栈，此时得到 3! 的值为 6。这时栈已空，算法结束。最后结果为 6。如图 3-5(g)所示。

由此分析可知，递归算法因为需要反复入栈、出栈，时间和空间开销比较大，因此执行效率比较低。当然，对于高级程序设计语言来说，这些细节问题是由系统代劳的，不需要用户具体管理。

【算法 3-16】：

```c
#include <stdio.h>
long int f(int n)
/*阶乘问题递归解法*/
{
    if(n==0)
        return 1;
    else
        return n*f(n-1);
}
int main()
{
    int i;
    printf("Please input i=");
    scanf("%d",&i);
    printf("%d 的阶乘为%d\n",i,f(i));
    return 0;
}
```

求阶乘问题运行图如图 3-6 所示。

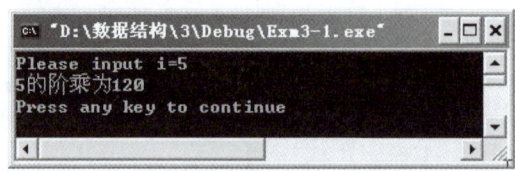

图 3-6　求阶乘问题运行图

2．表达式求值问题

表达式计算是实现程序设计语言编译中的基本问题之一，目的是把人们平时书写的表达式变成计算机能够理解的表达方法,并能正确求值。为叙述方便,我们讨论简单的算术表达式求值。读者可以自己推广到更一般的表达式上。

(1)中缀表达式求值

算术表达式由运算符和操作数组成。日常的工作生活中使用的表达式,如 3+(5−1)*6、7*(10−4)等,因为运算符夹在两个操作数中间,我们称之为中缀表达式,也称波兰式。其运算规律为:先括号内后括号外;先乘除后加减;同级运算先左后右等。

在进行表达式求值时,由于需要考虑运算顺序,所以要设置运算符栈和操作数栈,分别用于寄存运算符和操作数。在表达式运算过程中,依次读入表达式中的每个字符,如果是操作数,则进操作数栈;如果是运算符,则与运算符栈当前栈顶元素做比较,如果该运算符优先级高于栈顶运算符的优先级,则将该运算符进栈,否则,退栈。退栈后,由操作数栈中出栈两个元素,先出栈的操作数在运算符右侧,后出栈的操作数在运算符左侧,然后进行运算,将运算结果重新存入操作数栈中。反复进行上述步骤,直到表达式结束。此时,运算符栈为空,操作数栈中只有一个元素,即最终的运算结果。

【案例 3-2】 用栈求表达式 3+(5−1)*6 的值。

栈的变化见表 3-1。

表 3-1　　　　　　　　　　　　　用栈求表达式的值

步骤	操作数栈	运算符栈	说明
0			开始时,两个栈均为空
1	3		读入"3",进入操作数栈
2	3	+	读入"+",进入运算符栈
3	3	+(	读入"(",进入运算符栈
4	3 5	+(	读入"5",进入操作数栈
5	3 5	+(−	读入"−",进入运算符栈
6	3 5 1	+(−	读入"1",进入操作数栈
7	3	+	读入")","−""("退出运算符栈,"1""5"退出操作数栈
8	3 4	+	运算 5−1=4,进入操作数栈
9	3 4	+*	读入"*",进入运算符栈
10	3 4 6	+*	读入"6",进入操作数栈
11	3	+	扫描完,"*""6""4"分别出栈
12	3 24	+	运算 4*6=24,进入操作数栈
13			"+""24""3"分别出栈
14	27		运算 3+24=27,进入操作数栈。表达式的值为 27

由此例题可以看出,计算机在处理中缀表达式时比较麻烦,需要对表达式进行多次扫描、比较才能完成。

(2)后缀表达式求值

计算机中通常使用后缀表达式,这是一种将运算符置于两个操作数之后的算术表达式,又称逆波兰式。这种表达式不需要括号,也没有运算符优先级比较,计算过程完全按照运算符出现的先后次序进行。

例如,中缀表达式:

3+(5−1)*6

7＊(10－4)

转换为对应的后缀表达式就成为：

3 5 1－6＊＋

7 10 4－＊

计算机系统完成表达式计算时分两个步骤：

①将中缀表达式转换成等价的后缀表达式。

②根据后缀表达式求表达式的值。

这两个步骤的操作都可以用栈来完成。下面，分别加以介绍。

①将中缀表达式转换成等价的后缀表达式

中缀表达式转换成后缀表达式后，表达式中的操作数次序不变，运算符次序发生变化，同时去掉圆括号。转换时，需要设立一个运算符栈，编译程序从左到右扫描中缀表达式。转换规则为：

a．若遇到操作数，则直接输出。

b．若遇到运算符，则与栈顶元素比较。运算符级别比栈顶元素级别高，则进栈；否则，栈顶元素退栈并输出。

c．若遇到左括号，则进栈；若遇到右括号，则一直退栈并输出，直到退到左括号为止，并将括号舍弃。

d．当栈空时，输出的结果即相应的后缀表达式。

【案例 3-3】 将中缀表达式 2＋4/(9－7)改写为后缀表达式。

设计思路：

用栈实现中缀表达式至后缀表达式的转变，其中栈的变化及输出结果见表 3-2。

表 3-2　　　　　　　中缀表达式转换为后缀表达式中栈的变化

步　骤	运算符栈	输出结果
1		2
2	＋	2
3	＋	2 4
4	＋/	2 4
5	＋/(	2 4
6	＋/(	2 4 9
7	＋/(－	2 4 9
8	＋/(－	2 4 9 7
9	＋/	2 4 9 7－
10	＋	2 4 9 7－/
11		2 4 9 7－/＋

案例实现：

```
#include <stdio.h>
#include <stdlib.h>
#include <string.h>
```

```c
#define StackSize 50              /*设定栈的长度,可根据实际问题具体定义*/
#define MaxSize 100
typedef char DataType;
typedef struct
{
    DataType Stack[StackSize];
    int top;
}SeqStack;                        /*定义栈的类型*/
/*************************************************/
/*函数名:TransForm                                 */
/*函数功能:中缀表达式转后缀表达式                    */
/*形参说明:OPTRS——SeqStack 指针类型,栈的指针        */
/*         str[]——字符型数组,存放输入的中缀表达式   */
/*         exp[]——字符型数组,存放输出的后缀表达式   */
/*返回值:无                                        */
/*************************************************/
void TransForm(SeqStack *OPTRS,char str[],char exp[])
{
    char ch;
    int len,i,t;
    OPTRS->top=-1;                /*初始化栈*/
    len=strlen(str);              /*求表达式长度*/
    t=0;                          /*设置后缀表达式下标初值 t 为 0*/
    for(i=0;i<len;i++)            /*依次处理中缀表达式的每个字符,数字也看作字符*/
    {
        ch=str[i];
        switch(ch)
        {
            case '(':             /*如遇左括号,进栈*/
                OPTRS->top++;
                OPTRS->Stack[OPTRS->top]=ch;
                break;
            case ')':             /*如遇右括号,退栈输出,直至左括号*/
                while(OPTRS->Stack[OPTRS->top]!='(')
                {
                    exp[t]=OPTRS->Stack[OPTRS->top];
                    OPTRS->top--;
                    t++;
                }
                OPTRS->top--;
                break;
            case '+':             /*当遇加减号时的处理*/
            case '-':
                while(OPTRS->top!=-1&&OPTRS->Stack[OPTRS->top]!='(')
```

```c
                { /*若栈不空且栈顶元素不为左括号,则一直退栈并输出*/
                    exp[t]=OPTRS->Stack[OPTRS->top];
                    OPTRS->top--;
                    t++;
                }
                OPTRS->top++;     /*入栈操作*/
                OPTRS->Stack[OPTRS->top]=ch;
                break;
            case'*':                    /*当遇乘除号时的处理*/
            case'/':
                while(OPTRS->Stack[OPTRS->top]=='*'||
                      OPTRS->Stack[OPTRS->top]=='/')
                { /*若栈顶元素为乘或除,则一直退栈并输出*/
                    exp[t]=OPTRS->Stack[OPTRS->top];
                    OPTRS->top--;
                    t++;
                }
                OPTRS->top++;     /*入栈操作*/
                OPTRS->Stack[OPTRS->top]=ch;
                break;
            case' ':
                break;
            default:
                if(ch>='0'&&ch<='9')/*如果是数字,直接输出*/
                {
                    exp[t]=ch;
                    t++;
                }
        }
    }
    while(OPTRS->top!=-1)         /*如果栈不空,将剩余数据输出*/
    {
        exp[t]=OPTRS->Stack[OPTRS->top];
        t++;
        OPTRS->top--;
    }
    exp[t]='\0';
    printf("The input of the arithmetic expression is:\n");
    printf("%s\n",str);
    printf("After converting the postfix expression is:\n");
    printf("%s\n",exp);
}
/*********************************************/
/* 函数名:main                               */
```

```
/* 函数功能:中缀表达式转后缀表达式主函数          */
/* 形参说明:无                                  */
/* 返回值:0                                     */
/***********************************************/
int main()
{
    SeqStack s;
    char str[MaxSize],exp[MaxSize];
    /* 定义数组 str 存储输入的中缀表达式,数组 exp 存储转换后的后缀表达式 */
    printf("Please input arithmetic expression:\n");
    printf("(Only by the 0~9 digital＋,－,＊,／ composition)\n");
    /* 输入要转换的算术表达式,表达式中只能有 0~9 的数字和＋、－、＊、／运算 */
    gets(str);              /* 由键盘输入字符串 str */
    TransForm(&s,str,exp);
    return 0;
}
```

中缀表达式转后缀表达式程序的运行图如图 3-7 所示,请注意应以英文半角模式输入。

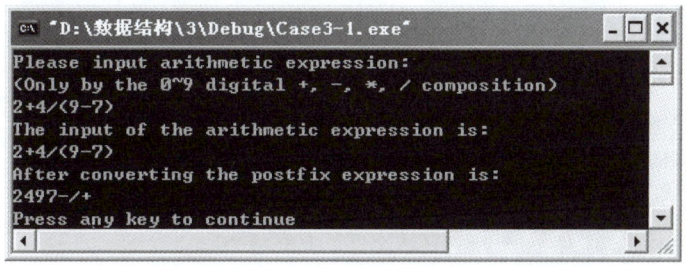

图 3-7 中缀表达式转后缀表达式程序运行图

② 利用后缀表达式求值

利用后缀表达式求值不需要考虑运算符的优先级,因此运算比较简单。运算规则为:从左到右遍历表达式的每个操作数和运算符,遇到操作数就进栈,遇到运算符就将处于栈顶的两个元素出栈。先出的操作数在运算符右侧,后出的操作数在运算符左侧,进行运算,运算结果进栈,直至最终获得结果。

【案例 3-4】 计算后缀表达式"２４９７－／＋"。

设计思路：

计算过程及操作数栈的变化见表 3-3。

表 3-3　　　　　　　　后缀表达式求值过程中栈的变化

步 骤	栈	说 明
1	2	操作数"2"入栈
2	2 4	操作数"4"入栈
3	2 4 9	操作数"9"入栈
4	2 4 9 7	操作数"7"入栈
5		扫描遇到"－","7"和"9"出栈
6	2 4 2	计算 9－7＝2,并入栈
7		扫描遇到"／","2"和"4"出栈

(续表)

步 骤	栈	说 明
8	2 2	计算 4/2=2,并入栈
9		扫描遇到"+","2"和"2"出栈
10	4	计算 2+2=4,并入栈
11		扫描结束。"4"出栈,栈空。最终结果为 4

案例实现:

```c
#include <stdio.h>
#include <stdlib.h>
#include <string.h>
#define StackSize 50        /*设定栈的长度,可根据实际问题具体定义*/
#define MaxSize 100
typedef char DataType;
typedef struct
{
    DataType Stack[StackSize];
    int top;
}SeqStack;
/******************************************/
/*函数名:Exp_Value                         */
/*函数功能:后缀表达式求值                  */
/*形参说明:S——SeqStack 指针类型,栈的指针  */
/*         exp[]——字符型数组,存放输入的后缀表达式 */
/*返回值:无                                */
/******************************************/
void Exp_Value(SeqStack *S,char exp[])
{
    int i;
    char ch;
    S->top=-1;              /*初始化栈*/
    for(i=0;i<strlen(exp);i++)
    {
        ch=exp[i];
        switch(ch)
        {
            case '+':
                S->Stack[S->top-1]=S->Stack[S->top-1]+S->Stack[S->top];
                S->top--;
                break;
            case '-':
                S->Stack[S->top-1]=S->Stack[S->top-1]-S->Stack[S->top];
                S->top--;
                break;
```

```
                case '*':
                    S->Stack[S->top-1]=S->Stack[S->top-1]*S->Stack[S->top];
                    S->top--;
                    break;
                case '/':
                    if(S->Stack[S->top]!=0)        /*除数不能为0*/
                        S->Stack[S->top-1]=S->Stack[S->top-1]/S->Stack[S->top];
                    else
                    {
                        printf("Divide Cannot be zero");
                        exit(0);
                    }
                    S->top--;
                    break;
                default:
                    S->top++;
                    S->Stack[S->top]=ch-'0';       /*将字符转成数字*/
            }
        }
        printf("The value of suffix expression:%d",S->Stack[S->top]);
}
/***********************************************/
/*函数名:main                                  */
/*函数功能:后缀表达式求值主函数                 */
/*形参说明:无                                  */
/*返回值:0                                     */
/***********************************************/
int main()
{
    SeqStack s;
    char exp[MaxSize];                /*定义数组exp存储的后缀表达式*/
    printf("Please input the suffix expression:\n");
    gets(exp);                        /*由键盘输入字符串exp*/
    Exp_Value(&s,exp);
    return 0;
}
```

后缀表达式求值程序的运行图如图3-8所示,请注意应以英文半角模式输入。

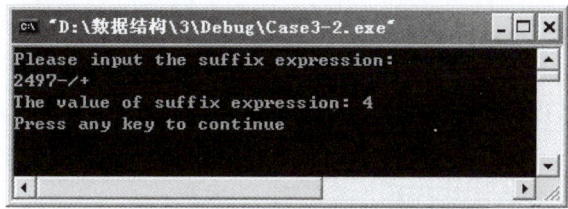

图3-8 后缀表达式求值程序运行图

3.3 队列

3.3.1 队列的逻辑结构

队列的逻辑结构
和顺序队列

1. 队列的定义

队列(Queue)是一种先进先出(First In First Out)的线性表,简称 FIFO 表。它只允许在表的一端进行插入,而在另一端进行删除。与栈类似,队列也是一种受限的线性表。这与我们日常生活中常见的排队是一致的,先到的人排在队伍前端,最先离开,新来的人总是排在队伍的最后。

队列在计算机中也有着广泛的应用,例如,当需要打印多篇文档时,我们在文本编辑器中按一定的先后顺序,对文本选择了"打印"处理后,就可以将文档关闭了。系统会将这些要打印的文档按设定的先后顺序存放在打印缓冲区,逐一送入打印机打印。

在队列中,允许插入的一端称为队尾(rear),允许删除的一端称为队首或队头(front)。在队列的队尾插入一个数据元素的操作称为入队或进队,在队首删除一个数据元素的操作称为出队或退队。假设队列为 $q=(a_1,a_2,a_3,\cdots,a_n)$,其中 a_1 就是队首元素,a_n 就是队尾元素。入队时按照 $a_1,a_2,a_3,\cdots,a_n$ 的顺序进入,出队时也按照相同的顺序退出。如图 3-9 所示。

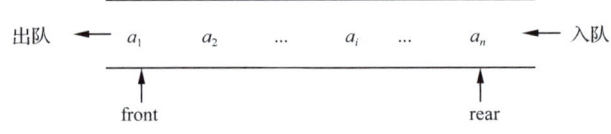

图 3-9 队列

2. 队列的抽象数据类型定义

队列的抽象数据类型表示了队列中的数据对象、数据关系以及基本操作,定义如下:

ADT Queue{

    数据对象:$D=\{a_i|a_i$ 为 DataType 类型,$1\leqslant i\leqslant n,n\geqslant 0\}$/* DataType 为自定义类型 */

    数据关系:$R=\{<a_{i-1},a_i>|a_{i-1},a_i\in D,2\leqslant i\leqslant n\}$。在非空表中,除了首结点,每个结点都有且只有一个前驱结点;除了尾结点外,每个结点都有且只有一个后继结点。队列中的数据元素只能在队尾一端进行插入操作,在队首一端进行删除操作。

    基本操作:

    InitQueue(&Q):初始化操作。建立一个空队列。

    QueueEmpty(Q):判断队列是否为空,如果为空,返回 1;否则,返回 0。

    EnQueue(&Q,x):入队操作。将元素 x 插入队列 Q 的队尾。

    DelQueue(&Q,&x):出队操作。将队列 Q 的队首元素删除,将其值由变量 x 返回。

    GetHead(Q,&x):取队首元素。将队列 Q 的队首元素值由变量 x 返回。

    ClearQueue(&Q):清空队列。将队列 Q 清空。

}ADT Queue

3.3.2 顺序队列

1. 顺序队列

队列的顺序存储结构称作顺序队列(Sequential Queue)。顺序队列与顺序表类似,采用一个一维数组存放数据元素。由于队列的队首和队尾位置要随着出队、入队操作不断变化,所以应设置两个指针 front 和 rear 分别用来指向当前队首和队尾。

顺序队列的类型定义如下:
```
#define QueueMaxSize 50              /* 队列的容量,应根据具体情况选择 */
typedef struct SeqQueue
{
    DataType queue[QueueMaxSize];    /* 队列存储空间 */
    int front,rear;                  /* 队首和队尾指针 */
}SeqQueue;
```

我们约定,队首指针 front 和队尾指针 rear 的初值在队列初始化时置为 -1。非空队列中,队首指针始终指向当前队首元素的前一个位置,队尾指针指向当前的队尾元素。当新元素入队时,rear 指针先加 1,再赋值;当队首元素出队时,front 指针也先加 1,再取走元素。

【案例 3-5】 顺序队列的操作。

设有一个顺序队列为 $q=(a,b,c,d,e)$,对应的存储结构如图 3-10(a)所示。此时 front==-1,rear==4。若元素 f、g 和 h 相继入队,如图 3-10(b)所示,此时 front==-1,rear==7,rear==QueueMaxSize-1,队列已满。将元素 a 和 b 出队,如图 3-10(c)所示,此时 front==1,rear==7。若所有元素都出队,如图 3-10(d)所示,此时 front==rear==7,队列变为空队列。

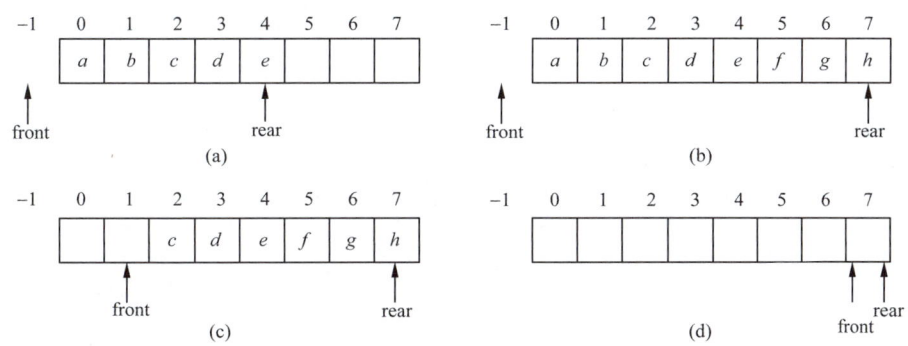

图 3-10 顺序队列

由案例 3-5 可知,顺序队列中,当 rear==QueueMaxSize-1 时,队满;当 front==rear 时,队空。在图 3-10(d)所示的情况下,队列实际已经为空,但如果此时存在元素要入队,由于 rear 指针已达到数组下界,将会造成"溢出"。顺序队列中,这种不是由于存储空间不够,而是由于经过多次插入和删除操作引起的溢出,称为"假溢出"。

2. 循环队列

为了避免顺序队列的"假溢出"现象,我们可以把顺序队列想象成首尾相连的环,当队首指针和队尾指针达到数组下界时,能延续到数组上界,构成循环队列(Circle Queue)。在循环队列中,可以通过数学运算中的取余运算实现队列的首尾相连。如案例 3-5 中,QueueMaxSize

为 8,当队尾指针 rear 为 7 时,如果要进行元素入队操作,队尾指针 rear＝(rear＋1)％QueueMaxSize 后队尾指针的值为 0,也就实现了队列逻辑上的首尾相连。

由图 3-11 分析可知,循环队列队空和队满的条件都是 front＝＝rear,这就使得队空和队满的情况难以区分,为了解决这个问题,可以采用以下三种方式:

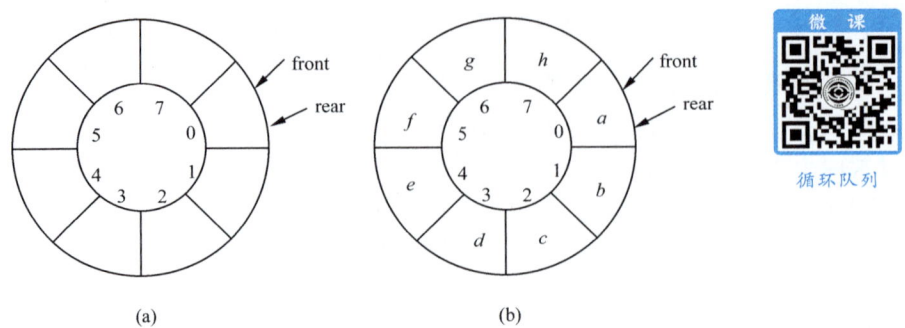

图 3-11 循环队列队空和队满

(1)设置标志位 tag。设 tag 初始化为 0,当进行入队操作成功时,设置 tag＝1;当进行出队操作成功时,设置 tag＝0。则队满的条件为 front＝＝rear&&tag＝＝1,队空的条件为 front＝＝rear&&tag＝＝0。

(2)设置一个计数器 num。设 num 初始化为 0,当入队操作成功时,num 加 1;出队操作成功时,num 减 1。则队满的条件为 num＝＝QueueMaxSize,队空的条件为 num＝＝0。

(3)少用一个存储空间。在非空循环队列中,队首指针始终指向当前队首元素的前一个位置,队尾指针指向当前的队尾元素。队列队空时,队首指针和队尾指针相等,即 front＝＝rear;队满时,队尾指针加 1 后等于队首指针,即 front＝＝(rear＋1)％QueueMaxSize。如图 3-12 所示。本书采用该方式区别循环队列的队空和队满状态。

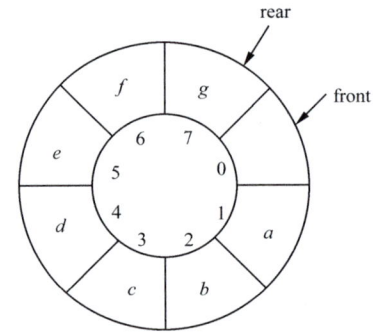

图 3-12 循环队列队满

循环队列的基本运算实现为:
(1)队列的初始化
【算法 3-17】:
void InitQueue(SeqQueue * Q)
/* 循环队列初始化 */
{
　　Q－>front＝0;
　　Q－>rear＝0;
}

(2) 队列判空

【算法 3-18】：

int QueueEmpty(SeqQueue Q)

/* 循环队列判空。队列为空返回 1；否则，返回 0 */

{
  if(Q.front==Q.rear)
    return 1;
  else
    return 0;
}

(3) 入队操作

【算法 3-19】：

int EnQueue(SeqQueue *Q,DataType x)

/* 循环队列入队操作。入队成功返回 1；否则，返回 0 */

{
  if(Q->front==(Q->rear+1)%QueueMaxSize) /* 判断队列是否已满 */
  {
    printf("队列已满；");
    return 0;
  }
  Q->rear=(Q->rear+1)%QueueMaxSize;   /* 队尾指针后移一个位置 */
  Q->queue[Q->rear]=x;   /* 在队尾插入元素 x */
  return 1;
}

(4) 出队操作

【算法 3-20】：

int DelQueue(SeqQueue *Q,DataType *x)

/* 循环队列出队操作。出队成功返回 1；否则，返回 0 */

{
  if(Q->front==Q->rear)   /* 判断队列是否为空 */
  {
    printf("队列已空；");
    return 0;
  }
  else
  {
    Q->front=(Q->front+1)%QueueMaxSize;   /* 队首指针后移一个位置 */
    x=Q->queue[Q->front];   / 将队首元素赋给 x */
    return 1;
  }
}

(5) 取队首元素

【算法 3-21】：

int GetQueue(SeqQueue *Q,DataType *x)

/*循环队列取队首元素。操作成功返回1;否则,返回0*/
{
 if(Q->front==Q->rear)   /*判断队列是否为空*/
 {
  printf("队列已空;");
  return 0;
 }
 else
 {
  *x=Q->queue[(Q->front+1)%QueueMaxSize]; /*将队首元素赋给x*/
  return 1;
 }
}

3.3.3 链队列

1. 链队列的概念

队列的链式存储结构称作链队列(Linked Queue)。链队列是限于在表头删除和表尾插入的单链表,显然需要设置指向队首的指针front和指向队尾的指针rear。为了使空链队列与非空链队列的处理一致,链队列也加上头结点,如图3-13所示。

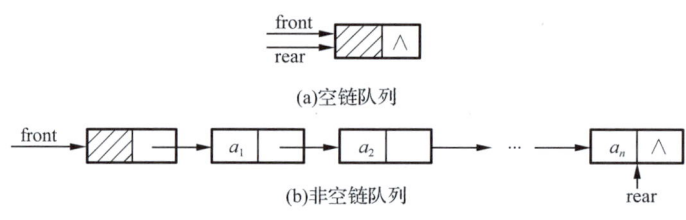

图3-13 链队列

当链队列为空时,front==rear,其头指针和尾指针都指向头结点。

2. 链队列的实现

链队列的类型定义如下:

typedef struct QNode
{
 DataType data;
 struct QNode *next;
}QNode;/*结点类型定义*/

typedef struct
{
 QNode *front;   /*队首指针*/
 QNode *rear;   /*队尾指针*/
}LinkQueue;

(1)队列的初始化
【算法3-22】：
void InitQueue(LinkQueue *Q)
/*链队列初始化*/
{
  Q->front=(QNode *)malloc(sizeof(QNode)); /*生成头结点*/
  if(Q->front==NULL)
    exit(-1);
  Q->rear=Q->front;
  Q->front->next=NULL; /*头结点的指针域置为空*/
}

(2)队列判空
【算法3-23】：
int QueueEmpty(LinkQueue Q)
/*判断链队列是否为空。队空返回1；否则，返回0*/
{
  if(Q.front->next==NULL) /*链队列为空*/
    return 1;
  else
    return 0;
}

(3)入队操作
【算法3-24】：
int EnQueue(LinkQueue *Q,DataType x)
/*将元素x插入链队列Q中,插入成功返回1*/
{
  QNode *p;
  p=(QNode *)malloc(sizeof(QNode));
  if(!p)
    exit(-1);
  p->data=x;
  p->next=NULL;
  Q->rear->next=p;
  Q->rear=p;
  return 1;
}

(4)出队操作
【算法3-25】：
int DeleteQueue(LinkQueue *Q,DataType *x)
/*删除链队列Q的队首元素,将该元素用x带回。删除成功返回1；否则，返回0*/
{
  QNode *p;
  if(Q->front->next==NULL)
    return 0;

```
        else
        {
            p=Q->front->next;
            *x=p->data;
            Q->front->next=p->next;
            if(Q->rear==p)
                Q->rear=Q->front;
            free(p);
            return 1;
        }
    }
```

（5）取队首元素

【算法 3-26】：
```
int GetQueue(LinkQueue *Q,DataType *x)
/*取链队列 Q 的队首元素,将该元素用 x 带回。成功返回 1;否则,返回 0*/
{
    QNode *p;
    if(Q->front->next==NULL)
        return 0;
    else
    {
        p=Q->front->next;
        *x=p->data;
        return 1;
    }
}
```

3. 双端队列**

双端队列(deque,全名为 double-ended queue)是一种具有队列和栈的性质的数据结构。双端队列中的元素可以从两端弹出,其限定插入和删除操作在表的两端进行。这两端分别称作端点 1 和端点 2,也可以看作循环队列的队首和队尾。

在实际使用中,还可以有输出受限的双端队列(一个端点允许插入和删除,另一个端点只允许插入的双端队列)和输入受限的双端队列(一个端点允许插入和删除,另一个端点只允许删除的双端队列)。而如果限定双端队列从某个端点插入的元素只能从该端点删除,则该双端队列就蜕变为两个栈底相邻的栈了。

双端队列与栈或队列相比,是一种多用途的数据结构,在容器类库中有时会用双端队列来提供栈和队列两种功能。尽管双端队列看起来似乎比栈和队列更灵活,但实际上在应用程序中远不及栈和队列实用。

3.3.4 循环队列和链队列的比较

（1）时间性能:限于队列操作,插入操作只能在队尾进行,删除操作只能在队首进行,因此循环队列和链队列基本操作的算法时间复杂度都为 $O(1)$。

（2）空间性能：循环队列虽然可以避免普通顺序队列的"假溢出"现象，但作为顺序存储结构依然存在事先确定队列空间的问题。所以，循环队列存在存储元素个数的限制和空间浪费的问题。链队列在内存拥有空闲空间时没有队满的问题，但因结构问题，存储密度小于1，故产生了结构性开销。

因此，当队列的使用过程中元素个数变化较大时，适宜选用链队列；反之，应该选用循环队列。

3.3.5 队列的应用——舞伴问题

【案例 3-6】 舞伴问题。

假设在周末舞会上，男士们和女士们进入舞厅时，各自排成一队。跳舞开始时，依次从男队和女队的队首各出一人配成舞伴。如果两队初始人数不相同，则较长的那一队中未配对者等待下一轮舞曲。请编写程序，列出进入舞池的舞伴名单。

设计思路：

由题目可知，先入队的男士和女士会先出队配成舞伴。因此，本问题具有典型的先进先出性，可以选用队列作为算法的数据结构。为男士和女士各设置一个队列，两个队列同时出队，当某一队空时，停止出队。舞曲结束后，男、女两队再按照原来出队的序列依次入队，依此循环。

本案例的实现采用循环队列结构，使用计数器作为队空和队满的判断方式。

案例实现：

```c
#include <stdio.h>
#include <string.h>
#include <stdlib.h>
typedef struct
{
    char name[20];
    char sex;                        /*性别,'F'表示女性,'M'表示男性*/
}Person;
typedef Person DataType;             /*将队列中元素的数据类型定义为 Person*/
/*循环队列的类型定义*/
#define QueueSize 100                /*应根据具体情况定义该值*/
typedef struct
{
    int front;                       /*头指针,队非空时指向队首元素*/
    int rear;                        /*尾指针,队非空时指向队尾元素的下一位置*/
    int count;                       /*计数器,记录队中元素总数*/
    DataType data[QueueSize];
}CirQueue;
```

```c
/***********************************************/
/* 函数名:main                                 */
/* 函数功能:舞伴问题主函数                     */
/* 形参说明:无                                 */
/* 返回值:0                                    */
/***********************************************/
int main()
{
    void InitQueue(CirQueue * Q);
    int QueueEmpty(CirQueue * Q);
    int QueueFull(CirQueue * Q);
    void EnQueue(CirQueue * Q,DataType x);
    DataType DeQueue(CirQueue * Q);
    DataType QueueFront(CirQueue * Q);
    void DancePartners(Person dancer[],int num);
    DataType dancer[12];            /*输入人员姓名、性别*/
    strcpy(dancer[0].name,"George Thompson");
    dancer[0].sex='M';
    strcpy(dancer[1].name,"Jane Adrews");
    dancer[1].sex='F';
    strcpy(dancer[2].name,"Sandra Williams");
    dancer[2].sex='F';
    strcpy(dancer[3].name,"Bill Brooks");
    dancer[3].sex='M';
    strcpy(dancer[4].name,"Bob Carlson");
    dancer[4].sex='M';
    strcpy(dancer[5].name,"Shirley Granley");
    dancer[5].sex='F';
    strcpy(dancer[6].name,"Louise Sanderson");
    dancer[6].sex='F';
    strcpy(dancer[7].name,"Dave Evans");
    dancer[7].sex='M';
    strcpy(dancer[8].name,"Harold Brown");
    dancer[8].sex='M';
    strcpy(dancer[9].name,"Roberta Edwards");
    dancer[9].sex='F';
    strcpy(dancer[10].name,"Dan Gromley");
    dancer[10].sex='M';
    strcpy(dancer[11].name,"John Gaston");
    dancer[11].sex='M';
    DancePartners(dancer,12);
    return 0;
}
```

```
/*****************************************************/
/* 函数名:InitQueue                                    */
/* 函数功能:队列初始化                                 */
/* 形参说明:Q——指向循环队列的指针                     */
/* 返回值:无                                           */
/*****************************************************/
void InitQueue(CirQueue * Q)
{
    Q->front=Q->rear=0;
    Q->count=0;                    /* 计数器置 0 */
}
/*****************************************************/
/* 函数名:QueueEmpty                                   */
/* 函数功能:判队列是否为空                             */
/* 形参说明:Q——指向循环队列的指针                     */
/* 返回值:整型,队空时返回 1;否则,返回 0                */
/*****************************************************/
int QueueEmpty(CirQueue * Q)
{
    return Q->count==0;            /* 队列无元素时为空 */
}
/*****************************************************/
/* 函数名:QueueFull                                    */
/* 函数功能:判队列是否为满                             */
/* 形参说明:Q——指向循环队列的指针                     */
/* 返回值:整型,队满时返回 1;否则,返回 0                */
/*****************************************************/
int QueueFull(CirQueue * Q)
{
    return Q->count==QueueSize;    /* 队中元素个数等于 QueueSize 时队满 */
}
/*****************************************************/
/* 函数名:EnQueue                                      */
/* 函数功能:入队操作                                   */
/* 形参说明:Q——指向循环队列的指针                     */
/*          x——DataType 型,要入队的元素               */
/* 返回值:无                                           */
/*****************************************************/
void EnQueue(CirQueue * Q,DataType x)
{
    if(QueueFull(Q))                              /* 队满上溢 */
    {
        printf("Queue overflow");
```

```
        exit(0);
    }
    Q->count++;                                    /*队列元素个数加1*/
    Q->data[Q->rear]=x;                            /*新元素插入队尾*/
    Q->rear=(Q->rear+1)%QueueSize;                 /*循环意义下将队尾指针加1*/
}
/************************************************/
/*函数名:DeQueue                                 */
/*函数功能:出队操作                              */
/*形参说明:Q——指向循环队列的指针                */
/*返回值:temp——DataType 型,出队元素             */
/************************************************/
DataType DeQueue(CirQueue *Q)
{
    DataType temp;
    if(QueueEmpty(Q))
    {
        printf("Queue underflow");
        exit(0);
    }
    temp=Q->data[Q->front];
    Q->count--;                                    /*队列元素个数减1*/
    Q->front=(Q->front+1)%QueueSize;               /*循环意义下的队首指针加1*/
    return temp;
}
/************************************************/
/*函数名:QueueFront                              */
/*函数功能:取队首元素操作                        */
/*形参说明:Q——指向循环队列的指针                */
/*返回值:DataType 型,队首元素                    */
/************************************************/
DataType QueueFront(CirQueue *Q)
{
    if(QueueEmpty(Q))
    {
        printf("Queue is empty");
        exit(0);
    }
    return Q->data[Q->front];
}
/************************************************/
/*函数名:DancePartners                           */
/*函数功能:舞伴匹配                              */
```

```
/* 形参说明:dancer[] ——Person 型数组,存放参加舞会的人员    */
/*           num——整型,跳舞的人数                        */
/* 返回值:无                                                */
/* * * * * * * * * * * * * * * * * * * * * * * * * * * * * */
void DancePartners(Person dancer[],int num)
{
    int i;
    Person p;
    CirQueue Mdancers,Fdancers;
    InitQueue(&Mdancers);              /* 男士队列初始化 */
    InitQueue(&Fdancers);              /* 女士队列初始化 */
    for(i=0;i<num;i++)
    {
        p=dancer[i];
        if(p.sex=='F')
            EnQueue(&Fdancers,p);      /* 排入女队 */
        else
            EnQueue(&Mdancers,p);      /* 排入男队 */
    }
    printf("第一轮舞伴是:\n");
    while(! QueueEmpty(&Fdancers)&&! QueueEmpty(&Mdancers))
    {
        p=DeQueue(&Fdancers);          /* 女士出队 */
        printf("%-20s",p.name);        /* 打印出队女士名 */
        p=DeQueue(&Mdancers);          /* 男士出队 */
        printf("%s\n",p.name);         /* 打印出队男士名 */
    }
    if(! QueueEmpty(&Fdancers))        /* 输出女队剩余人数及队首女士的名字 */
    {
        printf("\n 还有%d 位女士没有轮到\n",Fdancers.count);
        p=QueueFront(&Fdancers);       /* 取队首元素 */
        printf("%s 将第一个得到舞伴\n",p.name);
    }
    else
        if(! QueueEmpty(&Mdancers))    /* 输出男队剩余人数及队首男士的名字 */
        {
            printf("\n 还有%d 位男士没有轮到\n",Mdancers.count);
            p=QueueFront(&Mdancers);   /* 取队首元素 */
            printf("%s 将第一个得到舞伴\n",p.name);
        }
    for(i=0;i<num;i++)
    {
        p=dancer[i];
        if(p.sex=='F')
```

```
            EnQueue(&Fdancers,p);           /*排入女队*/
        else
            EnQueue(&Mdancers,p);          /*排入男队*/
    }
    printf("第二轮舞伴是:\n");
    while(!QueueEmpty(&Fdancers)&&!QueueEmpty(&Mdancers))
    {
        p=DeQueue(&Fdancers);              /*女士出队*/
        printf("%-20s",p.name);            /*打印出队女士名*/
        p=DeQueue(&Mdancers);              /*男士出队*/
        printf("%s\n",p.name);             /*打印出队男士名*/
    }
    if(!QueueEmpty(&Fdancers))             /*输出女队剩余人数及队首女士的名字*/
    {
        printf("\n还有%d位女士只跳过一轮\n",Fdancers.count);
        p=QueueFront(&Fdancers);           /*取队首元素*/
        printf("%s将第一个得到舞伴\n",p.name);
    }
    else
        if(!QueueEmpty(&Mdancers))         /*输出男队剩余人数及队首男士的名字*/
        {
            printf("\n还有%d位男士只跳过一轮\n",Mdancers.count);
            p=QueueFront(&Mdancers);       /*取队首元素*/
            printf("%s将第一个得到舞伴\n",p.name);
        }
}
```

舞伴问题运行图如图 3-14 所示。

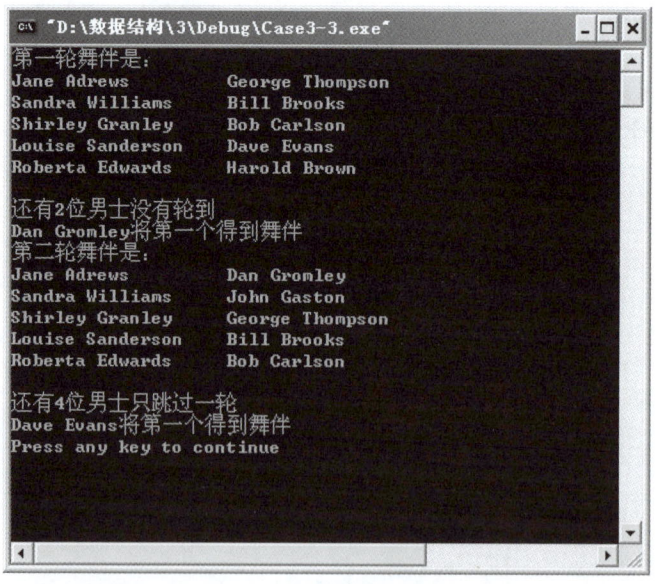

图 3-14　舞伴问题运行图

3.4 案例实现：汉诺塔问题和机器翻译

3.4.1 案例1——汉诺塔问题

1. 案例分析

汉诺塔圆盘之间的移动过程很复杂、烦琐，但规律性却很强。

分析圆盘的移动顺序：

如果 $n=1$，则将圆盘从 a 直接移到 c。

如果 $n=2$，则：

①将 a 上的 $n-1$(等于1)个圆盘移到 b 上。

②将 a 上的一个圆盘移到 c 上。

③将 b 上的 $n-1$(等于1)个圆盘移到 c 上。

如果 $n=3$，则：

(1)将 a 上的 $n-1$(等于2，令其为 n')个圆盘移到 b 上(借助 c)，步骤如下：

①将 a 上的 $n'-1$(等于1)个圆盘移到 c 上。

②将 a 上的一个圆盘移到 b 上。

③将 c 上的 $n'-1$(等于1)个圆盘移到 b 上。

(2)将 a 上的一个圆盘移到 c 上。

(3)将 b 上的 $n-1$(等于2，令其为 n')个圆盘移到 c 上(借助 a)，步骤如下：

①将 b 上的 $n'-1$(等于1)个圆盘移到 a 上。

②将 b 上的一个盘子移到 c 上。

③将 a 上的 $n'-1$(等于1)个圆盘移到 c 上。

至此，完成了三个圆盘的移动过程。分析该移动过程可知，可以使用递归调用技术来解决这个移动过程。不考虑64个圆盘而考虑 n 个圆盘的一般情况。当 $n \geqslant 2$ 时，移动的过程可分解为三个步骤：

(1)以 c 杆为临时杆，从 a 杆将1至 $n-1$ 号圆盘移到 b 杆。

(2)将 a 杆中剩下的第 n 号圆盘移到 c 杆。

(3)以 a 杆为临时杆，从 b 杆将1至 $n-1$ 号圆盘移到 c 杆。

可以看到，步骤(2)只需移动一次即可完成；步骤(1)与(3)的操作则完全相同，唯一区别仅在于各杆的作用有所不同。这样，原问题被转换为相同性质的、规模小一些的新问题。即 Hanoi(n,a,b,c)可转化为 Hanoi($n-1,a,c,b$)与 Hanoi($n-1,b,a,c$)。其中，Hanoi中的参数分别表示需移动的盘数、起始杆、临时杆与终止杆，这种转换直至转入的盘数为0为止，因为这时已无盘可移。采用递归算法实现，其流程如图3-15所示。

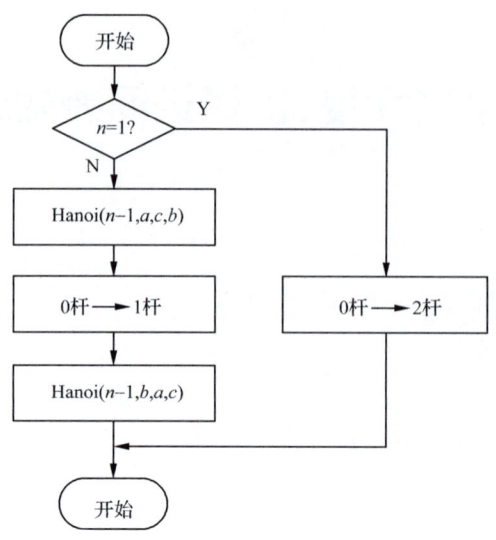

图 3-15 汉诺塔问题流程图

2. 案例实现

```
#include <stdio.h>
void move(char x,int n,char z);
/******************************************/
/* 函数名:hanoi                            */
/* 函数功能:用递归算法解决汉诺塔问题      */
/* 形参说明:n——整型,表示盘数;            */
/*          x——字符型,起始杆;            */
/*          y——字符型,临时杆;            */
/*          z——字符型,终止杆             */
/* 返回值:无                               */
/******************************************/
void hanoi(int n,char x,char y,char z)
{
    if(n==1)
        move(x,1,z);
    else
    {
        hanoi(n-1,x,z,y);
        move(x,n,z);
        hanoi(n-1,y,x,z);
    }
}
/******************************************/
/* 函数名:move                             */
/* 函数功能:将第 n 个盘子由 x 杆移到 z 杆  */
/* 形参说明:x——字符型,起始杆;            */
/*          n——整型,盘子序号;            */
```

```
/*            z——字符型,终止杆                            */
/*返回值:无                                              */
/************************************************/
void move(char x,int n,char z)
{
    printf("%c——>%c:%d\n",x,z,n);
}
/************************************************/
/*函数名:main                                           */
/*函数功能:汉诺塔游戏                                    */
/*形参说明:无                                           */
/*返回值:0                                              */
/************************************************/
int main()
{
    int n;
    printf("请输入要移动的盘子个数 n=");
    scanf("%d",&n);
    hanoi(n,'a','b','c');              /*调用递归算法*/
    return 0;
}
```

汉诺塔问题运行图如图 3-16 所示。

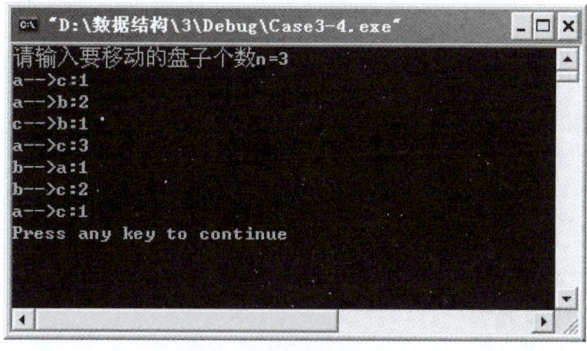

图 3-16　汉诺塔问题运行图

3.4.2　案例 2——机器翻译

1. 案例分析

根据案例要求,在内存中采用队列机制存储单词,当有新的单词加入内存且内存不足时,需要把最前面的单词移出队列。对于每个单词,首先需要判断该单词是否在内存中,由于案例使用数字来代表单词,所以可以使用一个 bool 类型的数组 flag 辅助判断,每一个单词对应的是数组的下标,若单词 x 没在队列中,则 flag[x]=0,当一个单词新加入队列时,将其值改为 1,移出队列时再次变回 0。

2. 案例实现

```c
#define MaxSize 100              /* 队列的容量,应根据具体情况选择 */
#include <stdio.h>
#include <stdlib.h>
typedef int DataType;
typedef int bool;
typedef struct
{
    DataType * queue;            /* 队列存储空间,根据指定容量大小分配 */
    int queueSize;               /* 队列容量大小 */
    int len;                     /* 队列实际元素个数 */
    int front,rear;              /* 队首和队尾指针 */
}SeqQueue;                       /* 队列类型定义 */

/******************************************/
/* 函数名:InitQueue                        */
/* 函数功能:循环队列初始化操作              */
/* 形参说明:Q——指向队列的指针              */
/*          size——int 类型,队列空间大小    */
/* 返回值:无                                */
/******************************************/
void InitQueue(SeqQueue * Q,int size)
{
    Q->queue = (DataType *)malloc(sizeof(DataType) * size);  /* 分配队列空间 */
    Q->queueSize = size;              /* 设置队列容量大小 */
    Q->front = Q->rear = 0;           /* 设置队首、队尾的位置 */
    Q->len = 0;
}

/******************************************/
/* 函数名:EnQueue                          */
/* 函数功能:循环队列入队操作                */
/* 形参说明:Q——指向队列的指针              */
/*          x——DataType 类型,入队元素      */
/* 返回值:整型。入队成功返回1,否则返回0    */
/******************************************/
int EnQueue(SeqQueue * Q, DataType x)
{
    if(Q->len>=Q->queueSize)                  /* 判断队列是否已满 */
        return 0;
    Q->rear=(Q->rear+1)%Q->queueSize;         /* 队尾指针后移一个位置 */
    Q->queue[Q->rear]=x;                      /* 在队尾插入元素 x */
    Q->len++;
    return 1;
}
```

```
/************************************************/
/* 函数名:DelQueue                              */
/* 函数功能:循环队列出队操作                     */
/* 形参说明:Q——指向队列的指针                  */
/*         x——指向 DataType 类型的指针,带回出队元素 */
/* 返回值:整型。出队成功返回1,否则返回0          */
/************************************************/
int DelQueue(SeqQueue *Q,DataType *x)
{
    if(Q->len == 0)                             /* 判断队列是否为空 */
        return 0;
    else
    {
        Q->front=(Q->front+1)%Q->queueSize;     /* 队首指针后移一个位置 */
        *x=Q->queue[Q->front];                  /* 将队首元素赋给 x */
        Q->len--;
        return 1;
    }
}
/************************************************/
/* 函数名:GetQueue                              */
/* 函数功能:循环队列取队首操作                   */
/* 形参说明:Q——指向队列的指针                  */
/*         x——指向 DataType 类型的指针,带回队首元素 */
/* 返回值:整型。出队成功返回1,否则返回0          */
/************************************************/
int GetQueue(SeqQueue *Q, DataType *x)
/* 循环队列取队首元素。操作成功返回1;否则,返回0 */
{
    if(Q->len == 0)                             /* 判断队列是否为空 */
    {
        printf("队空;");
        return 0;
    }
    else
    {
        *x=Q->queue[(Q->front+1)%Q->queueSize]; /* 将队首元素赋给 x */
        return 1;
    }
}
/************************************************/
/* 函数名:QueueLength()                         */
/* 函数功能:求循环队列长度操作                   */
```

```c
/* 形参说明:Q——指向队列的指针                                    */
/* 返回值:整型。返回队列长度                                      */
/******************************************************/
int QueueLength(SeqQueue *Q)
{
    return Q->len;                /* 队尾到队首的元素个数 */
}
/******************************************************/
/* 函数名:main                                                   */
/* 函数功能:机器翻译程序                                          */
/* 形参说明:无                                                   */
/* 返回值:0                                                      */
/******************************************************/
bool flag[MaxSize];    /* 表示单词在内存中的标志,值为1表示在内存中,否则不在内存中 */
int main()
{
    int i,m,n,x,y,res=0;
    scanf("%d %d",&m,&n);
    SeqQueue Q;
    InitQueue(&Q,m);                    /* 初始化队列 */
    for(i=0;i<n;i++)
    {
        scanf("%d",&x);
        if(flag[x]==0)                  /* 如果该单词不在内存中 */
        {
            if(QueueLength(&Q)>=m)      /* 队列长度超过了容量限制 */
            {
                GetQueue(&Q,&y);        /* 取队首元素 */
                flag[y]=0;              /* 清除标记 */
                DelQueue(&Q,&y);        /* 移除队首的单词 */
            }
            EnQueue(&Q, x);             /* 表示新单词的数字进队列 */
            flag[x]=1;                  /* 标记该单词已经在队列中 */
            res++;                      /* 去外存查词典的次数增1 */
        }
    }
    free(Q.queue);
    printf("%d",res);
    return 0;
}
```

机器翻译案例系统运行后,可通过键盘输入数据测试结果。例如,输入以下数据:
3 7
1 2 1 5 4 4 1

运行结果如图 3-17 所示。

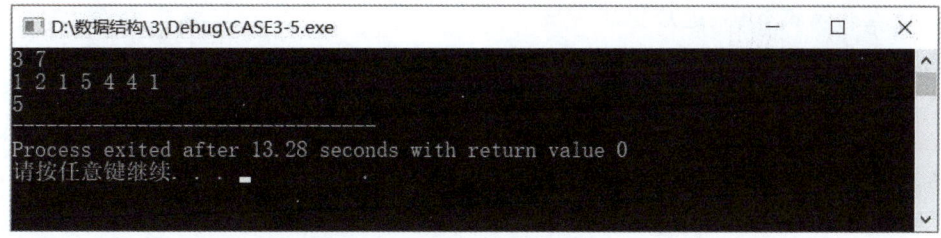

图 3-17　机器翻译案例运行图

本章小结

1. 栈和队列都是操作受限的线性表。栈的插入、删除操作只允许在一端进行,称为栈顶,另一端称为栈底。队列只允许进行插入的一端称为队尾;只允许进行删除的一端称为队首。

2. 栈和队列的存储方式有顺序存储和链式存储两种。

3. 栈的特点是"先进后出",在日常生活和计算机程序设计中有着广泛的应用,如表达式求值和函数的调用等。

4. 队列的特点是"先进先出",在数据的缓冲区处理及拓扑排序等许多场合都有应用。顺序队列存在"假溢出"现象,可以采用循环队列避免这种现象。

习　题

一、选择题

1. 在一个具有 n 个单元的顺序栈中,假定以地址低端作为栈底,以 top 作为栈顶指针,则当作退栈处理时,top 变化为(　　)。

　　A. top 不变　　　　　B. top＝－n　　　　　C. top＝top－1　　　　D. top＝top＋1

2. 若进栈序列为"1,2,3,4",进栈过程中可以出栈,则(　　)不可能是一个出栈序列。

　　A. 3,4,2,1　　　　　B. 2,4,3,1　　　　　C. 1,4,2,3　　　　　D. 3,2,1,4

3. 在一个顺序存储的循环队列中,队首指针指向队首元素的(　　)。

　　A. 前一个位置　　　B. 后一个位置　　　C. 队首元素位置　　D. 队尾元素位置

4. 在具有 n 个单元的顺序存储的循环队列中,假定 front 和 rear 分别为队首指针和队尾指针,则判断队空的条件是(　　)。

　　A. front＝＝rear＋1　　　　　　　　　　　B. front＋1＝＝rear
　　C. front＝＝rear　　　　　　　　　　　　D. front＝＝0

5. 向一个栈顶指针为 hs 的带头结点的链栈中插入一个 *s 结点时,执行(　　)。

　　A. hs－>next＝s;
　　B. s－>next＝hs－>next;hs－>next＝s;
　　C. s－>next＝hs;hs＝s;
　　D. s－>next＝hs; hs＝hs－>next;

6. 下列说法中( )是正确的。
   A. 栈是在两端操作、先进后出的线性表
   B. 栈是在一端操作、先进先出的线性表
   C. 队列是在一端操作、先进先出的线性表
   D. 队列是在两端操作、先进先出的线性表

7. 若已知一个栈的入栈序列是"$1,2,3,\cdots,n$",其输出序列为"$p_1,p_2,p_3,\cdots,p_n$",若 $p_1=n$,则 p_i 为( )。
   A. i　　　　B. $n-i$　　　　C. $n-i+1$　　　　D. 不确定

8. 设用链表作为栈的存储结构,则退栈操作( )。
   A. 必须判别栈是否为满　　　　B. 必须判别栈是否为空
   C. 判别栈元素的类型　　　　D. 对栈不做任何判别

9. 中缀表达式 A-(B+C/D)*E 的后缀形式是( )。
   A. ABC+D/*E-　　　　B. ABCD/+E*-
   C. AB-C+D/E*　　　　D. ABC-+D/E*

10. 字符 A、B、C、D 依次进入一个栈,按出栈的先后顺序组成不同的字符串,至多可以组成( )个不同的字符串。
    A. 15　　　　B. 14　　　　C. 16　　　　D. 21

11. 分别用 front 和 rear 表示顺序循环队列的队首和队尾指针,则判断队满的条件是( )。
    A. front+1==rear　　　　B. (rear+1)％maxSize==front
    C. front==0　　　　D. front==rear

12. 判定一个循环队列 Q(元素最多为 ma)为满队列的条件是( )。
    A. Q->front==Q->rear
    B. Q->front！=Q->rear
    C. Q->front==(Q->rear+1)％ma
    D. Q->front！=(Q->rear+1)％ma

13. 设栈 S 和队列 Q 的初始状态为空,元素 E_1、E_2、E_3、E_4、E_5 和 E_6 依次通过栈 S,一个元素出栈后即进入队列 Q,若六个元素出列的顺序为 E_2、E_4、E_3、E_6、E_5 和 E_1,则栈 S 的容量至少应该是( )。
    A. 6　　　　B. 4　　　　C. 3　　　　D. 2

14. 设顺序循环队列 Q[0:M-1] 的头指针和尾指针分别为 F 和 R,头指针 F 总是指向队首元素的前一位置,尾指针 R 总是指向队尾元素的当前位置,则该循环队列中的元素个数为( )。
    A. R-F　　　　B. F-R
    C. (R-F+M)％M　　　　D. (F-R+M)％M

15. 设指针变量 front 表示链式队列的队首指针,指针变量 rear 表示链式队列的队尾指针,指针变量 s 指向将要入队列的结点 X,则入队列的操作序列为( )。
    A. front->next=s;front=s;　　　　B. s->next=rear;rear=s;
    C. rear->next=s;rear=s;　　　　D. s->next=front;front=s;

16. 将一个递归算法改为对应的非递归算法时,通常需要使用( )。
    A. 栈　　　　B. 队列　　　　C. 循环队列　　　　D. 优先队列

二、填空题

1. 栈和队列是一种_____的线性表。
2. 栈结构允许进行删除操作的一端为_____,栈又称为_____表。
3. 队列的插入操作是在队列的_____进行,删除操作是在队列的_____进行,队列又称为_____表。
4. 不论是顺序栈还是链栈,其入栈和出栈操作的时间复杂度均为_____。
5. $(a+b)*c+(e*f-h)/(q+r)+3$ 的后缀表达式为_____。
6. 后缀表达式 9 2 3 +- 10 2 / - 的值为_____。中缀算式 $(3+4X)-2Y/3$ 对应的后缀表达式为_____。
7. 已知循环队列的存储空间为数组 data[21],且头指针和尾指针分别为 8 和 3,则该队列的当前长度为_____。

三、判断题

1. 栈是一种线性结构。　　　　　　　　　　　　　　　　　　　　(　　)
2. 栈是一种插入和删除操作在表的一端进行的线性表。　　　　　　(　　)
3. 出栈序列为 abcd,则入栈序列可能是 bcda。　　　　　　　　　　(　　)
4. 两个栈共享一片连续内存空间时,为提高内存利用率,减少溢出机会,应把两个栈的栈底分别设在这片内存空间的两端。　　　　　　　　　　　　　　　(　　)
5. 不论是入队操作还是入栈操作,在顺序存储结构上都需要考虑"溢出"情况。(　　)
6. 在用循环单链表表示的链式队列中,可以不设队首指针,仅在链尾设置队尾指针。(　　)
7. 通常递归算法简单、易懂、容易编写,而且执行的效率也高。　　(　　)
8. 递归程序转为非递归程序必须用到栈。　　　　　　　　　　　　(　　)

四、简答题

1. 简述栈与队列的相同点和不同点。
2. 在顺序队列中,什么是溢出?什么是假溢出?为什么顺序队列常采用循环队列结构?
3. 写出下列程序段的输出结果(栈的元素类型 DataType 为 char)。

```
void main()
{
    SeqStack S;
    char x,y;
    InitStack(&S);
    x='c';y='k';
    Push(&S,x);Push(&S,'a');Push(&S,y);
    Pop(&S,&x);Push(&S,'t');Push(&S,x);
    Pop(&S,&x);Push(&S,'s');
    while(!StackEmpty(&S))
    {
        Pop(&S,&y);
        printf("%c",y);
    }
    printf("%c",x);
}
```

4. 简述以下算法的功能(栈的元素类型 DataType 为 int)。

(1)
```
void examp1(SeqStack *S)
{
    int i,n,A[255];
    n=0;
    while(!StackEmpty(&S))
    {
        n++;
        Pop(&S,A[n]);
    }
    for(i=1;i<=n;i++)
        Push(&S,A[i]);
}
```

(2)
```
void examp2(SeqStack *S,int e)
{
    SeqStack T;int d;
    InitStack(&T);
    while(!StackEmpty(&S))
    {
        Pop(&S,&d);
        if(d!=e)
            Push(&T,d);
    }
    while(!StackEmpty(&T))
    {
        Pop(&T,&d);
        Push(&S,d);
    }
}
```

五、程序算法题

1. 编写一个算法,利用栈的基本运算返回指定栈中的栈底元素。

2. 试写一个算法,判断依次读入的一个以'@'为结束符的字母序列,是否为形如"序列1&序列2"模式的字符序列。其中,序列1和序列2中都不含字符'&',且序列2是序列1的逆序列。例如,"a+b&b+a"是属于该模式的字符序列,而"1+3&3−1"则不是。

3. 已知 Ackerman 函数的定义如下:

$$akm(m,n)=\begin{cases}n+1 & m=0\\ akm(m-1,1) & m\neq 0, n=0\\ akm(m-1,akm(m,n-1)) & m\neq 0, n\neq 0\end{cases}$$

(1)写出递归算法。
(2)写出非递归算法。

4. 假设称正读和反读都相同的字符序列为"回文",例如,"abba"和"abcba"是回文,"abcde"和"ababab"则不是回文。试写一个算法判别读入的一个以'@'为结束符的字符序列是不是"回文"。

5. 假设一个算术表达式中包含圆括号、方括号和花括号三种类型的括号,编写一个判别表达式中括号是否正确匹配的函数。

6. 设以带头结点的循环链表表示队列,并且只设一个指针指向队尾元素结点(不设头指针),试编写相应的入队、出队算法。

7. 如果在一个循环队列中只有一个头指针 front,不设队尾指针 rear,使用计数器 count 记录队列中结点的个数,试编写相应的入队、出队算法。

第 4 章 串

串(字符串)也是一种特殊的线性表,其特殊性在于数据元素仅由一个字符组成。字符作为一种基本数据类型在计算机信息处理中的意义非同一般,计算机非数值处理的对象经常是字符串数据,如在汇编和高级语言的编译程序中,源程序和目标程序都是字符串数据;在事务处理程序中,顾客的姓名、地址、货物的产地和名称等,一般也是作为字符串处理的。另外,串还具有自身的特性,常常把一个串作为一个整体来处理,因此,把串作为独立结构的概念加以研究也是非常必要的。

知识目标

- 熟悉串的十种基本操作的定义,并能利用这些基本操作来实现串的其他各种操作。
- 熟练掌握在串的定长顺序存储结构上实现串的各种操作的方法。
- 理解串的堆存储结构以及在该结构上实现串操作的基本方法。
- 理解串的链式存储结构。
- 理解串的朴素模式匹配算法(BF 算法)。

第 4 章思维导图

技能目标

能应用串的各种基本操作和模式匹配算法解决实际问题。

素质目标

了解串的模式匹配的各种算法,引导学生善于发现问题,激励学生在科学方面的探索精神。

4.1 案例导引

案例:文本文件单词的检索和计数。

编写程序建立一个文本文件,每个单词都不包含空格且不跨行,单词由字符序列构成且区分大小写。要求统计给定单词在文本文件中出现的次数,检索输出某个单词出现在文本文件中的行号、在该行中出现的次数以及位置。

案例探析：

本案例需要选择合适的结构完成字符串的建立,实现串的基本操作,利用朴素模式匹配算法实现对文本文件中单词的检索和计数。

4.2 串的逻辑结构

串的逻辑结构与线性表极为相似,区别仅在于串的数据对象约束为字符集。

4.2.1 串的定义

串(String)是字符串的简称。它是一种在数据元素的组成上具有一定约束条件的线性表,即要求组成线性表的所有数据元素都是字符。所以,也可以这样定义串:串是由零个或多个字符组成的有限序列。

串一般记作：

$$s = "a_1 a_2 \cdots a_n" \quad (n \geqslant 0)$$

其中,s 是串的名称,用双引号("")括起来的字符序列是串的值;双引号本身不是串的值,它们是串的标记,以便将串与标识符(如变量名)加以区别,称为定界符;$a_i(1 \leqslant i \leqslant n)$ 可以是字母、数字或其他字符;串中字符的数目 n 被称作串的长度(或串长)。当 $n=0$ 时,串中没有任何字符,串的长度为 0,称为空串,用 φ 表示。而空格串是由一个或者多个空格组成的串,串的长度为所含空格的个数。例如：

$s1=""$

$s2="\ \ "$

$s1$ 中没有字符,是一个空串;而 $s2$ 中有两个空格字符,故其长度等于 2,是一个空格串。

串中任意连续的字符组成的子序列称为该串的子串。包含子串的串相应地又称为该子串的主串。通常称字符在串中的序号为该字符在串中的位置。当一个字符在串中多次出现时,以该字符第一次在串中出现的位置为该字符在串中的位置。子串在主串中的位置则以子串在主串中第一次出现的第一个字符的位置来表示。两个串相等是指当且仅当两个串的长度相等且各个对应位置上的字符都相同时,两个串相等。

例如,a、b 和 c 为三个串;$a = "Welcome\ to\ Beijing"$;$b = "Bei"$;$c = "Beng"$。则它们的长度分别为 18、3 和 4;串 b 是串 a 的子串,子串 b 在串 a 中的位置为 12,也可以说串 a 是串 b 的主串;串 c 不是串 a 的子串,串 b 和串 c 不相等。

4.2.2 串的抽象数据类型

串的抽象数据类型描述如下：

ADT String{
  数据对象：$D=\{a_i|a_i\in CharacterSet, i=1,2,\cdots,n, n\geq 0\}$
  数据关系：$R=\{<a_{i-1},a_i>|a_{i-1},a_i\in D, i=2,3\cdots,n\}$
  基本操作：
  StrAssign(&s,chars)：将串 chars 的串值赋给串变量 s。
  StrCopy(&t,s)：由串 s 复制到串 t。
  StrEmpty(s)：判断串 s 是否为空串，若是返回 TRUE；否则返回 FALSE。
  StrLength(s)：返回串 s 的长度。
  StrCompare(s,t)：比较串 s 和 t 的大小。若 s>t，返回正整数；若 s=t，返回 0；若 s<t，则返回负整数。
  ClearString(&s)：将 s 清为空串。
  StrConcat(s1,s2,&t)：由 t 返回将串 s2 联接在串 s1 的末尾组成的新串。
  SubStr(s,pos,len)：返回串 s 中从第 pos 个字符开始长度为 len 的子串。
  StrIndex(s,t,pos)：返回串 t 在串 s 的第 pos 个字符之后第一次出现的位置。若 t 不是 s 的子串，则返回 0。
  StrReplace(&s,t,v)：用串 v 替换串 s 中出现的所有与串 t 相等的不重叠子串。
  StrInsert(&s,pos,t)：在串 s 的第 pos 个字符之前插入串 t。
  StrDelete(&s,pos,len)：删除串 s 中从第 pos 个字符开始长度为 len 的子串。
  Destroystring(&s)：销毁串 s。
}ADT String

4.2.3 串的基本操作

串的基本操作与线性表有很大差别。在线性表的基本操作中，大多以"单个元素"作为操作对象，如在线性表中查找某个元素以及求取某个元素、在某个位置上插入一个元素和删除一个元素等；而在串的基本操作中，通常以"串的整体"作为操作对象，如在串中查找某个子串、求取一个子串、在串的某个位置上插入一个子串以及删除一个子串等。

串的基本操作有赋值、求串长、联接、求子串在主串中出现的位置、判断两个串是否相等以及删除子串等。

串的基本操作如下：

(1) 串赋值：StrAssign(&s1,s2)

操作条件：s1 是一个串变量；s2 或者是一个串常量，或者是一个串变量（通常 s2 是一个串常量时称为串赋值，是一个串变量时称为串拷贝）。

操作结果：将 s2 的串值赋值给 s1，s1 原来的值被覆盖掉。

例如：执行 StrAssign(s,"abcd") 运算之后，s 的值为"abcd"。假设 t="abcde"，则执行 StrAssign(s,t) 运算之后，s 的值为"abcde"。

(2) 求串长：StrLength(s)

操作条件：串 s 存在。

操作结果:求出串 s 的长度。

例如:t="abcde",则 StrLength(t)的运算结果为 5。

(3)联接运算:StrConcat(s1,s2,&s)或 StrConcat(&s1,s2)

操作条件:串 s1 和 s2 存在。

操作结果:两个串的联接就是将一个串的串值紧接着放在另一个串的后面,联接成一个串。前者是产生新串 s,s1 和 s2 不改变;后者是在 s1 的后面联接 s2 的串值,s1 改变,s2 不改变。

例如:s1="bei",s2="jing",前者的操作结果是 s="beijing",s1="bei",s2="jing";后者操作结果是 s1="beijing",s2="jing"。

(4)求子串:SubStr(s,pos,len)

操作条件:串 s 存在,1≤pos≤StrLength(s),0≤len≤StrLength(s)−pos+1。

操作结果:返回从串 s 的第 pos 个字符开始的长度为 len 的子串。len=0 得到的是空串。

例如:SubStr("abcdefghi",3,4)="cdef"。

(5)串比较运算:StrCompare(s1,s2)

操作条件:串 s1 和 s2 存在。

操作结果:若 s1==s2,操作返回值为 0;若 s1<s2,返回值<0;若 s1>s2,返回值>0(两个字符串自左向右逐个字符按 ASCII 值大小相比较)。

例如:StrCompare("bei","bei")=0,StrCompare("bei","dei")<0,StrCompare("cat","case")>0。

(6)串定位:StrIndex(s,t,pos)

操作条件:串 s 和 t 存在。

操作结果:若主串 s 中存在与串 t 值相同的子串,则返回 t 在主串 s 中第 pos 个字符之后第一次出现的位置,pos 如果省略,默认为 1,否则返回值为−1。

例如:StrIndex("abebebda","be")=2,StrIndex("abcdebda","ba")=−1。

(7)串插入操作:StrInsert(&s,pos,t)

操作条件:串 s 和 t 存在,且 1≤pos≤StrLength(s)+1。

操作结果:将串 t 插入串 s 的第 pos 个字符位置之前,s 的串值发生改变。

例如:s="chater",t="rac",pos=4,则 StrInsert(&s,pos,t)的运算结果为 s="character"。

(8)串删除操作:StrDelete(&s,pos,len)

操作条件:串 s 存在,且 1≤pos≤StrLength(s),0≤len≤StrLength(s)−pos+1。

操作结果:删除串 s 中从第 pos 个字符开始的长度为 len 的子串,s 的串值改变。

例如:s="Microsoft",pos=4,len=5,则 StrDelete(&s,pos,len)的运算结果为 s="Mict"。

(9)串替换操作:StrReplace(&s,t,r)

操作条件:串 s,t 和 r 存在,且 t 不为空。

操作结果:用串 r 替换串 s 中出现的所有与串 t 相等的不重叠的子串,s 的串值改变。

例如:s="abcacabcaca",t="abca",r="x",则替换后的结果为 s="xcxca"。

(10)判相等操作:StrEqual(s,t)

操作条件:串 s 和 t 存在。

操作结果:若 s 与 t 的值相等则运算结果为 1,否则为 0。

例如:s="ab",t="abzcd",r="ab",则 StrEqual(s,t)=0,StrEqual(s,r)=1。

以上是串的几个基本操作,其中前五个操作是最为基本的,不能用其他的操作来合成,因此通常将这五个基本操作称为最小操作集。而其他的操作均可在最小操作子集上实现。例如,可利用判等、求串长和求子串等操作实现定位函数 StrIndex(s,t,pos)。在主串 s 中取从第 i(i 的初值为 pos)个字符起,长度与串 t 相等的子串同串 t 比较,若相等,则函数返回值为 i,否则 i 值增 1,直至串 s 中从第 i 个字符起直到串尾的子串长度小于串 t 的长度为止。

【算法 4-1】:利用最小操作子集实现定位函数。

```
#define MaxLen <最大串的长度>;         /*定义能处理的最大串的长度*/
typedef struct
{
    char str[MaxLen];                 /*定义可容纳 MaxLen 个字符的字符数组*/
    int curlen;                       /*定义当前实际串长度*/
}SString;
int StrIndex(SString s,SString t,int pos)
{
    /*t 为非空串。若主串 s 中第 pos 个字符之后存在与 t 相等的子串,则返回第一个这样的子串在 s 中的位置,否则返回-1*/
    if(pos>0)
    {
        SString sub;
        n=StrLength(s);
        m=StrLength(t);
        i=pos;
        while(i<=n-m+1)
        {
            sub=SubStr(s,i,m);
            if(StrCompare(sub,t)!=0)
                ++i;
            else
                return i;             /*返回子串在主串中的位置*/
        }
    }
    return -1;                        /*s 中不存在与 t 相等的子串*/
}
```

4.3 串的存储结构

由于串是一种特殊的线性表,其存储结构与线性表的存储结构类似。但由于串是由若干单个字符组成,所以存储时有一些特殊技巧。

串的存储方式取决于即将对串所进行的操作。串在计算机中有三种表示方法:

(1)定长顺序存储结构。这种方法是将串定义成字符数组,是最简单的处理方法。此时,数组名即串名,从而实现了从串名直接访问串值。用这种方法处理,串的存储空间是在编译阶段完成的,其大小不能更改。

（2）堆分配存储结构。这种表示方法的特点是仍用一组地址连续的存储单元依次存储串中的字符序列，但串的存储空间是在程序运行时根据串的实际长度动态分配的。

（3）串的链式存储结构。在链式存储结构中，每个结点设定一个字符域 char 存放字符，设定一个指针域 next 存放所指向的下一个结点的地址。

4.3.1 串的定长顺序存储结构

串的定长顺序存储结构是采用与其逻辑结构相对应的存储结构，将串中的各个字符按顺序依次存放在一组地址连续的存储单元里，逻辑上相邻的字符在内存中也相邻。这是一种静态存储结构，串值的存储分配是在编译时完成的。因此，需要预先定义串的存储空间大小。

在串的定长顺序存储结构中，串的类型定义描述如下：

```
♯define MaxLen＜最大串的长度＞；     /*定义能处理的最大串的长度*/
typedef struct
{
    char str[MaxLen];                 /*定义可容纳 MaxLen 个字符的字符数组*/
    int curlen;                       /*定义当前实际串长度*/
}SString;
```

以下给出定长顺序存储结构中，串的判相等、联接和求子串等基本运算的实现。

1. 判相等运算：StrEqual(s,t)

【算法 4-2】：

```
int StrEqual(SString s,SString t)
/*判断串 s 和串 t 是否相等。相等，返回 1；否则，返回 0*/
{
    int i,j;
    if(s.curlen==t.curlen)             /*首先判断两个串的长度是否相等*/
    {
        for(i=0;i<s.curlen;i++)        /*长度相等则继续比较对应位置的每个字符是否相等*/
        {
            if(s.str[i]==t.str[i])
                j=1;
            else
            {
                j=0;                    /*若对应位置字符出现不等，终止比较*/
                break;
            }
        }
    }
    else                                /*长度不相等则判定两个串不相等，返回 0*/
        j=0;
    return j;
}
```

2. 联接运算：StrConcat(s,t,&ch)

串的联接运算是将两个串 s 和 t 的串值分别传送到新串 ch 的相应位置，超过 MaxLen 的部分截去。其运算结果可能有三种情况：

①s.curlen＋t.curlen＜MaxLen，得到的新串 ch 是正确的结果。

②s.curlen＋t.curlen≥MaxLen，而 s.curlen＜MaxLen，则将 t 的一部分截去，得到的新串 ch 中包含 s 和 t 的一个子串。

③s.curlen≥MaxLen，则得到的新串 ch 中只含有 s 一个子串。

【算法 4-3】：

```
StrConcat(SString s,SString t,SString &ch)
/*用 ch 返回由 s 和 t 联接而成的新串*/
{
    int i;
    if(s.curlen+t.curlen<MaxLen)            /*未截断*/
    {
        ch.curlen=s.curlen+t.curlen;        /*计算新串的长度*/
        for(i=0;i<s.curlen;i++)
            /*将 s.str[0]～s.str[s.curlen-1] 复制到 ch.str[0]～ch.str[s.curlen-1]*/
            ch.str[i]=s.str[i];
        for(i=0;i<t.curlen;i++)
            /*将 t.str[0]～t.str[t.curlen-1] 复制到 ch.str[s.curlen]～ch.str[ch.curlen-1]*/
            ch.str[s.curlen+i]=t.str[i];
        ch.str[ch.curlen]='\0';             /*在新串的最后设置串的结束符*/
    }
    else
        if(s.curlen<MaxLen)                 /*截断*/
        {
            ch.curlen=MaxLen;               /*计算新串的长度*/
            for(i=0;i<s.curlen;i++)
                /*将 s.str[0]～s.str[s.curlen-1]复制到 ch.str[0]～ch.str[s.curlen-1]*/
                ch.str[i]=s.str[i];
            for(i=0;i<MaxLen-1-s.curlen;i++)
                /*将 t.str[0]～t.str[MaxLen-s.curlen-2]复制到 ch.str[s.curlen]～ch.str[ch.curlen-1]*/
                ch.str[s.curlen+i]=t.str[i];
            ch.str[ch.curlen]='\0';         /*在新串的最后设置串的结束符*/
        }
        else                                /*截断，仅取 s 的一个子串*/
        {
            ch.curlen=MaxLen;               /*计算新串的长度*/
            for(i=0;i<MaxLen;i++)
                /*将 s.str[0]～s.str[MaxLen-1] 复制到 ch.str[0]～ch.str[MaxLen-1]*/
                ch.str[i]=s.str[i];
            ch.str[ch.curlen]='\0';         /*在新串的最后设置串的结束符*/
        }
}
```

3. 求子串运算:SubStr(s,pos,len)

求子串的过程即复制字符串的过程。其作用是将串 s 中从第 pos 个字符开始长度为 len 的子串返回。显然,执行本操作时串长不会超出规定范围,但用户给出的实参有可能是非法的,所以在算法中需要对实参的合法性进行检查。

【算法 4-4】:

```
SString SubStr(SString s,int pos,int len)
/*求出串 s 中从第 pos 个字符起长度为 len 的子串*/
{
    int i,j=0;
    SString ch;
    if((pos>=1&&pos<=StrLength(s))&&(len>=0&&len<=StrLength(s)-pos+1))
    {
        for(i=pos-1;i<len+pos-1;i++)
        {
            /*将 s.str[pos-1]~s.str[1en+pos-2]复制到 ch*/
            ch.str[j++]=s.str[i];
        }
        ch.curlen=len;
        ch.str[ch.curlen]='\0';
    }
    else
    {
        printf("\n error!\n");              /*参数不正确时返回错误信息*/
    }
    return ch;
}
```

串的定长顺序存储结构适用于求串长和求子串等运算。但这种存储结构有两个缺点:一是需要预先定义一个串允许的最大长度,如果定义的空间过大,则会造成空间浪费;二是由于限定了串的最大长度,所以会限制串的某些运算,如联接和置换运算等。

4.3.2 串的堆分配存储结构

堆分配存储结构的实现方法是,提供一个足够大的连续存储空间作为串的可利用空间,用来存储各串的串值。每当建立一个新串时,系统就从这个可利用空间中划分出一个大小与新串长度相等的空间给新串,若分配成功则返回一个指向起始地址的指针。为操作方便,将每个串的长度信息也作为存储结构的一部分。可使用 C 语言中动态分配函数库中的 malloc() 和 free() 函数来管理可利用空间。虽然这种存储表示仍以一组地址连续的存储单元存放串值,但它属于一种动态分配方式,所以也可看作一种动态存储分配的顺序表。

串的堆分配存储结构描述如下,如图 4-1 所示的是串的堆分配存储结构示例。

```
typedef struct
{
    int len;                /* len 存放串长 */
    char * ch;              /* ch 存放串的首地址,若是空串,则 ch 的值为 NULL */
} HString;
```

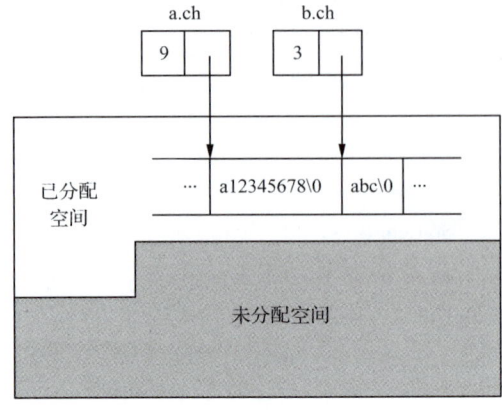

图 4-1　串的堆分配存储结构示例

下面介绍在该存储结构下实现的一些算法。

1. 串的赋值运算:StrAssign(& s1 , s2)

【算法 4-5】:
```
int StrAssign(HString &t,char * chars)
/* 生成一个其值等于串常量 chars 的串 t */
{
    int i,k;
    char * c;                                          /* c 为指向字符的指针变量 */
    if(t.ch)
        free(t.ch);                                    /* 释放 t 原有的空间 */
    for(i=0,c=chars;c;++i,++c);                        /* 求 chars 的长度 */
    if(!i)                                             /* 若 chars 的长度为 0,则生成空串 t */
    {
        t.ch=NULL;
        t.len=0;
    }
    else                                               /* chars 的长度大于 0 */
    {
        if(!(t.ch=(char *)malloc(i*sizeof(char))))
            return 0;                                  /* 空间申请失败,返回失败标志 */
        for(k=0;k<=i-1;k++)                            /* 逐个复制元素 */
            t.ch[k]=chars[k];
        t.len=i;                                       /* 保存串的长度 */
        return 1;                                      /* 操作成功 */
    }
}
```

2. 串的联接运算:StrConcat(s1,s2,&t)

【算法 4-6】:

```
int StrConcat(HString s1,HString s2,HString &t)
/*用 t 返回由 s1 和 s2 联接而成的新串*/
{
    int k,j;
    if(t.ch) free(t.ch);                                    /*释放 t 原有的空间*/
    if(!(t.ch=(char*)malloc((s1.len+s2.len)*sizeof(char))))
                                                            /*为串 t 申请存储空间*/
        return 0;                                           /*申请空间失败*/
    for(k=0;k<=s1.len-1;k++)                                /*复制串 s1 到串 t*/
        t.ch[k]=s1.ch[k];
    t.len=s1.len+s2.len;                                    /*串 t 的长度等于串 s1 和串 s2 长度之和*/
    j=0;
    for(k=s1.len;k<=t.len-1;k++)                            /*复制串 s2 到 t,s2 接在 s1 之后*/
    {
        t.ch[k]=s2.ch[j];
        j++;
    }
    return 1;
}
```

堆分配存储结构的串既有顺序存储结构的特点(简单、处理方便),操作中对串长又没有任何限制,非常灵活,因此在串处理中经常被采用。

4.3.3 串的链式存储结构

采用链表的方式存储串值,称为串的链式存储结构,简称链串。在链表方式中,每个结点设定一个字符域 char,存放字符;设定一个指针域 next,存放所指向的下一个结点的地址。

通常将每个结点所存储的字符个数称为结点的大小。如果每个结点的 char 域只存放一个字符,虽然能使串的运算最容易进行,运算速度最快,但每个字符都要设置一个 next 指针域,将会导致存储空间利用率降低。为了提高存储空间的利用率,设置结点的 char 域存放多个字符时,称为大结点结构。这种链表方式虽然起到了提高存储空间利用率的作用,但运算速度较单字符结点的链表方式要慢。如图 4-2 和图 4-3 所示为串"TEACHERSTUDENT"的结点大小分别为 1 和 4 的链式存储结构。

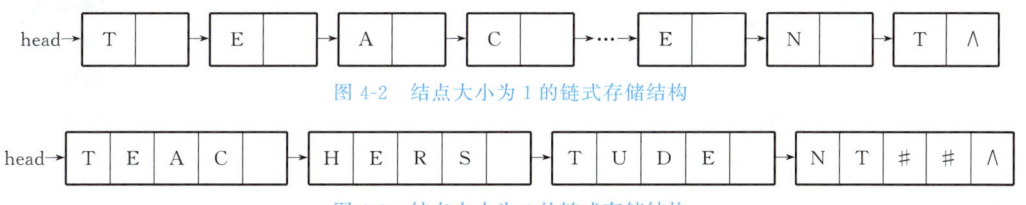

图 4-2 结点大小为 1 的链式存储结构

图 4-3 结点大小为 4 的链式存储结构

用单链表存放串时,存储密度定义为:

$$存储密度 = \frac{串值所占存储字节}{实际分配的存储字节}$$

为了提高存储密度,结点的大小一般大于 1,所以称为块链结构。例如,采用块链结构的文本编辑系统中,一个结点可存放 80 个字符,此时结点的大小是 80。

当结点的大小大于 1 时,存放一个串需要的结点数目不一定是整数,但分配结点时总是以完整的结点为单位进行的。因此,为使一个串能存放在整数个结点里,应在串的末尾添上不属于串值的特殊字符,以表示串的终结。如图 4-3 中最后一个结点的 char 域并未被字符占满,此时,应在这些未被占用的 char 域里补上不属于字符集的特殊符号(如"♯"),以示区别。

在链式存储结构中,串的类型定义描述如下:

```
♯define CHUNKSIZE 80         /* 可由用户定义的块大小 */
typedef struct               /* 结点结构 */
{
    char ch[CHUNKSIZE];
    struct Chunk * next;
}Chunk;
typedef struct               /* 串的链表结构 */
{
    Chunk * head,* tail;     /* 串的头和尾指针 */
    int curlen;              /* 串的当前长度 */
}LString;
```

串值的链式存储结构对串的某些操作(如联接操作等)有一定不便之处,总体上不如另外两种存储结构灵活,它占用存储量大且操作复杂。

4.4 串的模式匹配

串的模式匹配又称定位运算,是在主串 s 中定位子串 t 的操作。首先,判断主串 s 中是否存在子串 t,如果存在,则模式匹配成功,并输出子串 t 在主串 s 中第一次出现的位置;如果不存在,模式匹配失败。在 4.1.2 节中介绍的串定位运算 StrIndex(s,t,pos)的功能就是模式匹配。在串匹配中,一般将主串称为目标串,子串称为模式串。

串的模式匹配应用非常广泛。例如,在文本编辑程序中,经常要查找某一特定单词在文本中出现的位置。显然,解此问题的有效算法能极大地提高文本编辑程序的响应性能。

串的朴素模式匹配

 4.4.1 朴素的模式匹配算法

朴素的模式匹配算法的基本思想是:从目标串 $s = "s_0 s_1 s_2 \dots s_{n-1}"$ 的第 i 个字符起与模式串 $t = "t_0 t_1 t_2 \dots t_{m-1}"$ 进行比较。即从 $j=0$ 起比较 $s[i+j]$ 与 $t[j]$,若相等,则在主串 s 中存在以 i 为起始位置匹配成功的可能性,继续向后比较,直至与串 t 中最后一个字符相等为止。否则,改从串 s 中第 i 个字符的下一个字符起重新开始下一轮的"匹配",即将串 t 向右移动一位(i 增 1,j 退回至 0),重新开始新一轮的匹配,直至串 t 中的每个字符依次和串 s 中的一个连续的字符序列相等,则称模式匹配成功,此时串 t 的第 1 个字符在串 s 中的位置就是 t 在 s 中的位置;否则,模式匹配失败。

(1)假设 s="edcedcedbedde",t="edcedb",则模式匹配过程如下:

第 1 趟匹配,从串 s 的第 1 个字符′e′与串 t 的第 1 个字符′e′开始比较(假设下标从 0 开始),判断 s[0]和 t[0]是否相等,由于两个字符相等,于是继续逐个比较后续字符 s[1]和 t[1]是否相等……当比较到第 6 个字符时,s[5]和 t[5]对应的字符不相等,第 1 趟匹配过程结束。如图 4-4 所示。

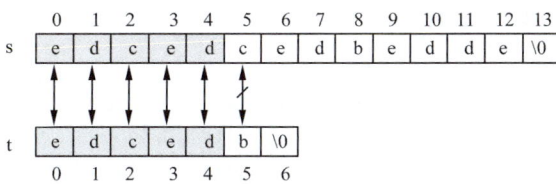

图 4-4　第 1 趟匹配

第 2 趟匹配,将串 t 向右移动一位,从串 s 的第 2 个字符′d′开始,重新与串 t 的第 1 个字符进行比较,第 1 次比较时,s 和 t 的对应字符不相等,第 2 趟匹配过程结束。如图 4-5 所示。

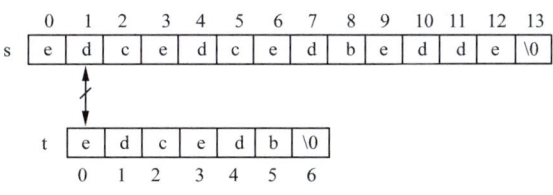

图 4-5　第 2 趟匹配

第 3 趟匹配,将串 t 向右移动一位,从串 s 的第 3 个字符′c′开始,重新与串 t 的第 1 个字符进行比较,第 1 次比较时,s 和 t 的对应字符不相等,第 3 趟匹配过程结束。如图 4-6 所示。

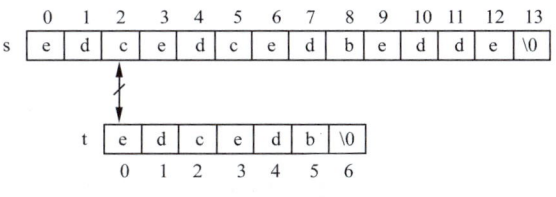

图 4-6　第 3 趟匹配

第 4 趟匹配,继续将串 t 向右移动一位,从串 s 的第 4 个字符′e′开始,重新与串 t 的第 1 个字符进行比较,在串 s 中找到一个连续的字符序列与串 t 相等,模式匹配成功。如图 4-7 所示。

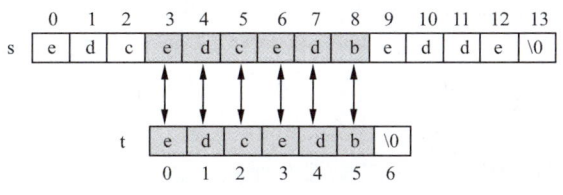

图 4-7　第 4 趟匹配

(2)假设 s="abcabcaabca",t="abbb",则模式匹配过程如下:

第 1 趟匹配,从串 s 的第 1 个字符′a′与串 t 的第 1 个字符′a′开始比较,由于两个字符相等,于是继续逐个比较后续字符,当比较到第 3 个字符时,s 和 t 的对应字符不等,第 1 趟匹配过程结束。

第 2 趟匹配,将串 t 向右移动一位,从串 s 的第 2 个字符'b'开始,重新与串 t 的第 1 个字符进行比较,第 1 次比较时,s 和 t 的对应字符不相等,第 2 趟匹配过程结束。

按照上述两趟比较的方法,在接下来的比较过程中均没有匹配成功,即在 s 中没有找到与 t 相等的连续字符序列。

最后一趟匹配,从串 s 的第 8 个字符'a'开始,重新与串 t 的第 1 个字符进行比较,在串 s 中仍没有找到一个与串 t 相等的连续字符序列,模式匹配失败。

【算法 4-7】:

```
int Index_BF(SString s,SString t)
/*朴素的模式匹配算法*/
{
    int i,j;
    i=0;                                    /*指向串 s 的第 1 个字符*/
    j=0;                                    /*指向串 t 的第 1 个字符*/
    while((i<s.curlen-t.curlen)&&(j<t.curlen))
    {
        if(s.str[i]==t.str[j])              /*比较两个子串相对应的字符是否相等*/
        {
            ++i;                            /*继续比较后继字符*/
            ++j;
        }
        else
        {
            i=i-j+1;                        /*串 s 指针回溯重新开始寻找串 t*/
            j=0;
        }
    }
    if(j==t.curlen)
        return(i-t.curlen);                 /*匹配成功,返回模式串 t 在串 s 中的起始位置*/
    else
        return 0;                           /*匹配失败返回 0*/
}
```

一般情况下,上述算法的实际执行效率与字符 t.str[0]在串 s 中是否频繁出现有密切关系。例如,s 是一般的英文文稿,t="hello",s 中有 5%的字母是'h',则在上述算法执行过程中,对于 95%的情况可以只进行一次对应位的比较就将 t 向右移一位,时间复杂度下降为 $O(s.curlen)$,这时算法接近最好情况。然而,在有些情况下,该算法效率却很低。例如,当 s="aaaaaaaaaaaaaaaaaaaaaaaaaaaaaaab",t="aaaaab"时,由于模式串 t 的前六个字符均为'a',而目标串 s 的前 32 个字符均为'a',每次匹配都在模式串的最后一个位置上发生字符不相等,整个过程需要匹配的次数为(s.curlen-t.curlen)次,总的比较次数为 t.curlen*(s.curlen-t.curlen)。由于通常有 t.curlen<<s.curlen,最坏情况的时间复杂度为 $O(s.curlen * t.curlen)$。

4.4.2　KMP 算法**

在朴素的模式匹配算法中,当目标串和模式串的字符比较不相等时,进行下一次比较的是目标串本趟开始处的下一个字符,而模式串则回到起始字符,这种回溯显然是费时的。如果仔细观察,可以发现这样的回溯常常不是必需的。

D. E. Knuth、J. H. Morris 和 V. R. Pratt 三人共同提出了一个改进的模式匹配算法,称为 KMP 算法。当某一位匹配失败时,可以根据已匹配的结果进行判断。考虑当模式串中的第 k 位与目标串的第 i 位比较不匹配时,可以将模式串向右滑动到合适的位置继续与目标串的第 i 位进行比较,即目标串始终无须回溯。KMP 算法避免了不必要的主串回溯,减少了模式串回溯的位数,从而使算法复杂度提升到 $O(s.curlen+t.curlen)$,具体的 KMP 算法可见本书配套教学资源。

4.5　案例实现:文本文件中单词的检索和计数

4.5.1　案例分析

根据案例要求,本程序首先建立一个文本文件,对其中的单词采用顺序存储结构实现。将文本看作主串,待检索的单词看作模式串,采用 BF 算法实现模式匹配,即可完成对单词的检索和计数。

4.5.2　案例实现

```
#include <stdio.h>
#include <string.h>
#define MaxStrSize 256
typedef struct
{
    char ch[MaxStrSize];
    int length;
}SString;          /*定义顺序串类型*/
/************************************/
/* 函数名:InitString                 */
/* 函数功能:复制串                    */
/* 形参说明:s——指向字符串的指针
```

```
/*            a[]——字符数组                          */
/* 返回值:无                                         */
/* ************************************************ */
void InitString(SString * s,char a[])
{
    int i,j;
    for(j=0;a[j]!='\0';j++);
    for(i=0;i<j;i++)
        s->ch[i]=a[i];
    s->length=strlen(a);
}
/* ************************************************ */
/* 函数名:show                                       */
/* 函数功能:显示串                                   */
/* 形参说明:S——字符串                               */
/* 返回值:无                                         */
/* ************************************************ */
void show(SString S)
{
    int i;
    for(i=0;i<S.length;i++)
        printf("%c",S.ch[i]);
}
/* ************************************************************ */
/* 函数名:IndexBF                                                */
/* 函数功能:BF 模式匹配                                          */
/* 形参说明:S——主字符串                                         */
/*          T——子字符串                                         */
/*          pos——开始匹配的起始下标                             */
/* 返回值:k——匹配成功时表示子串在主串的位置,不成功时为-1        */
/* ************************************************************ */
int IndexBF(SString S,SString T,int pos)
{
    int i,j,k=-1;
    i=pos;
    j=0;
    while(i<S.length&&j<T.length)
    {
        if(S.ch[i]==T.ch[j]){i++;j++;}
        else{i=i-j+1;j=0;}
    }
    if(j>=T.length)
        k=i-T.length;
    return k;
}
```

/***/
/* 函数名:match   */
/* 函数功能:匹配字符   */
/* 形参说明:a[]——字符数组   */
/*   c——字符变量   */
/*   n——字符数组的元素个数   */
/* 返回值:字符匹配成功返回1,否则返回0   */
/***/
int match(char a[],int n,char c)
{
    int i;
    for(i=0;i<n;i++)
        if(a[i]==c)return 1;
    return 0;
}
/***/
/* 函数名:CreatTextFile   */
/* 函数功能:建立文本文件   */
/* 形参说明:无   */
/* 返回值:无   */
/***/
void CreatTextFile()
{
    SString S;
    char fname[10],yn;
    FILE * fp;
    printf("输入要建立的文件名:");
    scanf("%s",fname);
    fp=fopen(fname,"w");
    yn='n';   /* 输入结束标志初值 */
    while(yn=='n'||yn=='N')
    {
        printf("请输入一行文本:");
        gets(S.ch);gets(S.ch);
        S.length=strlen(S.ch);
        fwrite(&S,S.length,1,fp);   /* 将输入的文本写入文件 */
        fprintf(fp,"%c",10);   /* 将换行符写入文件 */
        printf("结束输入吗? y or n:");
        yn=getchar();
    }
    fclose(fp);   /* 关闭文件 */
    printf("建立文件结束!");
}
/***/
/* 函数名:SubStrCount   */

```c
/* 函数功能:给定单词计数                                    */
/* 形参说明:无                                              */
/* 返回值:无                                                */
/*********************************************/
void SubStrCount()
{
    char a[7]={',','.',';','!','?',' ','\n'};
    FILE *fp;
    SString S,T;                            /*定义两个串变量*/
    char fname[10];
    int i=0,j,k;
    printf("输入文本文件名:");
    scanf("%s",fname);
    fp=fopen(fname,"r");
    printf("输入要统计计数的单词:");
    scanf("%s",T.ch);
    T.length=strlen(T.ch);
    while(!feof(fp))                        /*扫描整个文本文件*/
    {
        memset(S.ch,'\0',256);              /*初始化,将S.ch指向的256个字节填充为'\0'*/
        fgets(S.ch,256,fp);                 /*读入一行文本*/
        S.length=strlen(S.ch);
        k=0;                                /*初始化开始检索的位置*/
        while(k<S.length-1)                 /*检索整个主串S*/
        {
            j=IndexBF(S,T,k);               /*调用串匹配函数*/
            if(j<0) break;
            else if(j==0)
            {
                /*若单词在主串中的位置为0,如果单词在主串中的后一个字符是a数组中的7个
                字符之一,则单词计数器加1*/
                if(match(a,7,S.ch[T.length]))
                    i++;                    /*单词计数器加1*/
                k=j+T.length;               /*继续下一字串的检索*/
            }
            else
            {
                if(match(a,7,S.ch[j-1])&&match(a,7,S.ch[j+T.length]))
                    i++;                    /*单词计数器加1*/
                k=j+T.length;               /*继续下一字串的检索*/
            }
        }
    }
    printf("\n单词%s在文本文件%s中共出现%d次\n",T.ch,fname,i);
}                                           /*统计单词出现的个数*/
```

```
/*****************************************************************/
/* 函数名:SubStrInd                                              */
/* 函数功能:检索单词在文本文件中出现的行号、次数及其位置          */
/* 形参说明:无                                                   */
/* 返回值:无                                                     */
/*****************************************************************/
void SubStrInd()
{
    char a[7]={',','.',';','!','?',' ','\n'};
    FILE *fp;
    SString S,T;
    char fname[10];
    int i,j,k,l,m;
    int wz[20];
    printf("输入文本文件名:");
    scanf("%s",fname);
    fp=fopen(fname,"r");
    printf("输入要检索的单词:");
    scanf("%s",T.ch);
    T.length=strlen(T.ch);
    l=0;
    while(!feof(fp))
    {
        memset(S.ch,'\0',256);
        fgets(S.ch,256,fp);
        S.length=strlen(S.ch);
        l++;
        k=0;
        i=0;
        while(k<S.length-1)
        {
            j=IndexBF(S,T,k);
            if(j<0) break;
            else if(j==0)
            {
                if(match(a,7,S.ch[T.length]))
                {
                    i++;
                    wz[i]=j;
                }
                k=j+T.length;
            }
            else
            {
```

```
                if(match(a,7,S.ch[j-1])&&match(a,7,S.ch[j+T.length]))
                {
                    i++;
                    wz[i]=j;
                }
                k=j+T.length;
            }
        }
        if(i>0){
            printf("行号:%d,次数:%d,位置分别为:",1,i);
            for(m=1;m<=i;m++)
                printf("%4d",wz[m]+1);printf("\n");
        }
    }
}
/*********************************/
/* 函数名:main                    */
/* 函数功能:主函数                 */
/* 形参说明:无                     */
/* 返回值:0                       */
/*********************************/
int main()
{
    SString S,T,M;
    int xz,wz;
    int next[MaxStrSize];
    char a[MaxStrSize],b[MaxStrSize];
    do
    {
        printf("\n");
        printf("*************************\n");
        printf("*************************\n");
        printf("* 1.BF 算法              *\n");
        printf("* 2.建立文本文件          *\n");
        printf("* 3.单词字串的计数        *\n");
        printf("* 4.单词字串的定位        *\n");
        printf("* 0.退出整个程序          *\n");
        printf("请选择(0--4)");
        scanf("%d",&xz);
        switch(xz){
            case 1:
                printf("\n 请输入主串 S:");
                gets(a);gets(a);
                printf("\n 请输入模式串 T:");
```

```
                gets(b);
                InitString(&S,a);
                InitString(&T,b);
                printf("\n 主串 S:");show(S);
                printf("\n 模式串 T:");show(T);
                printf("\n 请输入开始匹配的下标:");
                scanf("%d",&wz);
                printf("\nBF 算法匹配位置:%d",IndexBF(S,T,wz)+1);
                break;
        case 2：CreatTextFile();break;
        case 3：SubStrCount();break;
        case 4：SubStrInd();break;
        case 0：return 0;
        default：printf("选择错误,重新选 \n");
        }
    }while(1);
    return 0;
}
```

系统运行如下：

(1)选择 1,BF 算法系统运行如图 4-8 所示。

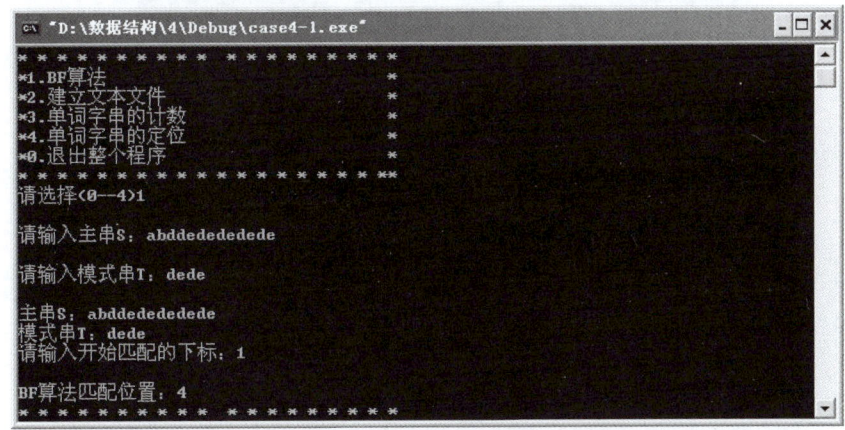

图 4-8　BF 算法运行图

(2)选择 2,建立文本文件系统运行如图 4-9 所示。

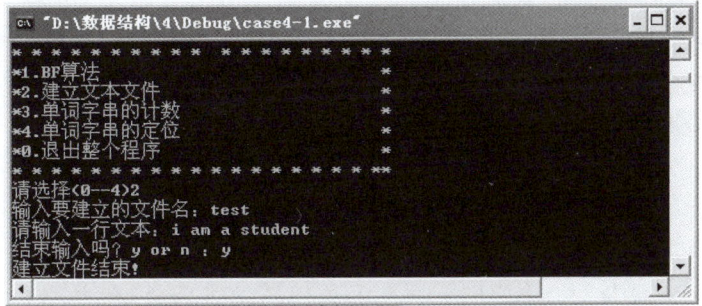

图 4-9　建立文本文件系统图

(3)选择3,单词字串的计数系统运行如图4-10所示。

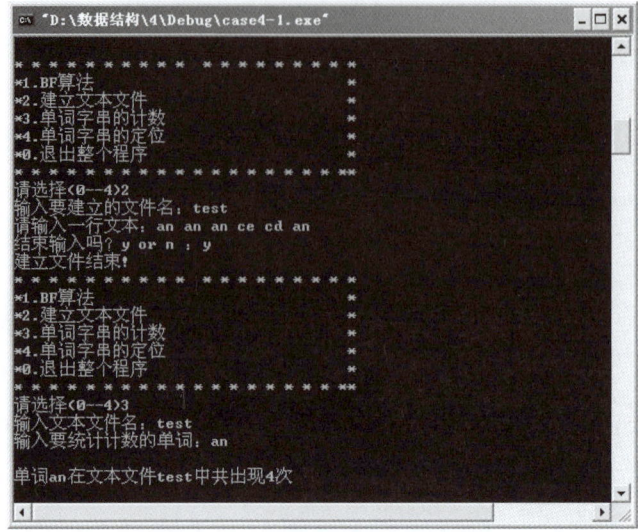

图4-10　单词字串的计数系统图

(4)选择4,单词字串的定位系统运行如图4-11所示。

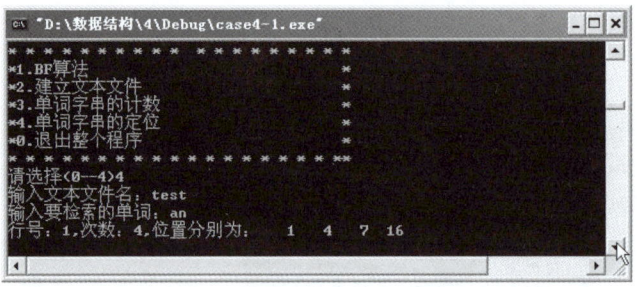

图4-11　单词字串的定位系统图

本章小结

1.串是由零个或多个字符组成的有穷序列。由串中任意个连续的字符组成的子序列称为该串的子串。包含子串的串相应地称为主串。子串在主串中的位置则以子串的第一个字符在主串中的位置来表示。

2.串有三种存储表示,即定长顺序存储结构、堆分配存储结构和链式存储结构。串的顺序存储结构类似于线性表的顺序存储结构,是用一组地址连续的存储单元存储串值的字符序列;堆分配存储结构用一组空间足够大、地址连续的存储单元存放串值字符序列,但其存储空间在程序运行过程中才可以分配;串的链式存储结构类似于线性表的链式存储结构,把可利用存储空间分成一系列大小相同的结点,每个结点有两个域:data域用来存放字符,next域用来存放指向下一结点的指针。

3.串的朴素模式匹配算法原理简单,但是当目标串中存在多个和模式串"部分匹配"的子串时,算法的效率降低。KMP算法中无须回溯主串指针,使整个执行过程简单,适用于外部数据输入时的模式匹配。

习 题

一、选择题

1. 下列中为空串的是（　　）。
A. S=" "　　　　B. S=""　　　　C. S="φ"　　　　D. S="θ"

2. S1="ABCD",S2="CD"则 S2 在 S3 中的位置是（　　）。
A. 1　　　　　　B. 2　　　　　　C. 3　　　　　　D. 4

3. 假设 S="abcaabcaaabca",T="bca",则 StrIndex(S,T,3)的结果是（　　）。
A. 2　　　　　　B. 6　　　　　　C. 11　　　　　D. 0

4. 在串中,对于 SubStr(&Sub,S,pos,len)基本操作,pos 和 len 的约束条件是（　　）。
A. 0＜pos＜StrLength(S)+1 且 1＜=len＜=StrLength(S)−pos+1
B. 0＜pos＜StrLength(S)+1 且 0＜=len＜=StrLength(S)−pos−1
C. 1＜=pos＜=StrLength(S)且 0＜=len＜=StrLength(S)−pos+1
D. 1＜=pos＜=StrLength(S)且 1＜=len＜=StrLength(S)−pos−1

5. 串是一种特殊的线性表,其特殊性体现在（　　）。
A. 可以顺序存储　　　　　　　　B. 数据元素是一个字符
C. 可以链接存储　　　　　　　　D. 数据元素可以是多个字符

6. 串是（　　）。
A. 少于一个字母的序列　　　　　B. 任意个字母的序列
C. 不少于一个字符的序列　　　　D. 有限个字符的序列

7. 串的长度是（　　）。
A. 串中不同字母的个数　　　　　B. 串中不同字符的个数
C. 串中所含字符的个数　　　　　D. 串中所含字符的个数,且大于 0

8. 若某串的长度小于一个常数,则采用（　　）存储方式最为节省空间。
A. 链式　　　　　B. 堆结构　　　　C. 顺序表　　　　D. 散列存储

二、判断题

1. 空串是由空白字符组成的串。（　　）
2. 串的定长顺序存储结构是用一组地址连续的存储单元存储串值的字符序列,按照预定义的大小,为每个定义的串变量分配一个固定长度的存储区。（　　）
3. 串的堆分配存储表示用一组地址连续的存储单元存储串值的字符序列,但它们的存储空间是在程序执行过程中动态分配得到的。（　　）
4. 串是由有限个字符构成的连续序列,串长度为串中字符的个数,子串是主串中字符构成的有限序列。（　　）
5. 如果一个串中的所有字符均在另一串中出现,则说明前者是后者的子串。（　　）

三、填空题

1. 串是每个结点仅由一个字符组成的_____。
2. 在串中,SubStr("富强、民主、文明、和谐、自由",7,4)的结果是_____。
3. 假设 S="abcaabcaaabca",T="bca",V="x",则 StrReplace(S,T,V)的结果是_____。
4. 在串中,对于 StrCompare(S,T)基本操作,若 S＜T,则返回值是_____。

四、算法设计题

1. 设计一个算法,从字符串中删除所有与字符串"del"相同的子串。

2. 设计一个算法,统计字符串中否定词"not"的个数。

3. 设串 s 和串 t 采用顺序存储结构,编写函数实现串 s 和串 t 的比较操作,要求比较结果包括大于、小于和等于三种情况。

4. 输入一个由若干单词组成的文本行,每个单词之间用若干个空格隔开,统计此文本中单词的个数。

5. 编写算法,求串 s 所含不同字符的总数和每种字符的个数。

第 5 章 数组和广义表

前几章讨论的线性结构中的数据元素都是非结构的原子类型,元素值不可分解。本章将讨论的两种数据结构:数组和广义表可以看成线性表的扩展,表中的数据元素既可以是原子类型也可以是一个数据结构。

知识目标

- 理解数组的逻辑结构特征。
- 掌握数组顺序存储结构地址的计算。
- 理解特殊矩阵的存储结构。
- 掌握稀疏矩阵的存储结构、基本运算及相关算法分析。
- 理解广义表的概念、逻辑结构特征及存储结构。

第 5 章思维导图

技能目标

能应用稀疏矩阵三元组表的理论设计算法,解决实际问题。

素质目标

通过理解稀疏矩阵的压缩存储,理解空间压缩的重要性,勉励学生珍惜时间,努力学习。

5.1 案例导引

案例:矩阵运算。

矩阵作为数学工具之一有其重要的实用价值,常见于很多学科中,如线性代数、线性规划、统计分析以及组合数学等。在实际生活中,很多问题都可以借用矩阵抽象出来进行表述并进行运算,如在各种循环赛中常用的赛况表格及魔方的解决等。因此,矩阵的运算是值得研究的问题。

要求将稀疏矩阵转换为三元组后实现其转置、查找和相加运算。

案例探析:

在数学中,矩阵是具有行和列的二维结构,因此在数据结构中可以使用二维数组表示矩阵。矩阵主要实现的运算是转置、查找、相加和相乘。在本案例中,对于非零元素稀少的稀疏矩阵,采用压缩存储后的三元组表实现各种运算。

5.2.1 多维数组的定义

数组是线性表的推广。数组作为一种数据结构,其特点是结构中的元素本身可以是具有某种结构的数据,但均属于同一数据类型。因此,数组结构可以简单地定义为:若线性表中的数据元素为非结构的简单元素,则称为一维数组,即向量;若一维数组中的数据元素又是一维数组结构,则称为二维数组;依此类推,若二维数组中的元素又是一个一维数组结构,则称为三维数组……

如图 5-1 所示是一个 m 行 n 列的二维数组。

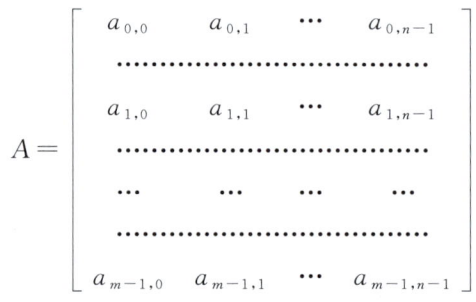

图 5-1 二维数组图例

其中,A 是数组结构的名称,整个数组元素可以看成由 m 个行向量或 n 个列向量组成,其元素总数为 $m \times n$。在 C 语言中,二维数组中的数据元素可以表示成 a[表达式1][表达式2],表达式1 和表达式2 被称为下标表达式,如 $a[i][j]$。数组(Array)是数量和元素类型固定的有序序列,静态数组必须在定义的时候指定其大小和类型,而动态数组在程序运行中才分配内存空间。数组的每一个数据元素均有唯一的一组下标来标识,因此,在数组中不能进行插入和删除数据元素的操作。通常在各种高级语言中,数组一旦被定义,每一维的大小及上、下界都不能改变。

在数组中通常做以下两种操作:

(1)取值操作:给定一组下标,读其对应的数据元素。

(2)赋值操作:给定一组下标,存储或修改与其相对应的数据元素。

多维数组(Multi-Array)是向量的扩充,向量的向量就组成了多维数组。对于一般的 n 维数组,可以表示为 $A[c_1..d_1][c_2..d_2]..[c_n..d_n]$,$c_i$ 和 d_i 是各维下标的下界和上界。所以元素个数为 $\prod_{i=1}^{n}(d_i-c_i+1)$,$(d_i-c_i+1)$ 称为第 i 维的长度($i=1,2,\cdots,n$)。每个数据元素都对应一组下标 $(j_1,j_2,\cdots,j_n)(0 \leqslant j_i \leqslant (d_i-c_i+1)-1)$;每个数据元素都受 n 个关系的约束;

每个关系中,元素 $a_{j_1,j_2,\cdots,j_n}$ ($0 \leq j_i \leq (d_i - c_i + 1) - 2$) 都有一个直接后继。因此,这 n 个关系仍是线性关系。与线性表一样,数组中所有数据元素都必须是同一数据类型。N 维数组可以看成线性表的推广。

我们着重研究二维数组,因为它们的应用较广泛。

5.2.2 数组的存储结构与寻址

从理论上讲,数组可以使用两种存储结构,即顺序存储结构和链式存储结构。然而,由于数组结构没有插入和删除元素的操作,所以使用顺序存储结构更为适宜。数组一般不使用链式存储结构。

组成数组结构的元素可以是多维的,但存储数据元素的内存单元地址是一维的。因此,在存储数组结构之前,需要解决将多维关系映射到一维关系的问题。

对于一维数组按下标顺序分配即可。

对多维数组分配时,要把其元素映象存储在一维存储器中。一般有两种存储方式:一是以行为主序(先行后列)的顺序存放,即一行分配完了接着分配下一行;另一种是以列为主序(先列后行)的顺序存放,即一列一列地分配。以行为主序的分配规律是:先排最右的下标,从右向左排,最后排最左的下标。以列为主序分配的规律恰好相反:先排最左的下标,从左向右排,最后排最右的下标。

以二维数组为例,设有 $m \times n$ 的二维数组 A_{mn},两种顺序下的分配结果如图 5-2 所示。

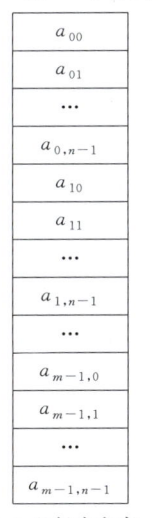
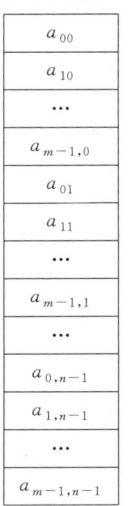

(a) 以行为主序　　(b) 以列为主序

图 5-2 二维数组的两种存储方式

对于任意元素,可以按元素的下标求其地址:

以"以行为主序"的分配为例,设数组的基址为 $\text{LOC}(a_{00})$,每个数组元素占据 c 个地址单元,由于数组元素 a_{ij} 的前面有 i 行,每一行的元素个数为 n,在第 i 行中它的前面还有 j 个数组元素。

在 C 语言中,数组中每一维的下界定义为 0,那么 a_{ij} 的物理地址可用以下公式计算:

$$\text{LOC}(a_{ij}) = \text{LOC}(a_{00}) + (i*n + j)*c$$

同理，对于三维数组 A_{mnp}，即 $m \times n \times p$ 数组，其数组元素 a_{ijk} 的计算公式为：
$$LOC(a_{ijk}) = LOC(a_{000}) + (i*n*p + j*p + k)*c$$

5.3 矩阵的压缩存储

矩阵是诸多科学与工程领域中常用的数据结构，利用矩阵的元进行各种运算是我们感兴趣的问题。在使用高级语言编制程序时，矩阵通常用二维数组来表示。

有些情况下，会有一些特殊矩阵，如三角矩阵、对称矩阵、对角矩阵和稀疏矩阵等，此类矩阵阶数很高但相同值或零元素很多。为了节约存储空间，可以对这类矩阵进行压缩存储。压缩存储是指为多个值相同的元只分配一个存储空间。下面介绍几种特殊矩阵的压缩存储方法。

5.3.1 特殊矩阵的压缩存储

特殊矩阵的压缩存储

1. 对称矩阵

对称矩阵是指在一个 n 阶方阵中，有 $a_{ij} = a_{ji}$，其中 $0 \leq i < n, 0 \leq j < n$。对称矩阵关于主对角线对称，为了节省空间，只需存储上三角或下三角部分即可。例如，只存储下三角的值，对角线之上的值通过对称关系映射过去即可。这样，原来需要 n^2 个存储单元，现在只需要 $n(n+1)/2$ 个存储单元，节约了大约一半的存储空间。

如何只存储下三角部分呢？将下三角部分以行为主序顺序存储到一个向量 SA 中，原矩阵下三角中的某一个元素 a_{ij} 则具体对应一个 SA_k。

矩阵下三角部分中第 0 行有一个非零元素，第 1 行有 2 个非零元素，依此类推，SA 共需 $\sum_{i=0}^{n-1}(i+1) = n(n+1)/2$ 个存储单元即可。某元素 a_{ij}（$i \geq j$ 且 $0 \leq i, j \leq n-1$）前面有 i 行，共有 $1+2+\cdots+i = i*(i+1)/2$ 个元素，而 a_{ij} 又是其所在行中的第 $j+1$ 个，所以 a_{ij} 是 SA 中的第 $i*(i+1)/2+j+1$ 个元素，因此它在 SA 中的下标 k 与 i 和 j 的关系为：$k = i*(i+1)/2 + j (i \geq j)$。

对于上三角部分的元素 $a_{ij}(i<j)$，因为 $a_{ij} = a_{ji}$，访问与它对应的下三角中的元素 a_{ji} 即可，即 $k = j*(j+1)/2 + i$。

综上所述，在 $SA[0..n(n+1)/2-1]$ 中存储对称矩阵时，数组 SA 的下标 k 与矩阵元素 a_{ij} 的下标 i 和 j 的关系为：

$$k = \begin{cases} i(i+1)/2 + j & i \geq j \\ \cdots \cdots \cdots \cdots \cdots \cdots \\ j(j+1)/2 + i & i < j \end{cases}$$

2. 三角矩阵

三角矩阵是指 n 阶矩阵中的下三角（或上三角）的元素都是 0 或者一个常数的矩阵，如图 5-3 所示，可以分为上三角矩阵和下三角矩阵。图 5-3 中，c 为某个常数，图 5-3(a) 为下三角矩阵:主对角线以上均为同一个常数;图 5-3(b)为上三角矩阵,主对角线以下均为同一个常数。

$$A = \begin{bmatrix} a_{00} & c & c & c \\ \cdots & \cdots & \cdots & \cdots \\ a_{10} & a_{11} & c & c \\ \cdots & \cdots & \cdots & \cdots \\ a_{20} & a_{21} & a_{22} & c \\ \cdots & \cdots & \cdots & \cdots \\ a_{30} & a_{31} & a_{32} & a_{33} \end{bmatrix} \quad A = \begin{bmatrix} a_{00} & a_{01} & a_{02} & a_{03} \\ \cdots & \cdots & \cdots & \cdots \\ c & a_{11} & a_{12} & a_{13} \\ \cdots & \cdots & \cdots & \cdots \\ c & c & a_{22} & a_{23} \\ \cdots & \cdots & \cdots & \cdots \\ c & c & c & a_{33} \end{bmatrix}$$

(a) 下三角矩阵　　　　　　　　(b) 上三角矩阵

图 5-3　三角矩阵图例

注意:三角矩阵的特点与对称矩阵相似。下三角矩阵除了存储下三角中的元素之外,还要存储对角线上方的常数。因为该常数值相等,所以只存一个即可。这样,下三角矩阵一共需要存储 $n(n+1)/2+1$ 个元素,将其存入 $SA[0..n(n+1)/2]$ 数组中,数组 SA 的下标 k 与矩阵元素 a_{ij} 的下标 i 和 j 的关系为:

$$k = \begin{cases} i(i+1)/2+j & i \geqslant j \\ n(n+1)/2 & i < j \end{cases}$$

对于上三角矩阵,其存储思想与下三角类似。按行存储上三角部分,最后存储对角线下方的常数。第 0 行存储 n 个元素,第 1 行存储 $n-1$ 个元素……a_{ij} 的前面有 i 行,共有 $n+(n-1)+\cdots+(n-i+1)=i(2n-i+1)/2$ 个元素,a_{ij} 又是其所在行中的第 $(j-i+1)$ 个元素。所以 a_{ij} 在 SA 中的下标 k 与 i 和 j 的关系为:

$$k = \begin{cases} i(2n-i+1)/2+j-i & i \leqslant j \\ n(n+1)/2 & i > j \end{cases}$$

3. 对角矩阵

对角矩阵也称为带状矩阵,这类矩阵所有的非零元素都集中在以主对角线为中心的带状区域中,即除了主对角线和其上下方若干条对角线的元素外,所有其他元素都为零(或同一个常数 c)。下面以三对角矩阵为例,讲述对角矩阵的压缩存储,如图 5-4 所示。

$$A = \begin{bmatrix} 2 & 5 & 0 & 0 & 0 \\ 8 & 7 & 9 & 0 & 0 \\ 0 & 5 & 8 & 6 & 0 \\ 0 & 0 & 1 & 3 & 4 \\ 0 & 0 & 0 & 5 & 9 \end{bmatrix}$$

图 5-4　对角矩阵图例

三对角矩阵是指三条对角线以外的数据元素均为 0,且第一行和最后一行只有两个非零元素,其他行均为三个非零元素。因此,如果用一维数组存储矩阵中的非零元素,需要存储 $2+3(n-2)+2=3n-2$ 个非零元素。其压缩存储形式如图 5-5 所示。

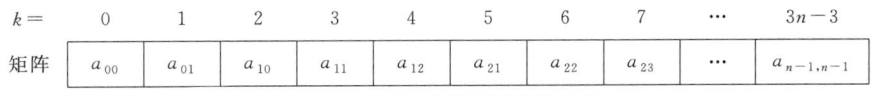

图 5-5　三对角矩阵的压缩存储形式

三对角矩阵 A 中任一元素 a_{ij} 压缩存储后在向量 SA 中的序号为 $2+3(i-1)+(j-i+2)=2i+j+1$。由于 C 语言中数组下标从 0 开始,元素 a_{ij} 在向量 SA 中的下标为:

$$k = 2i+j \quad (0 \leqslant k \leqslant 3n-3)$$

5.3.2 稀疏矩阵的压缩存储

稀疏矩阵的压缩存储

在科学管理及工程计算中,常会遇到阶数很高的大型稀疏矩阵。稀疏矩阵是指矩阵中非零元素非常少,且分布不规律的矩阵。对于非零元素的比例并没有一个确定的定义,假设在 $m\times n$ 的矩阵中,有 t 个非零元素。令 $\delta=\dfrac{t}{m\times n}$,称 δ 为该矩阵的稀疏因子,通常认为 $\delta\leqslant 0.05$ 时称为稀疏矩阵。如果按常规分配方法,将稀疏矩阵顺序存储在计算机内,则必定相当浪费空间。

为此提出另外一种存储方法:只存储非零元素。由于这类矩阵非零元素分布没有规律,为了能找到相应的元素,只存储非零元素的值是不够的,还要记下该值所在的行列下标。考虑处理方便,设定矩阵每一维的下界从 1 开始,于是采取如下方法:将非零元素所在的行、列以及它的值构成一个三元组 (i,j,v),然后按某种规律存储这些三元组。显然,若要唯一地表示一个稀疏矩阵,还需要加上该矩阵的行、列值。如图 5-6 所示的稀疏矩阵 A,可以用三元组表((1,2,15),(2,3,7),(3,1,8),(3,4,−5),(4,6,12),(5,2,18),(6,3,25))加上行、列值(6,7)进行描述。

$$A=\begin{bmatrix} 0 & 15 & 0 & 0 & 0 & 0 & 0 \\ 0 & 0 & 7 & 0 & 0 & 0 & 0 \\ 8 & 0 & 0 & -5 & 0 & 0 & 0 \\ 0 & 0 & 0 & 0 & 0 & 12 & 0 \\ 0 & 18 & 0 & 0 & 0 & 0 & 0 \\ 0 & 0 & 25 & 0 & 0 & 0 & 0 \end{bmatrix} \qquad B=\begin{bmatrix} 0 & 0 & 8 & 0 & 0 & 0 \\ 15 & 0 & 0 & 0 & 18 & 0 \\ 0 & 7 & 0 & 0 & 0 & 25 \\ 0 & 0 & -5 & 0 & 0 & 0 \\ 0 & 0 & 0 & 0 & 0 & 0 \\ 0 & 0 & 0 & 12 & 0 & 0 \\ 0 & 0 & 0 & 0 & 0 & 0 \end{bmatrix}$$

图 5-6 稀疏矩阵 A 和 B 图例

1. 稀疏矩阵的三元组表示

采用顺序存储结构表示稀疏矩阵时,将三元组按行优先的顺序且同一行中列号从小到大的规律排列成一个线性表,称为三元组顺序表,如图 5-7(a)所示。为了运算方便,矩阵的非零元素的个数也同时存储。

i	j	v
1	2	15
2	3	7
3	1	8
3	4	−5
4	6	12
5	2	18
6	3	25

(a) a.data

i	j	v
1	3	8
2	1	15
2	5	18
3	2	7
3	6	25
4	3	−5
6	4	12

(b) b.data

图 5-7 矩阵的三元组顺序表图例

在 C 语言中,三元组表可以定义如下:
```
#define SMAX 1024          /*一个足够大的数*/
typedef struct
{
    int i,j;               /*非零元素的行、列*/
    DataType v;            /*非零元素值*/
}SPNode;                   /*三元组类型*/
typedef struct
{
    int mu,nu,tu;          /*矩阵的行、列及非零元素的个数*/
    SPNode data[SMAX];     /*三元组表*/
}SPMatrix;                 /*三元组表的存储类型*/
```

这样的存储方法确实节省了存储空间,但矩阵的运算会变得复杂些。下面我们讨论这种存储方式下稀疏矩阵的转置运算。

转置运算是一种最简单的矩阵运算。对于一个 $m \times n$ 的矩阵 SPMatrixA,其转置矩阵 SPMatrixB 则是一个 $n \times m$ 的矩阵,且 $A(i,j)=B(j,i)$,$1 \leqslant i \leqslant n$,$1 \leqslant j \leqslant m$。如图 5-6 所示的稀疏矩阵 A 和 B 互为转置矩阵。

稀疏矩阵转置后仍然是稀疏矩阵,我们前面规定三元组是按行序且每行中的元素是按列号从小到大的规律顺序存放的,因此 B 也必须按此规律实现。B 的三元组顺序表如图 5-7(b)所示。为了运算方便,矩阵的行和列都从 1 算起,三元组表 data 也从 1 单元用起。

假设 a 和 b 是 SPMatrix 类型的变量,分别表示矩阵 A 和 B,那么如何由 a 得到 b 呢?

观察图 5-7,可以看到从 a 到 b 需要做到:

(1)a 的行、列值转化成 b 的列、行值。

(2)将每个三元组中的 i 和 j 相互调换。

(3)重排三元组之间的次序。

重点在(3)如何实现,算法思路:

①A 的行、列转化成 B 的列、行。

②由于 B 的顺序是按照 A 的列序排列的,为了得到 b.data 的相应数据,需按照 A 的列序进行转置,也就是说,为了依次找到 A 每一列中所有的非零元素,需要在其三元组表 a.data 中从第一行起整个扫描一遍,并将找到的每个三元组的行、列交换后顺序存储到 b.data 中,恰好就是 b.data 中的应有顺序。

【算法 5-1】:
```
SPMatrix* TransM1(SPMatrix * A)
/*稀疏矩阵转置算法*/
{
    SPMatrix * B;
    int p,q,col;
    B=(SPMatrix *)malloc(sizeof(SPMatrix));      /*申请存储空间*/
                                                  /*稀疏矩阵的行、列及元素个数赋值*/
    B->mu=A->nu;
    B->nu=A->mu;
    B->tu=A->tu;
```

```
    if(B->tu>0)                                    /* 有非零元素则转换 */
    {
        q=0;
        for(col=1;col<=(A->nu);col++)              /* 按 A 的列序转换 */
            for(p=1;p<=(A->tu);p++)                /* 扫描整个三元组表 */
                if(A->data[p].j==col)
                {
                    B->data[q].i=A->data[p].j;
                    B->data[q].j=A->data[p].i;
                    B->data[q].v=A->data[p].v;
                    q++;
                }
    }
    return B;                                      /* 返回转置矩阵的指针 */
}/* TransM1 */
```

分析该算法,其时间主要耗费在 col 和 p 的二重循环上,所以时间复杂性为 $O(n \times t)$,设 m、n 是原矩阵的行、列值,t 是稀疏矩阵的非零元素个数,显然当非零元素的个数 t 和 $m \times n$ 同数量级时,算法的时间复杂度为 $O(m \times n^2)$,与通常存储方式下矩阵转置算法相比,节省了一定量的存储空间,但算法的时间性能更差一些,所以算法 5-1 只适用于 $t \ll m \times n$ 的情况。

显然,算法 5-1 的效率较低,原因是该算法是按照 b.data 的顺序来确定每一个三元组的,这样每得到 B 中一行的三元组就要对 A 的三元组表整个搜索一遍,要得到 B 所有的三元组,需要对 A 表反复搜索。若能按照 a.data 中每一个三元组的顺序直接找到其在 B 中的位置,对 A 的三元组表只扫描一次,就会节省大量时间,提高效率。

改进算法思路:b.data 第 1 个位置的数据一定是 A 中第 1 列的第 1 个非零元素,如果知道 A 中第 1 列的非零元素个数,那么第 1 列的第 1 个非零元素在 b.data 中的位置加上第 1 列的非零元素的个数就是第 2 列的第 1 个非零元素在 b.data 中的位置,依此类推,第 n 列的第 1 个非零元素在 b.data 中的位置就等于第 $n-1$ 列在 b.data 中的位置加上第 $n-1$ 列中非零元素的个数。而且,A 中的同一行,列数是从小到大排列的,那么对 a.data 只需从上到下扫描一遍即可。

在此之前,需准备好两组数据,即 A 每列的非零元个数和 A 中每列第 1 个非零元在 b.data 中所处的位置。在此引入两个向量来描述:num[col] 和 cpot[col]。num[col] 表示矩阵 A 中第 col 列的非零元素的个数(为了方便均从 1 单元用起),cpot[col] 初始值表示矩阵 A 中的第 col 列的第一个非零元素在 b.data 中的位置。已知 cpot 的初始值为:

cpot[col]=1;   col=1
cpot[col]=cpot[col-1]+num[col-1]; $2 \leqslant col \leqslant n$

例如,图 5-6 中矩阵 A 中的 num 和 cpot 的值如图 5-8 所示。

col	1	2	3	4	5	6	7
num[col]	1	2	2	1	0	1	0
cpot[col]	1	2	4	6	7	7	8

图 5-8 矩阵 A 的向量 cpot 的值

依次扫描 a.data,当扫描到一个 col 列元素时,直接查找 cpot[col],将其存放在 b.data 的该位置上,并且 cpot[col]加 1,cpot[col]中始终是下一个 col 列元素在 b.data 中的位置。

【算法 5-2】：

```
#define ArraySize 100                          /*根据情况设定数组空间大小*/
SPMatrix * TransM2(SPMatrix * A)
/*稀疏矩阵转置改进算法*/
{
    SPMatrix * B;
    int i,j,k;
    int num[ArraySize],cpot[ArraySize];
    B=(SPMatrix * )malloc(sizeof(SPMatrix));   /*申请存储空间*/
    B->mu=A->nu;B->nu=A->mu;B->tu=A->tu;
/*稀疏矩阵的行、列及元素个数赋值*/
    if(B->tu>0)                                /*有非零元素则转换*/
    {
        for(i=1;i<=A->nu;i++)
            num[i]=0;
        for(i=1;i<=A->tu;i++)                  /*求矩阵 A 中每一列非零元素的个数*/
        {
            j=A->data[i].j;
            num[j]++;
        }
        cpot[1]=1;         /*求矩阵 A 中每一列第一个非零元素在 B.data 中的位置*/
        for(i=2;i<=A->nu;i++)
            cpot[i]=cpot[i-1]+num[i-1];
        for(i=1;i<=(A->tu);i++)                /*扫描三元组表*/
        {
            j=A->data[i].j;                    /*当前三元组的列号*/
            k=cpot[j];                         /*当前三元组在 B.data 中的位置*/
            B->data[k].i=A->data[i].j ;
            B->data[k].j=A->data[i].i ;
            B->data[k].v=A->data[i].v;
            cpot[j]++;
        }
    }
    return B;                                  /*返回转置矩阵的指针*/
}/* TransM2 */
```

这个算法需要的存储空间比前一个算法多了两个向量。分析这个算法的时间：算法中有四个单循环，循环分别执行 n、t、$n-1$ 和 t 次，在每个循环中，每次迭代的时间是常量，因此总的计算量是 $O(n+t)$。在矩阵 A 的非零元个数 t 和 $m \times n$ 等数量级时，其时间复杂度为 $O(m \times n)$ 和经典算法的时间复杂度相同。

2. 稀疏矩阵的十字链表表示

三元组表可以看作稀疏矩阵的顺序存储结构表示,当矩阵的非零元素数目和位置在操作过程中变化较大时,顺序存储结构表示的三元组表处理十分不便,对这种类型的矩阵采用链式存储结构更为合适。在本节中,我们介绍稀疏矩阵的一种链式存储结构——十字链表。在某些情况下,采用十字链表表示稀疏矩阵是很方便的。

在十字链表中,每个非零元素存储为一个结点,元素结点由五个域组成。其中,i 域表示非零元素的行号,j 域表示非零元素的列号,v 域表示该非零元素的值。还有两个指针域:right 指针,用来链接同一行中下一个非零元素;down 指针,用来链接同一列中的下一个非零元素。这样,每一行每一列都链接成为一个线性链表,每个结点既是行又是列中的一个结点,整个矩阵构成十字交叉的链表,所以称为十字链表。其结点结构如图 5-9 所示。

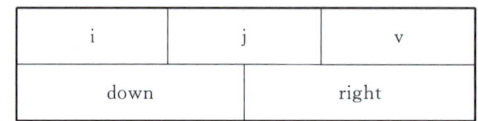

图 5-9　十字链表的结点结构

为方便操作,每一行每一列增设一类表头结点,也由五个域组成。其中行、列的值均为 0,无实际意义。每一行表头结点的 right 域指向该行的第一个元素结点,每一列表头结点的 down 域指向该列的第一个元素结点。为了方便地找到每一行或每一列,将每行(列)的头结点链接起来,由于表头结点的值域空闲,用表头结点的值域作为链接各头结点的链域,即第 i 行(列)的头结点的值域指向第 i+1 行(列)的头结点,形成一个循环表。该循环表再增加一个头结点,也就是最后的总头结点,用指针 H 指向它。总头结点的 i 域和 j 域存储矩阵的行数和列数。

由于非零元素结点的值域是 DataType 类型,在表头结点中需要设置成指针类型,为了使整个结构的结点一致,我们规定表头结点和其他结点结构相同,因此该域用一个联合来表示。综上,表头结点的结构定义如图 5-10 所示。

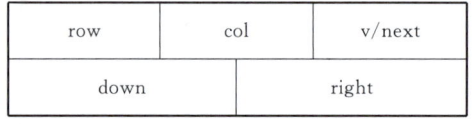

图 5-10　表头结点的结构

十字链表的类型定义如下:
```
typedef struct node
{
    int row,col;
    struct node  * down, * right;
    union v_next
    {
        DataType v;
        struct node * next;
    }
}MNode,* MLink;
```
例如:稀疏矩阵 M 的十字链表表示如图 5-11 所示。

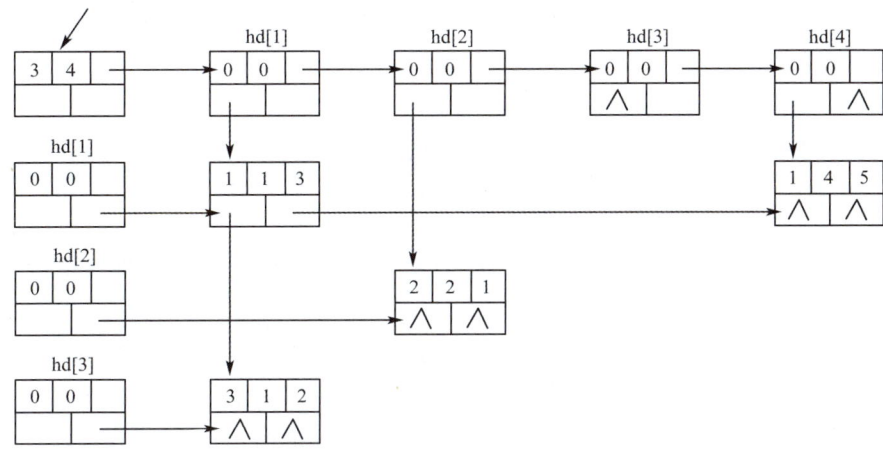

图 5-11　十字链表表示的稀疏矩阵 M

5.4　广义表

广义表是线性表的推广,也有人称其为列表(Lists,用复数形式以示与统称的表 List 的区别)。广泛地用于人工智能等领域的表处理语言——LISP 语言,把广义表作为基本的数据结构,甚至程序也表示为一系列的广义表。

5.4.1　广义表的逻辑结构

1. 广义表的定义

广义表(Generalized Lists)是 $n(n\geqslant 0)$ 个数据元素 $a_1,a_2,\cdots,a_i,\cdots,a_n$ 的有序序列,一般记作:

$$ls=(a_1,a_2,\cdots,a_i,\cdots,a_n)$$

其中,ls 是广义表的名称,n 是表的长度。每个 $a_i(1\leqslant i\leqslant n)$ 是 ls 的成员,它可以是单个元素,也可以是一个广义表,分别称为广义表 ls 的原子和子表。当广义表 ls 非空时,称第一个元素 a_1 为 ls 的表头(head),称其余元素组成的表 $(a_2,\cdots,a_i,\cdots,a_n)$ 为 ls 的表尾(tail)。一个表展开后所含括号的层数称为广义表的深度。

显然,广义表的定义是递归的。

为了区分原子和广义表,书写时通常用大写字母表示广义表,用小写字母表示原子,广义表用括号括起来,括号内的数据元素用逗号分隔开。下面是一些广义表的例子:

$A=(\ )$——列表 A 是一个空表,其长度为零,深度为 1。

$B=(e)$——列表 B 只有一个原子 e,其长度为 1,深度为 1。

$C=(a,(b,c,d))$——列表 C 的长度为 2,两个元素分别为原子 a 和子表 (b,c,d),深度为 2。

$D=(A,B,C)$——列表 D 的长度为 3,三个元素都是列表,深度为 3。显然,将子表的值代入后,有 $D=((\ ),(e),(a,(b,c,d)))$。

$E=(a,E)$——列表 E 是一个递归的表,其长度为 2,深度为 ∞。列表 E 相当于一个无限的列表 $E=(a,(a,(a,\cdots)))$。

2. 广义表的性质

从上述广义表的定义和例子可以得到广义表的下列重要性质:

(1)广义表是一种多层次的数据结构。广义表的元素可以是原子,也可以是子表,而子表的元素还可以是子表……。

(2)广义表可以是递归的表。广义表的定义并没有限制元素的递归,即广义表也可以是其自身的子表。例如,列表 E 就是一个递归的表。

(3)广义表可以为其他表所共享。例如,列表 A、列表 B 和列表 C 是列表 D 的共享子表。在列表 D 中可以不必列出子表的值,而用子表的名称来引用。

广义表可以看作线性表的推广,线性表是广义表的特例。广义表的结构相当灵活,在某种前提下,可以兼容线性表、数组、树和有向图等各种常用的数据结构。当二维数组的每行(或每列)作为子表处理时,二维数组即一个广义表。另外,树和有向图也可以用广义表来表示。例如,上述列表 C 可用如图 5-12 所示的图形表示。

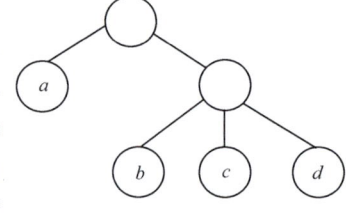

图 5-12　列表的图形表示

由于广义表不仅集中了线性表、数组、树和有向图等常见数据结构的特点,而且可有效地利用存储空间,因此在计算机的许多应用领域都有成功使用广义表的实例。

广义表的上述特性对于它的使用价值和应用效果起到了很大的作用。

3. 广义表基本运算

广义表有两个重要的基本操作,即取头操作(Head)和取尾操作(Tail)。

根据广义表的表头和表尾的定义可知,对于任意一个非空的列表,其表头可能是原子,也可能是列表,而其表尾必为列表。例如:

Head(B)$=e$　　Tail(B)$=(\ )$

Head(C)$=a$　　Tail(C)$=((b,c,d))$

Head(D)$=A$　　Tail(D)$=(B,C)$

Head(E)$=a$　　Tail(E)$=(E)$

此外,在广义表上可以定义与线性表类似的一些操作,如建立、插入、删除、拆开、连接、复制和遍历等。

5.4.2　广义表的存储结构

由于广义表中的数据元素可以具有不同的结构(原子或列表),因此难以用顺序存储结构来表示。链式存储结构分配较为灵活,易于解决广义表的共享与递归问题,所以通常都采用链式存储结构来存储广义表,每个数据元素可用一个结点表示。

广义表的链式存储结构表示有两种方法:广义表的头尾链表存储表示和广义表扩展线性存储表示。

1. 广义表的头尾链表存储表示

若广义表不空,则可分解为表头和表尾;反之,一对确定的表头和表尾可唯一地确定一个广义表。头尾表示法就是根据这一性质设计而成的一种存储方法。由于列表中的数据元素可能为原子或列表,所以需要设定两种结构的结点:一种是表结点,用来表示列表;一种是原子结点,用来表示原子。在表结点中应该包括一个指向表头的指针和一个指向表尾的指针;而在元素结点中应该包括所表示原子的元素值。为了区分这两类结点,在结点中还要设置一个标志域,如果标志为1,则表示该结点为表结点;如果标志为0,则表示该结点为原子结点。

表结点和原子结点的结构分别如图 5-13 和图 5-14 所示。

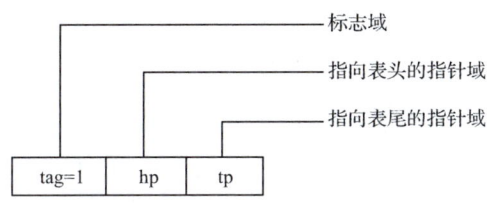

图 5-13　表结点结构

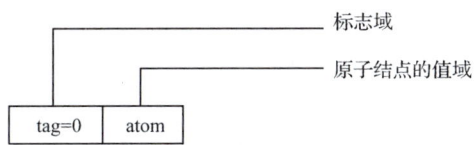

图 5-14　原子结点结构

表结点和原子结点的定义如下:
```
typedef enum{ATOM,LIST}ElemTag;           /* ATOM=0 表示原子,LIST=1 表示子表 */
typedef char AtomType;
typedef struct GLNode
{
    ElemTag tag;                          /* 公共部分,区分原子和子表结点 */
    Union                                 /* 原子结点和子表结点的共用体部分 */
    {
        AtomType atom;                    /* 原子结点的值域 */
        struct{struct GLNode  * hp, * tp;}ptr;
        /* ptr 是表结点的指针域,ptr.hp 指向表头,ptr.tp 指向表尾 */
    };
}* GList;                                 /* 广义表类型 */
```
广义表的存储结构示例:

例 1:$A=(\ )$

　　$A=NULL$

例 2：$B=(e)$

例 3：$C=(a,(b,c,d))$

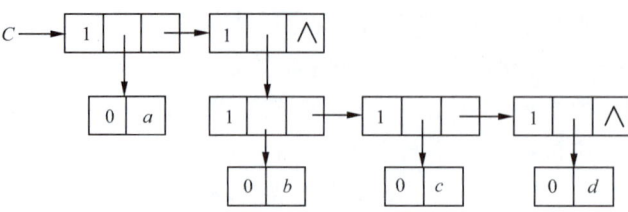

例 4：$D=(A,B,C)=((),(e),(a,(b,c,d)))$

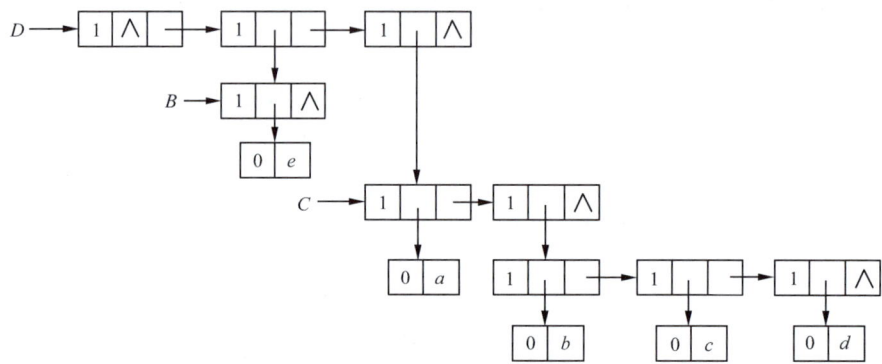

例 5：$E=(a,E)=(a,(a,E))=(a,(a,(a,E)))=\cdots=(a,(a,(a,\cdots)))$

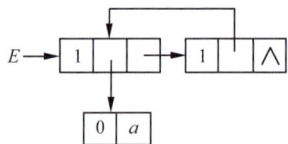

2. 广义表的扩展线性链表存储表示

扩展线性链表是另一种链式存储结构，用相似的两种结点分别表示原子和列表。表结点和原子结点的结构分别如图 5-15 和图 5-16 所示。

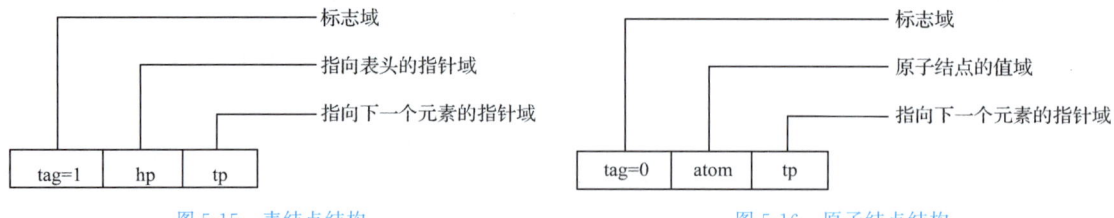

图 5-15 表结点结构　　　　图 5-16 原子结点结构

表结点和原子结点的定义如下：

```
typedef enum{ATOM,LIST}ElemTag;   /* ATOM=0 表示原子，LIST=1 表示子表 */
typedef char AtomType;
typedef struct GLNode
{
```

```
    ElemTag tag;                    /* 公共部分,区分原子和子表结点 */
    union                           /* 原子结点和子表结点的共用体部分 */
    {
        AtomType atom;              /* 原子结点的值域 */
        struct GLNode * hp;         /* 表结点的表头指针 */
    };
    struct GLNode * tp;             /* 相当于线性表的 next 域,指向下一个元素结点 */
}* GList;                           /* 广义表类型 GList 是一种扩展线性链表 */
```

广义表的存储结构示例:

例 1: $A=(\ )$

例 2: $B=(e)$

例 3: $C=(a,(b,c,d))$

例 4: $D=(A,B,C)=((\ ),(e),(a,(b,c,d)))$

例 5: $E=(a,E)=(a,(a,E))=(a,(a,(a,E)))=\cdots=(a,(a,(a,\cdots)))$

比较两种存储方式,采用头尾表示法容易分清列表中原子或子表所在的层次。例如,在广义表 D 中,原子 a 和 e 在同一层次上,而原子 b、c 和 d 在同一层次上且比 a 和 e 低一层,子表 B 和 C 在同一层次上。另外,最高层的表结点的个数即广义表的长度。例如,在广义表 D 最高层有三个表结点,该广义表的长度为 3。

5.5 案例实现：稀疏矩阵的运算

5.5.1 案例分析

数学中矩阵的基本运算包括转置、相加等。下面以稀疏矩阵的三元组为存储结构实现矩阵的转换、转置、查找和相加运算。

(1) 转换

按行优先顺序扫描二维数组 a[m][n] 的元素，将不为 0 者存入三元组 b 中。

(2) 转置

实现三元组表 a.data 到三元组表 b.data 的转置，采用算法 5-2 实现。

(3) 查找

以三元组的非零元素个数为循环终止条件，查找相应的关键字。

(4) 相加

将两个稀疏矩阵首先转换为两个相应的三元组 a 和 b 表示。判断两个三元组的维数是否相同，如果维数不同，不能相加。维数相同的情况下，比较行号。行号相等时，比较列号；否则，将两个三元组中列号小的项存入结果三元组 c 中；若列号也相等，则将对应的值相加后存入结果三元组 c 中。如果 a 的行号小于 b 的行号，将 a 的项存入 c 中，否则将 b 的项存入 c 中。

5.5.2 案例实现

具体实现为：

```
#include <stdio.h>
#include <stdlib.h>
#define ArraySize 100              /*假设非零元素的最大值是 100*/
typedef int DataType;
typedef struct
{
    int i,j;                       /*非零元素的行、列*/
    DataType v;                    /*非零元素值*/
}SPNode;                           /*三元组类型*/
typedef struct
{
    int mu,nu,tu;                  /*矩阵的行、列及非零元素的个数*/
    SPNode data[ArraySize+1];      /*data[]用于存放稀疏矩阵的非零元*/
}SPMatrix;                         /*三元组表的定义*/
```

/**/
/* 函数名:CreatTripleTable   */
/* 函数功能:稀疏矩阵三元组表的创建   */
/* 形参说明:q——指向存放稀疏矩阵元素的指针   */
/*   p——指向三元组表的指针   */
/*   m——稀疏矩阵的行数   */
/*   n——稀疏矩阵的列数   */
/* 返回值:无   */
/**/
```c
void CreatTripleTable(int *q,SPMatrix *p,int m,int n)
{
    int i,j,k=1;
    for(i=0;i<m;i++)              /*按行优先顺序扫描稀疏矩阵的元素,不为0者存入三元组*/
        for(j=0;j<n;j++)
            if(*(q+n*i+j)!=0)
            {
                p->data[k].i=i+1;
                p->data[k].j=j+1;
                p->data[k].v=*(q+n*i+j);
                k++;
            }
    p->mu=m;
    p->nu=n;
    p->tu=k-1;                    /*存入非零元素个数*/
}
```

/**/
/* 函数名:PrintTriple   */
/* 函数功能:稀疏矩阵三元组表的输出   */
/* 形参说明:p——指向三元组表的指针   */
/* 返回值:无   */
/**/
```c
void PrintTriple(SPMatrix *p)
{
    int i=1;
    printf("三元组为:\n");
    printf("i\tj\tv\n");
    for(i=1;i<=p->tu;i++)
        printf("%d\t%d\t%d\n",p->data[i].i,p->data[i].j,p->data[i].v);
}
```

/**/
/* 函数名:SearchTripleTable   */
/* 函数功能:查找三元组元素值为x的算法   */
/* 形参说明:pa——指向查找的三元组表的指针   */
/*   x——查找元素   */

```c
/*返回值:查找成功时返回 x 所处的位置;查找失败返回 0             */
/***************************************************************/
int SearchTripleTable(SPMatrix *pa,int x)
{
    int i;
    i=1;
    while(i<=pa->tu&&pa->data[i].v!=x)
        i++;
    if(i<=pa->tu)
        return i;
    else
        return 0;
}

/***************************************************************/
/*函数名:TripleTableAdd                                          */
/*函数功能:将两个稀疏矩阵的三元组 a 和 b 相加,结果存入三元组 c 中  */
/*形参说明:pa——指向三元组 a 的指针                              */
/*         pb——指向三元组 b 的指针                              */
/*         pc——指向三元组 c 的指针                              */
/*返回值:无                                                      */
/***************************************************************/
void TripleTableAdd(SPMatrix *pa,SPMatrix *pb,SPMatrix *pc)
{
    int i=1,j=1,k=1;
    if((pa->mu!=pb->mu)||(pa->nu!=pb->nu))
    {
        printf("维数不同,不能相加。\n");
        exit(0);
    }
    else                                    /*满足相加条件*/
    {
        while(i<=pa->tu&&j<=pb->tu)
        {
            /*比较 pa 的当前项的行号与 pb 的当前项的行号*/
            if(pa->data[i].i==pb->data[j].i)    /*若行号相等*/
                if(pa->data[i].j<pb->data[j].j)
                {
                    /*比较两个三元组的列号,pc 中存入较小的项*/
                    pc->data[k].i=pa->data[i].i;
                    pc->data[k].j=pa->data[i].j;
                    pc->data[k].v=pa->data[i].v;
                    k++;
                    i++;
                }
```

```
            else
                if(pa->data[i].j>pb->data[j].j)
                {
                    pc->data[k].i=pb->data[j].i;
                    pc->data[k].j=pb->data[j].j;
                    pc->data[k].v=pb->data[j].v;
                    k++;
                    j++;
                }
                else      /*如果列项也相同,将对应的元素值相加后再存入 pc 中*/
                {
                    pc->data[k].i=pb->data[j].i;
                    pc->data[k].j=pb->data[j].j;
                    pc->data[k].v=pb->data[j].v+pa->data[i].v;
                    k++;
                    j++;
                    i++;
                }
            else
                if(pa->data[i].i<pb->data[j].i)
                {
                    /*若 pa 的当前项的行号小于 pb 的当前项的行号,将 pa 的项存入 pc
                      中;否则将 pb 的项存入 pc 中*/
                    pc->data[k].i=pa->data[i].i;
                    pc->data[k].j=pa->data[i].j;
                    pc->data[k].v=pa->data[i].v;
                    k++;
                    i++;
                }
                else
                {
                    pc->data[k].i=pb->data[j].i;
                    pc->data[k].j=pb->data[j].j;
                    pc->data[k].v=pb->data[j].v;
                    k++;
                    j++;
                }
    }
while(i<=pa->tu)
{
    pc->data[k].i=pa->data[i].i;
    pc->data[k].j=pa->data[i].j;
    pc->data[k].v=pa->data[i].v;
    k++;
```

```
                i++;
            }
            while(j<=pb->tu)
            {
                pc->data[k].i=pb->data[j].i;
                pc->data[k].j=pb->data[j].j;
                pc->data[k].v=pb->data[j].v;
                k++;
                j++;
            }
            pc->mu=pa->mu;
            pc->nu=pa->nu;
            pc->tu=k-1;
    }
}
/*************************************************/
/* 函数名:input                                  */
/* 函数功能:输入稀疏矩阵的元素及行列数           */
/* 形参说明:pm——指向稀疏矩阵的行数的指针        */
/*          pn——指向稀疏矩阵的列数的指针        */
/* 返回值:指向稀疏矩阵元素的指针                 */
/*************************************************/
int * input(int * pm,int * pn)
{
    int i,j,* q;
    printf("请输入稀疏矩阵的行数:");
    scanf("%d",pm);
    printf("请输入稀疏矩阵的列数:");
    scanf("%d",pn);
    q=(int *)malloc(sizeof((* pm)*(* pn)));    /* 申请存放稀疏矩阵元素的存储空间 */
    printf("请输入稀疏矩阵的元素:\n");
    for(i=0;i<(* pm);i++)                       /* 按行序输入 */
        for(j=0;j<(* pn);j++)
            scanf("%d",q+(* pn)* i+j);
    return q;
}
/*************************************************/
/* 函数名:main                                   */
/* 函数功能:稀疏矩阵三元组表运算主函数           */
/* 返回值:0                                      */
/*************************************************/
int main()
{
    int x,result,m,n,* q;
```

```c
    SPMatrix a,b,c,d,*p;
    printf("请输入第一个稀疏矩阵:\n");
    q=input(&m,&n);
    CreatTripleTable(q,&a,m,n);              /*将矩阵转存为三元组表形式*/
    PrintTriple(&a);                         /*输出第一个矩阵的三元组形式*/
    printf("要查找的值 x=");                 /*在三元组中查找*/
    scanf("%d",&x);
    result=SearchTripleTable(&a,x);
    if(result==0)
        printf("无此结点\n");
    else
    {
        printf("查找成功,结点为:\n");
        printf("%d %d %d\n",a.data[result].i,a.data[result].j,a.data[result].v);
    }
    p=TransM2(&a);                           /*稀疏矩阵转置,算法 5-2*/
    printf("转置后的矩阵");
    PrintTriple(p);
    /*输入第二个稀疏矩阵,与第一个稀疏矩阵相加*/
    printf("请输入第二个稀疏矩阵:\n");
    q=input(&m,&n);
    CreatTripleTable(q,&b,m,n);
    PrintTriple(&b);
    TripleTableAdd(&a,&b,&c);
    printf("第一、第二个矩阵相加后,");
    PrintTriple(&c);
    return 0;
}
```

系统运行如图 5-17 和图 5-18 所示。

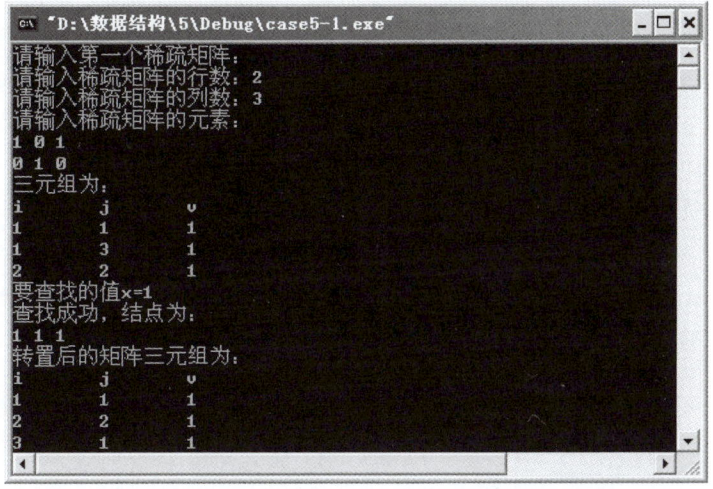

图 5-17　输入第一个矩阵,实现转换、查找和转置运算

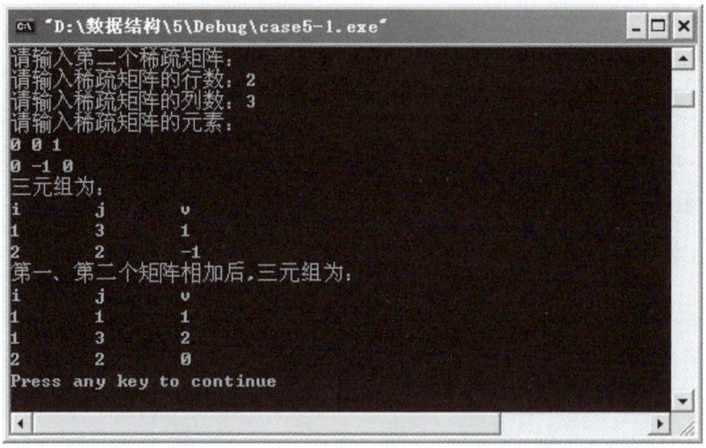

图 5-18　输入第二个矩阵，与第一个矩阵完成相加运算

本章小结

1. 数组是线性表的推广。数组作为一种数据结构，其特点是数组中的元素本身可以是具有某种结构的数据，但必须属于同一类数据类型。一般的数组结构使用顺序存储结构，对多维数组分配时，要将其元素映象存储在一维存储器中，一般有两种存储方式："先行后列"和"先列后行"的顺序存放。

2. 矩阵通常用二维数组来表示，但有某些特殊矩阵，如三角矩阵、对称矩阵、对角矩阵和稀疏矩阵等，此类矩阵阶数很高但相同值或零元素很多，为了节省存储空间，可以对这类矩阵进行压缩存储。

3. 广义表是线性表的推广，广泛地用于人工智能等领域的表处理语言 LISP 语言，把广义表作为基本的数据结构，程序也可表示为一系列的广义表。

习　题

一、选择题

1. 数组 A 中，每个元素的长度为 3 个字节，行下标 i 从 1 到 8，列下标 j 从 1 到 10，从首地址 SA 开始连续存放在存储器内，该数组占用的字节数为（　　）。

　　A. 80　　　　　　　　B. 100　　　　　　　　C. 240　　　　　　　　D. 270

2. 数组 A 中，每个元素的长度为 3 个字节，行下标 i 从 1 到 8，列下标 j 从 1 到 10，从首地址 SA 开始连续存放在存储器内，该数组按行存放时，元素 $A[8][5]$ 的起始地址为（　　）。

　　A. $SA+141$　　　　B. $SA+144$　　　　C. $SA+222$　　　　D. $SA+225$

3. 一个 $n*n$ 的对称矩阵，如果以行或列为主序放入内存，则其容量为（　　）。

　　A. $n*n$　　　　　　B. $n*n/2$　　　　　C. $(n+1)*n/2$　　　D. $(n+1)*(n+1)/2$

4. 稀疏矩阵一般的压缩存储方法有两种，即（　　）。

　　A. 二维数组和三维数组　　　　　　　　B. 三元组表和散列表
　　C. 三元组表和十字链表　　　　　　　　D. 散列和十字链表

5. 设有广义表 $D=(a,b,D)$，则其长度为（　　），深度为（　　）。

A. 1 B. 3 C. ∞ D. 5

6. 广义表运算式(Tail((a,B),(c,d)))的操作结果是( )。

A. (c,d) B. c,d C. ((c,d)) D. d

二、填空题

1. 一维数组的逻辑结构是_____,存储结构是_____。

2. 对于二维数组或多维数组,分为按_____和按_____两种不同的存储方式存储。

3. 二维数组 $A[c_1..d_1, c_2..d_2]$ 共含有_____个元素。

4. 二维数组 $A[10][20]$ 采用列序为主方式存储,每个元素占一个存储单元,且 $A[0][0]$ 的地址是200,则 $A[6][12]$ 的地址是_____。

5. 有一个10阶对称矩阵 A,采用以行为主序的压缩存储方式, $A[0][0]$ 的地址为1,则 $A[8][5]$ 的地址是_____。

6. 广义表运算式 Head(Tail((a,b,c),(x,y,z))) 的结果为_____。

三、判断题

1. 数组中存储的可以是任意类型的任何数据。 ( )

2. $n*n$ 对称矩阵经过压缩存储后占用的存储单元是原先的1/2。 ( )

3. 稀疏矩阵在用三元组表示法时可节省空间,但对矩阵的操作会增加算法的难度及耗费更多的时间。 ( )

4. 广义表不是线性表。 ( )

5. Tail(a,b,c,d)得到的是(b,c,d)。 ( )

四、应用题

1. 设有一个二维数组 $A[m][n]$,假设 $A[0][0]$ 存放位置在644, $A[2][2]$ 存放位置在676,每个元素占一个空间,问 $A[3][3]$ 存放在什么位置?

2. 设有一个 $n*n$ 的对称矩阵 A,试问:

(1)存放对称矩阵 A 上三角部分或下三角部分的一维数组 B 有多少元素?

(2)若在一维数组 B 中从0号位置开始存放,则对称矩阵中的任一元素 a_{ij} 在只存下三角部分的情形下应存于一维数组的什么下标位置?给出计算公式。

3. 利用广义表的 head 和 tail 操作写出函数表达式,把以下各题中的单元素 banana 从广义表中分离出来:

(1) L1(apple,pear,banana,orange)

(2) L2((apple,pear),(banana,orange))

(3) L3(((apple),(pear),(banana),(orange)))

(4) L4((((apple))),((pear)),(banana),orange)

(5) L5((((apple),pear),banana),orange)

(6) L6(apple,(pear,(banana),orange))

4. 一个稀疏矩阵为 $\begin{bmatrix} 0 & 0 & 2 & 0 \\ 3 & 0 & 0 & 0 \\ 0 & 0 & -1 & 5 \\ 0 & 0 & 0 & 0 \end{bmatrix}$,则对应的三元组线性表是什么?对应的十字链表是什么?

五、算法设计题

1. 假定数组 $A[n]$ 的 n 个元素中有多个零元素,编写算法将 A 中的所有非零元素依次移到 A 的前端。

【算法分析】 从前向后找零元素 $A[i]$,从后向前找非零元素 $A[j]$,将 $A[i]$ 与 $A[j]$ 交换。

2. 按层序输出广义表 A 中的所有元素。

【算法分析】 层次遍历的问题一般都是借助队列来完成的,每次从队首中取出一个元素的同时把其下一层的孩子插入队尾,这就是层序遍历的基本思想。

第 6 章

树

数据结构分为线性结构和非线性结构两大类。前面学习的线性表、栈和队列等数据结构都属于线性结构,从本章开始我们将进入非线性结构的学习。树形结构就是一种非常重要的非线性结构,该结构中数据元素之间存在着一对多的层次关系,适合描述具有层次关系的数据。

本章主要介绍树与二叉树的定义、性质和存储结构,树与二叉树的遍历及相互间的转换,线索二叉树以及二叉树的应用。

知识目标

- 掌握树的定义及基本术语。
- 理解树的抽象数据类型定义。
- 理解树的各种存储结构。
- 掌握二叉树的定义及特点。
- 掌握二叉树的基本性质。
- 理解二叉树的抽象数据类型定义。
- 掌握二叉树的各种存储结构。
- 掌握二叉树的遍历方法及实现。
- 掌握树、森林与二叉树的相互转换。
- 掌握树与森林的遍历方法。
- 理解线索二叉树。
- 掌握哈夫曼树的构造方法和哈夫曼编码方法。

第 6 章思维导图

技能目标

针对具体问题,能应用树和二叉树的知识进行分析,找到解决问题的方法并实现。

素质目标

通过对树结构的理解,培养学生运用树形结构思维方式来构建知识体系,学习通过"分而治之"思想解决复杂问题的方法。

6.1 案例导引

案例:团委人事管理系统。

某高校团委的成员结构如图 6-1 所示,要求完成如下功能:

(1)构建团组织成员结构树。

(2)插入成员。

(3)删除成员。

(4)按职务查找成员。

(5)更新成员。

(6)输出团委人员总数。

(7)输出全体成员。

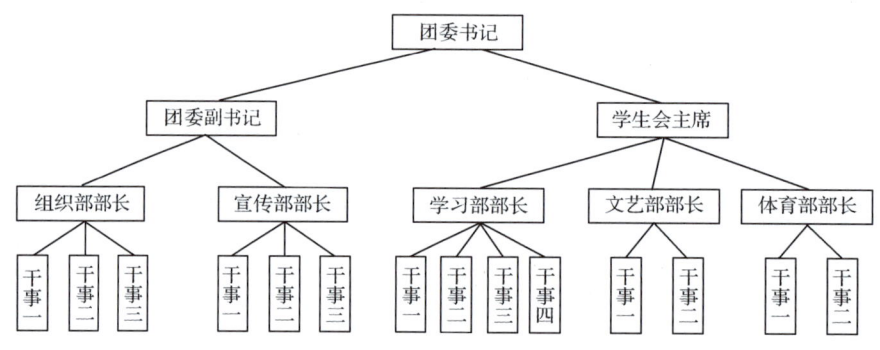

图 6-1　某高校团委人员结构图

案例探析:

从形状上看,如图 6-1 所示的高校团委人员结构图像一棵倒置的树,人员之间具有明显的层次关系,上层的一个人员管理下层的多个人员,同一层的结点在整个结构中处于同一等级,这种结构就是非线性结构中的树形结构。

树形结构在现实世界中广泛存在,是一类非常重要的非线性结构,在计算机的数据处理中也多有应用。比如,在进行语法解析时,树是不可或缺的数据结构,各种语言解析之后会得到相应的语法树,再做后续处理。再如,当树的结点有序时(有序树),在这个树上搜索一个结点是很快的,所以,索引操作往往采用各种树形结构,如 MySQL 数据库采用的就是 B+树。

6.2 树的概述

在日常生活中,存在着很多呈现为树形结构的实例,如家族谱、单位的机构设置和书的目录等。在计算机领域中也有很多树的应用,如磁盘中文件的目录结构和 C 语言源程序的组织结构等。树形结构描述了数据元素之间的一对多的关系,具有广泛的应用。

6.2.1 树的定义和基本术语

1. 树的定义

树(Tree)是 $n(n \geq 0)$ 个结点的有限集合。当 $n=0$ 时,称为空树;当 $n>0$ 时,称为非空树。在任意一棵非空树 T 中:

(1)有且仅有一个特定的称为根(Root)的结点,它没有前驱结点。

(2)当 $n>1$ 时,除根结点外的其余结点可分为 $m(m>0)$ 个互不相交的子集 $T_1, T_2, \cdots, T_m$,其中每个子集本身又是一棵树,并称其为根结点的子树(Subtree)。

树的定义是递归的,即一棵非空树是由根结点和若干棵子树构成的,而子树又可由根结点和若干棵更小的子树构成。

树的示例如图 6-2 所示。

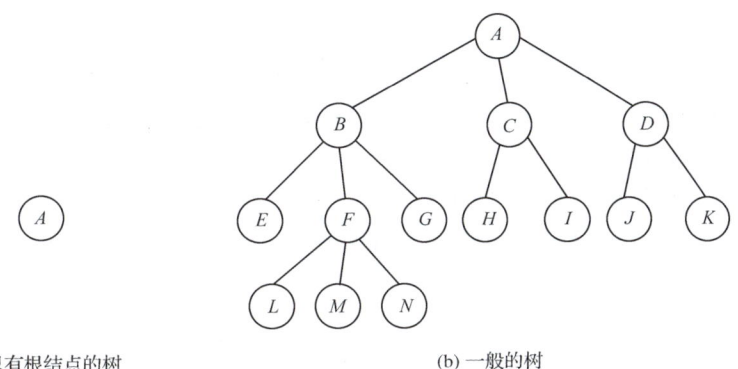

图 6-2 树的示例

图 6-2(b)所示的是一棵具有 14 个结点的树,$T=\{A,B,C,D,E,F,G,H,I,J,K,L,M,N\}$,结点 A 是树 T 的根结点,除根结点 A 之外的其余结点可分为三个互不相交的子集 T_1、T_2 和 T_3,其中 $T_1=\{B,E,F,G,L,M,N\}$,$T_2=\{C,H,I\}$,$T_3=\{D,J,K\}$,T_1、T_2 和 T_3 是 T 的子树。对于子树 T_1 来说,结点 B 是其根结点,除根结点 B 之外的其余结点可分为三个互不相交的子集 T_{11}、T_{12} 和 T_{13},其中 $T_{11}=\{E\}$,$T_{12}=\{F,L,M,N\}$,$T_{13}=\{G\}$,T_{11}、T_{12} 和 T_{13} 是 T_1 的子树。子树 T_{11} 只有根结点 E,子树 T_{13} 只有根结点 G,子树 T_{12} 除了根结点 F 外其余结点又分为三个互不相交的子集 T_{121}、T_{122} 和 T_{123},三棵子树 T_{121}、T_{122} 和 T_{123} 分别只有根结点 L、M 和 N。

2. 树的基本术语

(1)结点的度和树的度

一个结点拥有的子树数称为该结点的度(Degree)。一棵树中结点的最大度数称为这棵树的度。如图 6-2(b)所示的树中,结点 A 的度是 3,结点 C 的度是 2,结点 E 的度是 0,该树的度是 3。

(2)叶子结点和分支结点

度为零的结点称为叶子结点(Leaf)或终端结点;度不为零的结点称为分支结点(Branch)或非终端结点。除根结点之外,分支结点也称为内部结点。如图 6-2(b)所示的树中,结点 E、L、M、N、G、H、I、J 和 K 是叶子结点,其余结点是分支结点。

(3)双亲结点和孩子结点

树中某个结点的子树的根结点称为该结点的孩子结点(Child),相应地,该结点称为孩子结点的双亲结点(Parents)。如图 6-2(b)所示的树中,结点 A 是结点 B 的双亲结点,结点 B 是结点 A 的孩子结点。

(4)兄弟结点和堂兄弟结点

同一个双亲的孩子互称为兄弟结点(Brother);双亲是兄弟的结点互为堂兄弟结点(Cousins)。如图 6-2(b)所示的树中,结点 B、C 和 D 是兄弟结点,结点 G 和 H 是堂兄弟结点。

(5)祖先和子孙

一个结点的祖先(Ancestor)是指从树的根结点到该结点所经分支上的所有结点(包括根结点);一个结点的子树的所有结点都称为该结点的子孙(Descendant)。如图 6-2(b)所示的树中,结点 A、B 和 F 都是结点 L 的祖先,结点 B 的子孙有 E、F、G、L、M 和 N。

(6)路径和路径长度

若树中存在一个结点序列 $k_1,k_2,\cdots,k_j$,使得 k_i 是 k_{i+1} 的双亲($1 \leqslant i < j$),则称该结点序列是从 k_1 到 k_j 的一条路径(Path),路径上经过的边的个数称为路径长度(Path Length)。如图 6-2(b)所示的树中,从结点 A 到结点 M 的路径是 A、B、F、M,路径长度是 3。

(7)结点的层数和树的高度

规定根结点的层数(Level)为 1,其余结点的层数等于其双亲结点的层数加 1。树中结点的最大层数称为树的高度(Height)或深度(Depth)。如图 6-2(b)所示的树中,结点 E 的层数是 3,树的高度是 4。

(8)有序树和无序树

如果一棵树中每个结点的各子树从左到右是有次序的(不能互换),则称该树为有序树(Ordered Tree);否则称为无序树(Unordered Tree)。

(9)森林

$m(m \geqslant 0)$ 棵互不相交的树的集合称为森林(Forest)。对于一棵树,删除根结点就变成了森林;反之,给一个森林加上一个结点,使原森林的各棵树成为所加结点的子树,便得到一棵树。

6.2.2 树的抽象数据类型定义

树的抽象数据类型定义如下:

ADT Tree{

  数据对象:D 是具有相同数据类型的数据元素的有限集合。

  数据关系:非空树由一个根结点及 $m(m \geqslant 0)$ 棵互不相交的子树组成,树中的结点具有层次关系。

  基本操作:

  InitTree():初始化一棵空树,返回空指针。

  CreateTree():创建一棵树,返回指向根结点的指针。

DestroyTree(T)：销毁树 T。

EmptyTree(T)：判断所给出的树 T 是否为空。若树为空，返回 TRUE，否则返回 FALSE。

GetRoot(T)：求树 T 的根结点。若树非空，则返回指向根结点的指针，否则返回空。

TreeDepth(T)：求树 T 的深度。

Parent(T,x)：求树 T 中结点 x 的双亲结点。若树非空且结点 x 存在且 x 不是根结点，返回指向 x 的双亲结点的指针，否则返回空。

LeftChild(T,x)：求树 T 中结点 x 的最左边孩子结点。若树非空且结点 x 存在且结点 x 有孩子，返回指向 x 的最左边孩子结点的指针，否则返回空。

RightSibling(T,x)：求树 T 中结点 x 的右兄弟结点。若树非空且结点 x 存在且结点 x 有右兄弟，返回指向 x 的右兄弟结点的指针，否则返回空。

InsertChild(T,p,i,q)：将子树 q 插入树 T 中，作为 p 所指结点的第 i 棵子树。q、p 为指针，$1 \leqslant i \leqslant n+1$（$n$ 为 p 所指向的结点的度）。

DeleteChild(T,p,i)：删除树 T 中 p 所指结点的第 i 棵子树，p 为指针，$1 \leqslant i \leqslant n$（$n$ 为 p 所指向的结点的度）。

FindNode(T,x)：在树 T 中查找数据元素 x，若找到返回指向元素的指针，否则返回空。

PreOrder(T)：在树 T 非空时，先序遍历树。

PostOrder(T)：在树 T 非空时，后序遍历树。

LevelTravel(T)：在树 T 非空时，层次遍历树。

}ADT Tree

6.2.3　树的存储结构

树的存储结构

树中除了根结点没有前驱、叶结点没有后继外，其他的结点都只有一个直接前驱和一个或多个后继。树的存储结构不仅要存储各个结点本身的数据信息，还要能够反映各个结点之间的逻辑关系。下面介绍树的几种基本的存储结构。

1. 双亲表示法

树中除了根结点外，每个结点有且仅有一个双亲结点。根据这一特点，可以用一维数组存储树中的各个结点，每个结点在存储结点信息的同时存储其双亲结点在数组中的下标。数组元素的结构如图 6-3 所示。

| data | parent |

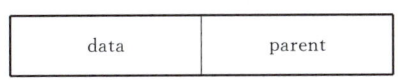

图 6-3　数组元素结构

采用双亲表示法时，树的类型定义为：

```
# define MaxSize 100
typedef char DataType;
```

```
typedef struct                          /*结点的类型定义*/
{
    DataType data;                      /*数据域*/
    int parent;                         /*双亲位置*/
}PTNode;
typedef struct                          /*树的类型定义*/
{
    PTNode nodes[MaxSize];
    int n;                              /*树的结点数*/
}PTree;
```

如图 6-4 所示是一棵树及其双亲表示的存储结构。树中的结点一般按层序存储在一维数组中,根结点没有双亲,其双亲域为 -1。在这种存储结构中,根据结点的双亲域的值就可以找到该结点的双亲结点,操作方便。例如,结点 E 的双亲结点的下标是 1,数组中下标为 1 的数据元素 B 就是 E 的双亲结点。如果要查找某个结点的孩子结点,则需要遍历整个数组。

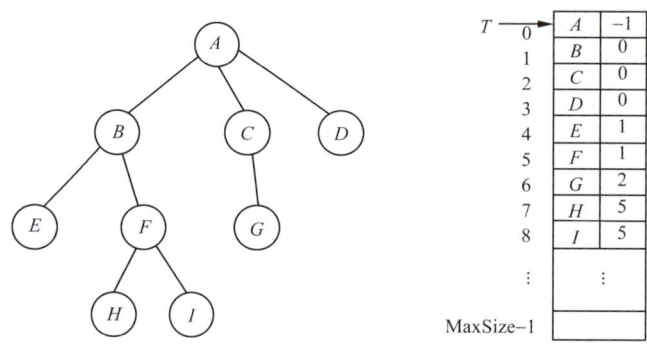

图 6-4　树的双亲表示法

2. 孩子链表表示法

把树中的每个结点的孩子结点构成一个单链表,称为该结点的孩子链表。这样 n 个结点就有 n 个孩子链表,每个孩子链表都有一个头指针。每个结点本身的信息和该结点的孩子链表的头指针构成了一个表头结点,所有的表头结点存储在一个一维数组中,就构成了树的孩子链表表示法。表头结点和链表中的孩子结点的结构如图 6-5 所示。

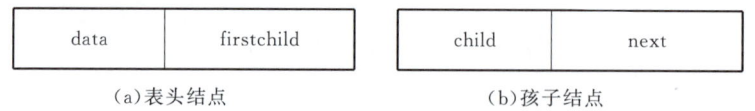

图 6-5　树的孩子链表表示法的结点结构

采用孩子链表表示法时,树的类型定义为:

```
#define MaxSize 100
typedef char DataType;
typedef struct chnode                   /*孩子结点的类型定义*/
{
    int child;                          /*数据域*/
    struct chnode * next;               /*指针域*/
}ChildNode;
```

```
typedef struct                          /*表头结点的类型定义*/
{
    DataType data;                      /*数据域*/
    ChildNode * firstchild;             /*表头指针域*/
}HeadNode;
typedef struct                          /*树的类型定义*/
{
    HeadNode nodes[MaxSize];
    int n;                              /*树的结点数*/
}ChildTree;
```

如图 6-6 所示为图 6-4 中树的孩子链表表示的存储结构,孩子链表中孩子结点的数据域存储的是该结点在表头数组中的下标。在这种存储结构中,查找某个结点的孩子结点很容易,只需要在其孩子链表中查找即可。但查找其双亲结点却比较麻烦,有时甚至需要遍历所有的链表。

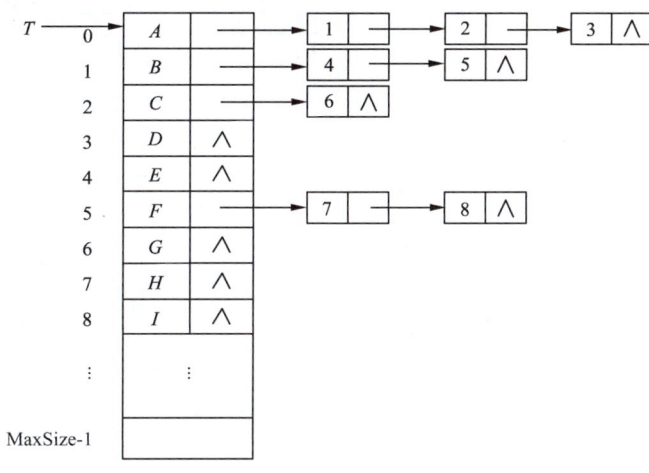

图 6-6 树的孩子链表表示法

3. 双亲孩子表示法

将双亲表示法与孩子链表表示法结合起来,形成树的双亲孩子表示法,即在树的孩子链表表示法的表头结点中增加一个双亲域,用于存储其双亲结点的位置。表头结点的结构如图 6-7 所示。

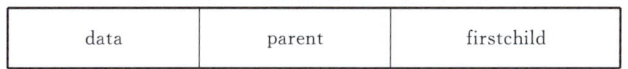

图 6-7 树的双亲孩子表示法中的表头结点结构

采用双亲孩子表示法时,树的类型定义为:

```
#define MaxSize 100
typedef char DataType;
typedef struct chnode                   /*孩子结点的类型定义*/
{
    int child;                          /*数据域*/
    struct chnode * next;               /*指针域*/
}ChildNode;
```

```
typedef struct                      /* 表头结点的类型定义 */
{
    DataType data;                  /* 数据域 */
    int parent;                     /* 双亲位置 */
    ChildNode *firstchild;          /* 表头指针域 */
}HeadNode;
typedef struct                      /* 树的类型定义 */
{
    HeadNode nodes[MaxSize];
    int n;                          /* 树的结点数 */
}PChildTree;
```

如图 6-8 所示为图 6-4 中树的双亲孩子表示的存储结构。在这种存储结构中，可以方便地查找一个结点的双亲结点和孩子结点。

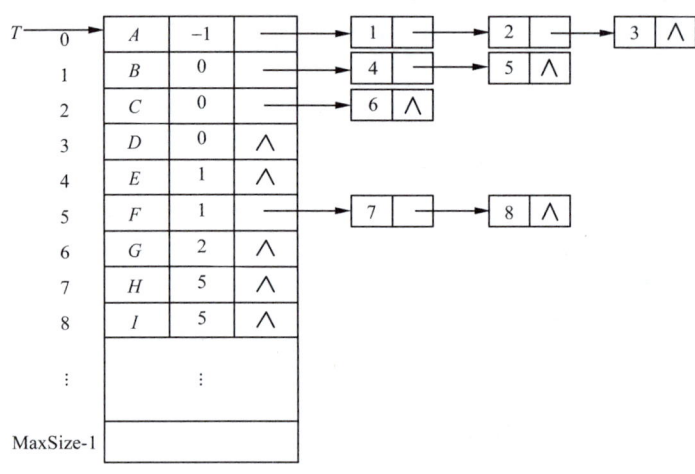

图 6-8　树的双亲孩子表示

4. 孩子兄弟表示法

树的孩子兄弟表示法是在存储结点信息的同时，增加两个分别指向该结点第一个孩子和右邻兄弟的指针域，结点的结构如图 6-9 所示。

| firstchild | data | rightsib |

图 6-9　树的孩子兄弟表示法中的结点结构

采用孩子兄弟表示法时，树的类型定义为：

```
typedef char DataType;
typedef struct node                 /* 结点的类型定义 */
{
    DataType data;                  /* 数据域 */
    struct node *firstchild, *rightsib;  /* 指针域 */
}TreeNode;
typedef TreeNode *Tree;
```

如图 6-10 所示为图 6-4 中树的孩子兄弟表示的存储结构，这种存储结构便于查找结点的孩子和兄弟，但是寻找结点的双亲仍然不方便。

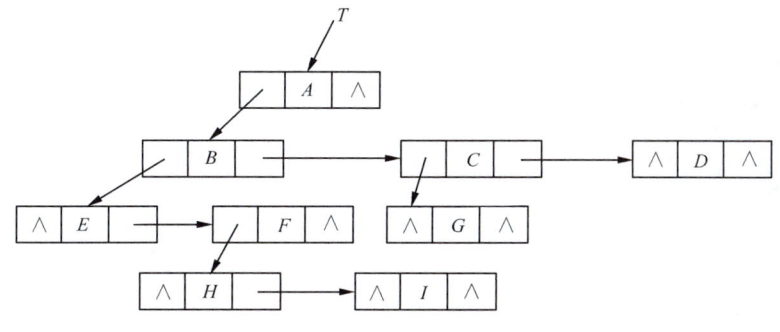

图 6-10　树的孩子兄弟表示

6.3　二叉树

二叉树是一类特殊的树,其操作也相对简单,许多树的问题都可以转换为二叉树来处理。

6.3.1　二叉树的定义

二叉树(Binary Tree)是 $n(n \geqslant 0)$ 个结点的有限集合。当 $n=0$ 时,它是一棵空二叉树;当 $n>0$ 时,它由一个根结点及两棵互不相交的、分别称作这个根的左子树和右子树的二叉树组成。

二叉树的定义也是递归的。每个结点最多有两棵子树,而且其子树也满足二叉树的定义。如图 6-11 所示为一棵二叉树。

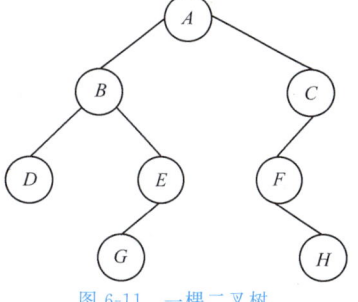

图 6-11　一棵二叉树

二叉树的特点是:

(1)每个结点最多有两棵子树,所以二叉树中只有度是 0、1 或 2 的结点。

(2)二叉树是有序的,其两棵子树有左、右之分,不能互换。即使某个结点只有一棵子树,也要区分是左子树还是右子树。

二叉树有五种基本形态:空二叉树、只有根结点的二叉树、只有左子树的二叉树、只有右子树的二叉树以及同时具有左、右子树的二叉树。任何二叉树都是由这五种基本形态构成的。二叉树的五种基本形态如图 6-12 所示。

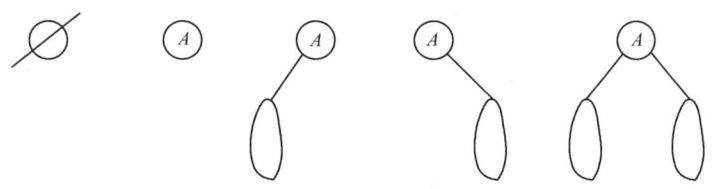

图 6-12　二叉树的五种基本形态

二叉树还有两种特殊形态:满二叉树和完全二叉树。

(1)满二叉树

如果二叉树的所有分支结点都有左子树和右子树,并且所有的叶子结点都在同一层上,则称这样的二叉树为满二叉树(Full Binary Tree)。如图 6-13(a)所示为一棵满二叉树,图 6-13(b)则不是一棵满二叉树。尽管图 6-13(b)中所有的分支结点都有左右子树,但不是所有的叶子结点都在同一层上。

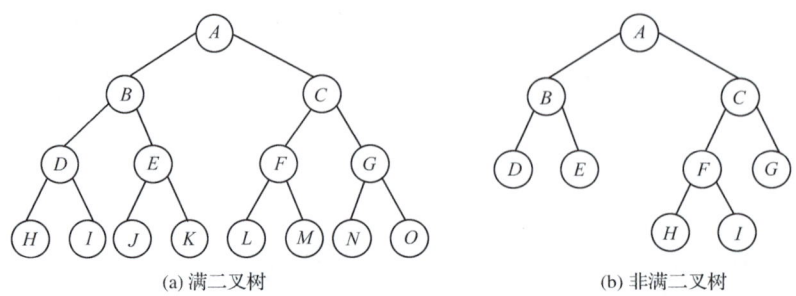

图 6-13　满二叉树和非满二叉树

满二叉树的特点是:①只有度为 0 和度为 2 的结点;②叶子结点只能出现在最下一层。满二叉树是等树高的所有二叉树中结点总数最多,并且叶子结点数也最多的二叉树。

(2)完全二叉树

一棵深度为 k、有 n 个结点的二叉树,对树中的结点按照从上至下、从左到右的顺序进行编号,如果编号为 $i(1{\leqslant}i{\leqslant}n)$ 的结点与满二叉树中编号为 i 的结点在二叉树中的位置相同,则称这棵二叉树为完全二叉树(Complete Binary Tree)。如图 6-14(a)所示为一棵完全二叉树,图 6-14(b)则不是一棵完全二叉树。

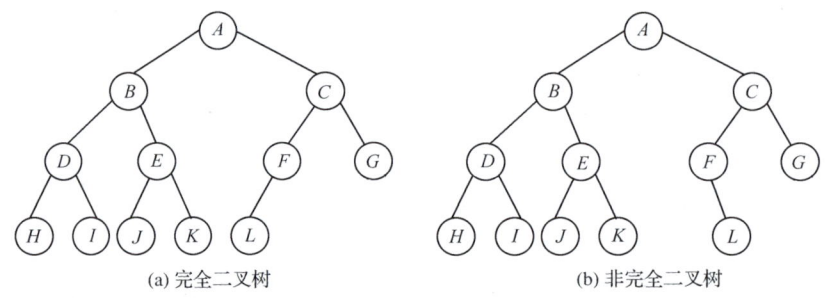

图 6-14　完全二叉树和非完全二叉树

完全二叉树的特点是:①如果有度为 1 的结点,则只能有一个,且该结点只有左孩子;②叶子结点只能出现在最下面两层,并且最下层的叶子结点都集中在二叉树的左边,倒数第二层的叶子结点都集中在二叉树的右边。

可以看出,满二叉树是完全二叉树的特殊情况,一棵满二叉树是完全二叉树,但一棵完全二叉树不一定是满二叉树。

6.3.2　二叉树的基本性质

二叉树的性质

性质 1　在非空二叉树的第 $i(i{\geqslant}1)$ 层上最多有 2^{i-1} 个结点。

证明：使用归纳法。

当 $i=1$ 时，第 1 层只有一个根结点，而 $2^{i-1}=2^0=1$，结论成立。

假定对于第 $i-1$ 层命题成立，即第 $i-1$ 层上最多有 2^{i-2} 个结点。

由于二叉树的每个结点的度最多为 2，所以第 i 层上的最大结点数是第 $i-1$ 层上的最大结点数的 2 倍，即 $2 \times 2^{i-2}=2^{i-1}$，结论成立。

性质 2 深度为 h 的非空二叉树至多有 2^h-1 个结点（$h \geqslant 1$）。

证明：二叉树中每一层的结点数达到最多时，整个二叉树中的结点数才能达到最多。深度为 h 的二叉树中结点个数最多为：

$$\sum_{i=1}^{h} 2^{i-1} = 2^h - 1$$

结论成立。

性质 3 对任何一棵非空二叉树，如果其度为 0 的结点数为 n_0，度为 2 的结点数为 n_2，则 $n_0 = n_2 + 1$。

证明：设 n 为二叉树的结点总数，n_1 为二叉树中度为 1 的结点数，则有：

$$n = n_0 + n_1 + n_2$$

在二叉树中，除了根结点外，其余结点都对应一个指向它的分支，由于这些分支是由度为 1 和度为 2 的结点发出的，一个度为 1 的结点发出一个分支，一个度为 2 的结点发出两个分支，所以有：

$$n - 1 = n_1 + 2n_2$$

整理上述两式，可以得到：$n_0 = n_2 + 1$。结论成立。

性质 4 具有 $n(n>0)$ 个结点的完全二叉树的深度为 $\lfloor \log_2 n \rfloor + 1$。

证明：假设 n 个结点的完全二叉树的深度为 h，根据完全二叉树的定义可知，完全二叉树中前 $h-1$ 层的结点构成满二叉树，因此由性质 2 得深度为 h 的完全二叉树满足：

$$n > 2^{h-1} - 1 \text{ 和 } n \leqslant 2^h - 1$$

整理后得到：

$$2^{h-1} \leqslant n < 2^h$$

不等式两边取对数，得：

$$h - 1 \leqslant \log_2 n < h$$

由于 h 为正整数，因此：

$$h - 1 = \lfloor \log_2 n \rfloor$$

整理得：

$$h = \lfloor \log_2 n \rfloor + 1$$

结论成立。

性质 5 对一棵有 n 个结点的完全二叉树，从 1 开始按层序（按从上到下、从左到右的顺序）编号，则编号为 $i(1 \leqslant i \leqslant n)$ 的结点有：

(1) 如果 $i=1$，则结点 i 是二叉树的根，无双亲；如果 $i>1$，则结点 i 的双亲结点的编号是 $\lfloor i/2 \rfloor$。

(2) 如果 $2i>n$，则结点 i 无左孩子（结点 i 为叶子结点）；否则其左孩子结点的编号是 $2i$。

(3) 如果 $2i+1>n$，则结点 i 无右孩子；否则其右孩子结点的编号是 $2i+1$。

证明:先用归纳法证明(2)。

当$i=1$时,结点i是根结点,显然其左孩子的编号是2,等于$2i$;若$2>n$,则结点i没有左孩子,结论成立。

假设结点$i-1$的左孩子的编号为$2(i-1)$。

根据完全二叉树的定义,结点i的左孩子结点的编号等于结点$i-1$的左孩子结点的编号加2,即结点i的左孩子结点的编号$=2(i-1)+2=2i$。若$2i\leqslant n$,则结点i的左孩子结点的编号为$2i$;如果$2i>n$,则结点i无左孩子。结论成立。

用同样的方法可以证明(3)。

当$i=1$时,结点i是根结点,显然其右孩子结点的编号是3,等于$2i+1$;若$3>n$,则结点i没有右孩子,结论成立。

假设结点$i-1$的右孩子的编号为$2(i-1)+1$。

根据完全二叉树的定义,结点i的右孩子结点的编号等于结点$i-1$的右孩子结点的编号加2,即结点i的右孩子结点的编号$=2(i-1)+1+2=2i+1$。若$2i+1\leqslant n$,则结点i的右孩子结点的编号为$2i+1$;如果$2i+1>n$,则结点i无右孩子。结论成立。

由(2)和(3)可以证明(1)。

当$i=1$时,结点i是根结点,无双亲结点。当$i>1$时,设结点i的双亲结点的编号为j。如果结点i是其双亲结点的左孩子,根据(2)有$i=2j$,则$j=i/2$;如果结点i是其双亲结点的右孩子,根据(3)有$i=2j+1$,则$j=(i-1)/2$。综合上述情况,当$i>1$时,结点i的双亲结点的编号是$\lfloor i/2 \rfloor$。

6.3.3 二叉树的抽象数据类型定义

二叉树的抽象数据类型定义如下:
ADT BiTree{

  数据对象:D是具有相同数据类型的数据元素的有限集合。

  数据关系:非空二叉树由一个根结点及两棵互不相交的左、右子树组成。左、右子树或者是空二叉树,或者是非空二叉树。

  基本操作:

  InitBinTree():初始化一棵空二叉树,返回空指针。

  CreateBinTree():创建一棵二叉树,返回指向根结点的指针。

  DestroyBinTree(T):销毁二叉树 T。

  EmptyBinTree(T):判断所给出的二叉树 T 是否为空。若二叉树为空,返回 TRUE,否则返回 FALSE。

  GetRoot(T):求二叉树 T 的根结点。若二叉树非空,则返回指向根结点的指针,否则返回空。

  ListBinTree(T):显示二叉树 T。

  BinTreeDepth(T):求二叉树 T 的深度。

  NodeNumber(T):求二叉树 T 中结点个数。

LeafNumber(T)：求二叉树 T 中叶子结点个数。

Parent(T,x)：求二叉树 T 中结点 x 的双亲结点。若二叉树非空且结点 x 存在，若 x 不是根结点，返回指向 x 的双亲结点的指针，否则返回空。

LeftChild(T,x)：求二叉树 T 中结点 x 的左孩子结点。若二叉树非空且结点 x 存在，若结点 x 有左孩子，返回指向 x 的左孩子结点的指针，否则返回空。

RightChild(T,x)：求二叉树 T 中结点 x 的右孩子结点。若二叉树非空且结点 x 存在，若结点 x 有右孩子，返回指向 x 的右孩子结点的指针，否则返回空。

LeftSibling(T,x)：求二叉树 T 中结点 x 的左兄弟结点。若二叉树非空且结点 x 存在，若结点 x 有左兄弟，返回指向 x 的左兄弟结点的指针，否则返回空。

RightSibling(T,x)：求二叉树 T 中结点 x 的右兄弟结点。若二叉树非空且结点 x 存在，若结点 x 有右兄弟，返回指向 x 的右兄弟结点的指针，否则返回空。

InsertLChild(parent,x)：将结点 x 插入二叉树中，作为结点 parent 的左孩子。如果结点 parent 原来有左孩子，则将结点 parent 原来的左孩子作为结点 x 的左孩子。parent 为指针。

InsertRChild(parent,x)：将结点 x 插入二叉树中，作为结点 parent 的右孩子。如果结点 parent 原来有右孩子，则将结点 parent 原来的右孩子作为结点 x 的右孩子。parent 为指针。

DeleteLChild(parent)：在二叉树中删除结点 parent 的左子树，parent 为指针。

DeleteRChild(parent)：在二叉树中删除结点 parent 的右子树，parent 为指针。

FindNode(T,x)：在二叉树 T 中查找数据元素 x，若找到返回指向元素的指针，否则返回空。

PreOrder(T)：在二叉树 T 非空时，先序遍历二叉树。

InOrder(T)：在二叉树 T 非空时，中序遍历二叉树。

PostOrder(T)：在二叉树 T 非空时，后序遍历二叉树。

LevelTravel(T)：在二叉树 T 非空时，层次遍历二叉树。

}ADT BiTree

6.3.4 二叉树的存储结构

二叉树的存储结构

1. 顺序存储结构

二叉树的顺序存储结构就是用一组地址连续的存储单元依次存放二叉树的结点，并且能用结点的存储位置反映结点之间的逻辑关系（双亲和孩子的关系）。

根据二叉树的性质 5，完全二叉树中结点编号之间的关系反映了结点之间的逻辑关系。编号为 i 的结点的左孩子和右孩子的编号分别是 $2i$ 和 $2i+1$，双亲结点的编号是 $\lfloor i/2 \rfloor$。根据这一性质，我们可以将一棵完全二叉树中的结点按其编号顺序依次存储在一维数组中，结点在数组中的下标与结点的编号一致（将下标为 0 的位置空出），这样数组下标之间的关系就反映了结点之间的逻辑关系。图 6-14(a)所示的完全二叉树的顺序存储如图 6-15 所示。

下标	0	1	2	3	4	5	6	7	8	9	10	11	12
		A	B	C	D	E	F	G	H	I	J	K	L

图 6-15　完全二叉树的顺序存储

对于一棵非完全二叉树，其结点的层序编号不能反映结点之间的逻辑关系。为了实现非完全二叉树的顺序存储，需要将一棵非完全二叉树补充为一棵完全二叉树的形态，即给非完全二叉树增添一些实际上不存在的"空结点"。然后，就可以按照完全二叉树的形式进行顺序存储了。如图 6-16 所示为非完全二叉树的顺序存储。

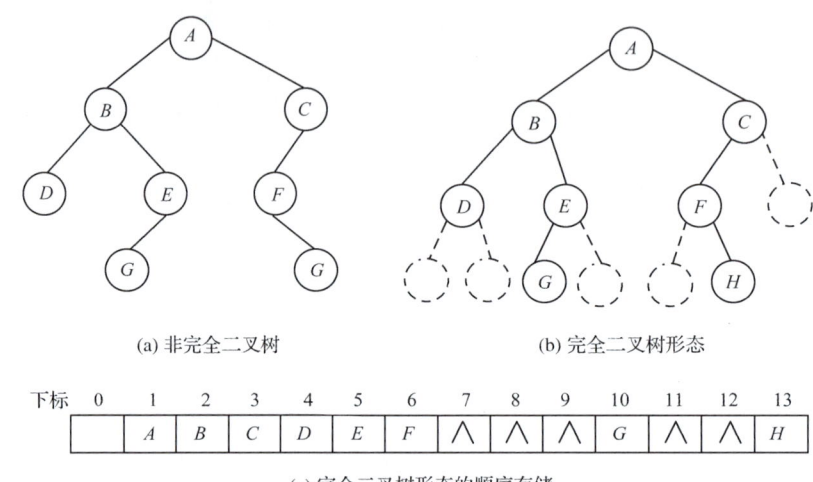

(a) 非完全二叉树　　　　　　(b) 完全二叉树形态

下标	0	1	2	3	4	5	6	7	8	9	10	11	12	13
		A	B	C	D	E	F	∧	∧	∧	G	∧	∧	H

(c) 完全二叉树形态的顺序存储

图 6-16　非完全二叉树的顺序存储

采用顺序存储时，二叉树的类型定义为：

```
# define MaxSize 100          /* 二叉树的最大结点数+1 */
typedef char DataType;
typedef struct
{
    DataType data[MaxSize];   /* 1号单元存储根结点 */
    int n;                    /* 二叉树的结点数 */
}SeqBiTree;
```

完全二叉树比较适合采用顺序存储结构，非完全二叉树采用顺序存储结构时，需要许多存储单元用来存储空值，造成存储空间的浪费。最坏的情况是，一个深度为 k 且只有 k 个结点的右单支树却需要占用 2^k-1 个存储空间。

2. 二叉链表

二叉树的二叉链表存储结构是指用链表的形式来存储二叉树，链表中的每个结点包含两个指针域和一个数据域，故称为二叉链表。其中，两个指针域分别存放指向左孩子和右孩子的指针，数据域存放结点的数据。结点的结构如图 6-17 所示。

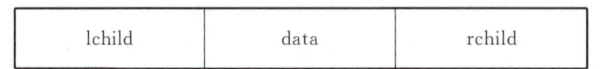

图 6-17　二叉链表的结点结构

采用二叉链表存储时，二叉树的类型定义为：

```
typedef char DataType;
typedef struct Node
{
    DataType data;                    /*数据域*/
    struct Node * lchild;             /*左孩子指针域*/
    struct Node * rchild;             /*右孩子指针域*/
}BiTreeNode,* LinkBiTree;
```

如图 6-11 所示的二叉树的二叉链表如图 6-18 所示。

二叉链表是一种普遍使用的存储结构。在该存储结构上可以方便地实现二叉树的大多数操作,但访问双亲结点的操作不太方便。

3. 三叉链表

三叉链表在二叉链表的基础上增加了指向双亲结点的指针域,可以方便地访问该结点的双亲结点,解决了二叉链表对双亲结点操作不方便的问题。三叉链表结点的结构如图 6-19 所示。

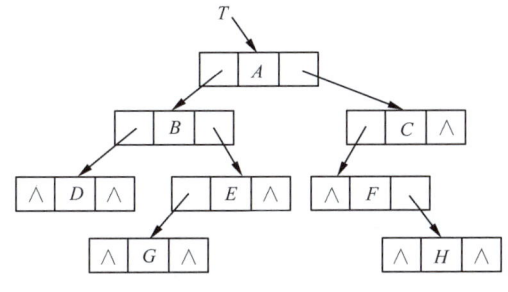

图 6-18　二叉链表

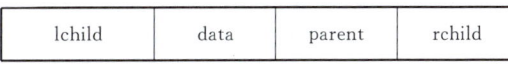

图 6-19　三叉链表的结点结构

采用三叉链表存储时,二叉树的类型定义为:

```
typedef char DataType;
typedef struct Node
{
    DataType data;                    /*数据域*/
    struct Node * lchild;             /*左孩子指针域*/
    struct Node * rchild;             /*右孩子指针域*/
    struct Node * parent;             /*双亲指针域*/
}ThrTreeNode,* LinkThrTree;
```

如图 6-11 所示的二叉树的三叉链表如图 6-20 所示。这种存储结构既便于查找孩子结点,又便于查找双亲结点。但是相对于二叉链表而言,它增加了空间开销。

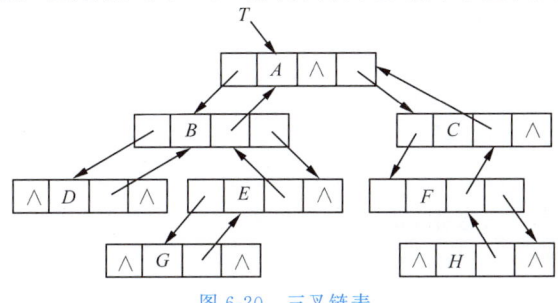

图 6-20　三叉链表

6.3.5 二叉树遍历

二叉树的前、中、后遍历

二叉树的遍历是指按一定次序访问二叉树中的所有结点,且每个结点仅被访问一次。在访问每个结点时,可以实现诸如输出结点信息、修改结点信息、统计结点个数以及查找符合条件的结点等操作。对二叉树遍历时输出结点信息就可以得到一个由二叉树中的结点排列成的线性序列。

由二叉树的递归定义可知,二叉树由三部分组成:根结点、左子树和右子树。因此,若能依次遍历这三部分,便是遍历了整个二叉树。例如,以 L、D 和 R 分别表示遍历左子树、访问根结点和遍历右子树,则可有 DLR、LDR、LRD、DRL、RDL 和 RLD 六种遍历二叉树的方式。若限定先左后右,则只有前三种情况,分别称为前序遍历、中序遍历和后序遍历。

1. 二叉树的前序遍历

前序遍历(Preorder Traversal)亦称先序遍历或先根遍历。

若二叉树为空,则空操作;否则,执行下列步骤:

(1)访问根结点。
(2)前序遍历根结点的左子树。
(3)前序遍历根结点的右子树。

二叉树的前序遍历也是一个递归定义,在遍历左子树和右子树时也需要按照上述步骤进行。对于如图 6-21 所示的二叉树进行前序遍历所得到的序列为:ABDEGCFH。

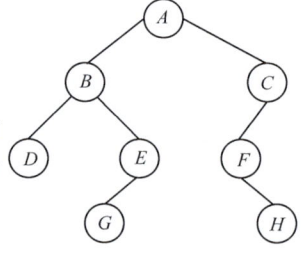

图 6-21 一棵二叉树

根据二叉树前序遍历的定义可以写出前序遍历的递归算法。

【算法 6-1】:

```
void PreOrder(LinkBiTree T)
/*二叉树 T 的前序遍历递归算法*/
{
    if(T==NULL)
        return ;
    else
    {
        printf("%c",T->data);          /*访问根结点的数据域*/
        PreOrder(T->lchild);           /*前序递归遍历 T 的左子树*/
        PreOrder(T->rchild);           /*前序递归遍历 T 的右子树*/
    }
}
```

2. 二叉树的中序遍历

中序遍历(Inorder Traversal)亦称中根遍历。

若二叉树为空,则空操作;否则,执行下列步骤:

(1)中序遍历根结点的左子树。
(2)访问根结点。

(3)中序遍历根结点的右子树。

二叉树的中序遍历也是一个递归定义,对于如图6-21所示的二叉树进行中序遍历所得到的序列为:*DBGEAFHC*。

根据二叉树中序遍历的定义可以写出中序遍历的递归算法。

【算法 6-2】:
```
void InOrder(LinkBiTree T)
/*二叉树 T 的中序遍历递归算法*/
{
    if(T==NULL)
        return;
    else
    {
        InOrder(T->lchild);           /*中序递归遍历 T 的左子树*/
        printf("%c",T->data);          /*访问根结点的数据域*/
        InOrder(T->rchild);           /*中序递归遍历 T 的右子树*/
    }
}
```

3. 二叉树的后序遍历

后序遍历(Postorder Traversal)亦称后根遍历。

若二叉树为空,则空操作;否则,执行下列步骤:

(1)后序遍历根结点的左子树。

(2)后序遍历根结点的右子树。

(3)访问根结点。

二叉树的后序遍历也是一个递归定义,对于如图6-21所示的二叉树进行后序遍历所得到的序列为:*DGEBHFCA*。

根据二叉树后序遍历的定义可以写出后序遍历的递归算法。

【算法 6-3】:
```
void PostOrder(LinkBiTree T)
/*二叉树 T 的后序遍历递归算法*/
{
    if(T==NULL)
        return;
    else
    {
        PostOrder(T->lchild);         /*后序递归遍历 T 的左子树*/
        PostOrder(T->rchild);         /*后序递归遍历 T 的右子树*/
        printf("%c",T->data);          /*访问根结点的数据域*/
    }
}
```

4. 二叉树的层次遍历

二叉树的层次遍历是指按照从上到下、同一层从左到右的顺序访问二叉树中的各个结点。对于如图6-21所示的二叉树,按层遍历各结点的次序为:*ABCDEFGH*。

在层次遍历的过程中,前一层中先访问的结点的孩子结点比后访问的结点的孩子结点先访问,这一顺序与队列的"先进先出"的特点相吻合,所以在层次遍历的算法中利用队列来存放结点。先将根指针入队,当队列不为空时,将队首元素出队,访问该指针所指结点;若该指针所指结点的左指针不为空,则将左指针入队,否则不入队;若该指针所指结点的右指针不为空,则将右指针入队,否则不入队;重复上述操作直到队列为空。

为了便于操作,在队列中存放的是指向结点的指针,因此定义了一个指针数组 q 作为循环队列。

【算法 6-4】:
```
void LevelTravel(LinkBiTree T)
/* 二叉树 T 的层序遍历算法 */
{
    BiTreeNode *p,*q[Maxsize];
    int rear=0,front=0;
    if(T==NULL)
        return;
    p=T;
    rear=(rear+1)%Maxsize;
    q[rear]=p;                              /* 根指针入队 */
    while(rear!=front)                      /* 队列非空时 */
    {
        front=(front+1)%Maxsize;
        p=q[front];                         /* 队首出队 */
        printf("%c",p->data);
        if(p->lchild!=NULL)                 /* 如果有左孩子,则左指针入队 */
        {
            rear=(rear+1)%Maxsize;
            q[rear]=p->lchild;
        }
        if(p->rchild!=NULL)                 /* 如果有右孩子,则右指针入队 */
        {
            rear=(rear+1)%Maxsize;
            q[rear]=p->rchild;
        }
    }
    printf("\n");
}
```

5. 二叉树的建立

根据扩展后的二叉树前序遍历序列可以建立一棵唯一的二叉树。扩展前序遍历序列是指在对二叉树进行前序遍历时,如果某个结点的左孩子或右孩子为空,则在对应位置上输入一个空格。

例如,要建立如图 6-22 所示的二叉树,需要输入的扩展前序遍历序列为:ABD@@E@@CF@@@,其中@表示空格字符。

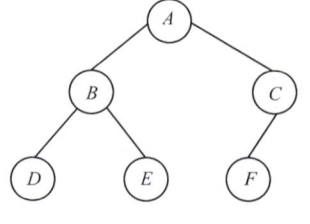

图 6-22 一棵二叉树

与前序递归遍历二叉树的算法类似,用扩展前序遍历序列递归建立二叉树时,先建立根结点,再建立左子树,后建立右子树。建立二叉树的算法如下:

【算法 6-5】:
```
LinkBiTree CreateBinTree()
/*二叉树的建立算法*/
{
    LinkBiTree T;
    char ch;
    scanf("%c",&ch);
    if(ch=='@')                                    /*读入@时建立空二叉树*/
        T=NULL;
    else
    {
        /*读入非@*/
        T=(LinkBiTree)malloc(sizeof(BiTreeNode));  /*建立根结点*/
        T->data=ch;
        T->lchild=CreateBinTree();                 /*建立左子树*/
        T->rchild=CreateBinTree();                 /*建立右子树*/
    }
    return T;
}
```

【案例 6-1】 编写程序建立如图 6-22 所示的二叉树的二叉链表存储结构,并对其进行前序、中序、后序和层序遍历。

设计思路: 使用算法 6-5 建立二叉树的二叉链表,分别使用算法 6-1、算法 6-2、算法 6-3 和算法 6-4 对二叉树进行前序、中序、后序和层序遍历。

案例实现:
```
#include <stdio.h>
#include <malloc.h>
#define Maxsize 100
typedef char DataType;
typedef struct Node
{
    DataType data;              /*数据域*/
    struct Node *lchild;        /*左孩子指针域*/
    struct Node *rchild;        /*右孩子指针域*/
}BiTreeNode,*LinkBiTree;
LinkBiTree CreateBinTree();
void PreOrder(LinkBiTree T);
void InOrder(LinkBiTree T);
void PostOrder(LinkBiTree T);
void LevelTravel(LinkBiTree T);
int main(int argc,char *argv[])
{
```

```
        LinkBiTree root;
        printf("请输入扩展前序遍历序列:");
        root=CreateBinTree();              /*使用算法 6-5 建立二叉树的二叉链表*/
        printf("\n\n 前序遍历序列:\n");
        PreOrder(root);                    /*使用算法 6-1 进行前序遍历*/
        printf("\n\n 中序遍历序列:\n");
        InOrder(root);                     /*使用算法 6-2 进行中序遍历*/
        printf("\n\n 后前序遍历序列:\n");
        PostOrder(root);                   /*使用算法 6-3 进行后序遍历*/
        printf("\n\n\n 层序遍历序列:\n");
        LevelTravel(root);                 /*使用算法 6-4 进行层序遍历*/
        return 0;
    }
```

程序运行结果如图 6-23 所示。

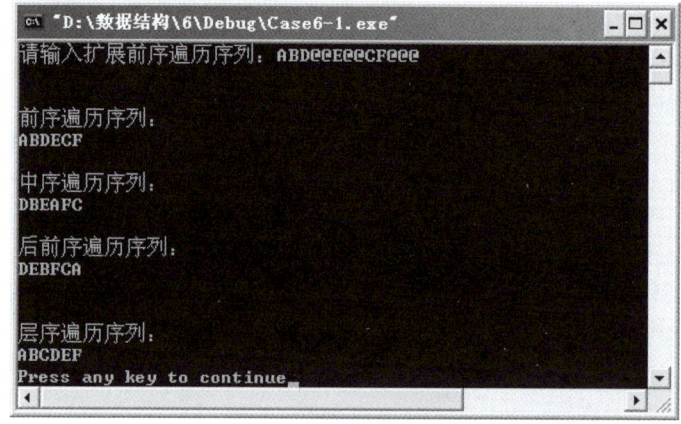

图 6-23　二叉树的遍历

6.3.6　二叉树遍历的应用

二叉树的许多应用都是在二叉树遍历的基础上实现的,下面介绍一些常用的应用实例。

【案例 6-2】　编写程序在如图 6-22 所示的二叉树中查找值为 x 的结点。

设计思路: 首先判断根结点的值是否等于 x,若等于则返回根指针;否则,在左子树中查找,成功则返回结点指针;不成功则继续在右子树中查找,成功则返回结点指针;否则说明二叉树中没有值为 x 的结点。

案例实现:

```
#include <stdio.h>
#include <malloc.h>
typedef char DataType;
typedef struct Node
{
    DataType data;                         /*数据域*/
```

```
    struct Node * lchild;                      /* 左孩子指针域 */
    struct Node * rchild;                      /* 右孩子指针域 */
}BiTreeNode,* LinkBiTree;
LinkBiTree CreateBinTree();
LinkBiTree FindNode(LinkBiTree T,DataType x);
int main(int argc,char * argv[])
{
    LinkBiTree root,p;
    char x;
    printf("请输入扩展前序遍历序列:");
    root=CreateBinTree();                      /* 使用算法 6-5 建立二叉树的二叉链表 */
    getchar();                                 /* 跳过前面输入的回车符 */
    printf("请输入要查找的字符:");
    scanf("%c",&x);
    p=FindNode(root,x);                        /* 查找二叉树中值为 x 的结点 */
    if(p==NULL)
        printf("没有找到该字符!");
    else
        printf("查找成功!");
    printf("\n");
    return 0;
}
LinkBiTree FindNode(LinkBiTree T,DataType x)
/* 查找二叉树 T 中是否有值为 x 的结点 */
{
    LinkBiTree p=NULL;
    if(T==NULL)
        return NULL;
    if(T->data==x)                             /* 判断根结点值是不是 x */
        return T;
    p=FindNode(T->lchild,x);                   /* 在左子树中查找 */
    if(p!=NULL)
        return p;
    else
        return FindNode(T->rchild,x);          /* 在右子树中查找 */
}
```

程序运行结果如图 6-24 所示。

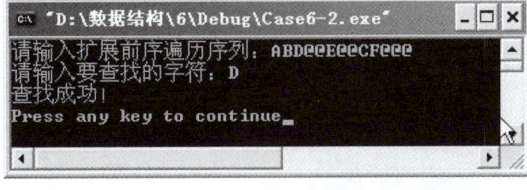

(a) 查找成功　　　　　　　　　　　　　　(b) 查找失败

图 6-24　二叉树中结点的查找

【案例 6-3】 编写程序统计如图 6-22 所示的二叉树中结点个数。

设计思路： 统计二叉树中的结点个数可以采用递归的形式。整棵二叉树的结点个数为根结点加左右子树中的结点个数，在左右子树中又采用相同的统计方法。将遍历二叉树算法中的输出语句改为计数语句，即可实现二叉树结点个数的统计。

案例实现：

```c
#include <stdio.h>
#include <malloc.h>
typedef char DataType;
typedef struct Node
{
    DataType data;                    /*数据域*/
    struct Node *lchild;              /*左孩子指针域*/
    struct Node *rchild;              /*右孩子指针域*/
}BiTreeNode, *LinkBiTree;
LinkBiTree CreateBinTree();
int NodeNumber(LinkBiTree T);
int main(int argc,char *argv[])
{
    LinkBiTree root;
    int num;
    printf("请输入扩展前序遍历序列:");
    root=CreateBinTree();              /*使用算法 6-5 建立二叉树的二叉链表*/
    num=NodeNumber(root);              /*统计二叉树中结点数*/
    printf("二叉树中的结点数是%d\n",num);
    return 0;
}
int NodeNumber(LinkBiTree T)
/*求二叉树 T 的结点个数*/
{
    int static num=0;
    if(T!=NULL)
    {
        num++;                         /*统计根结点*/
        NodeNumber(T->lchild);         /*统计左子树结点数*/
        NodeNumber(T->rchild);         /*统计右子树结点数*/
    }
    return num;
}
```

程序运行结果如图 6-25 所示。

图 6-25 统计二叉树中的结点个数

6.4 树、森林与二叉树

树、森林与二叉树之间存在着一一对应的关系,任何一棵树或一个森林都对应一棵二叉树,而任何一棵二叉树也唯一地对应一棵树或一个森林。

我们前面学习过树的孩子兄弟表示法和二叉树的二叉链表表示。从如图 6-26 所示树的孩子兄弟表示和如图 6-27 所示二叉树的二叉链表表示,我们可以看出这两种存储结构具有相似之处。通过树和二叉树的存储结构可以导出树和二叉树之间的对应关系,进而得到树和二叉树之间的转换方法。

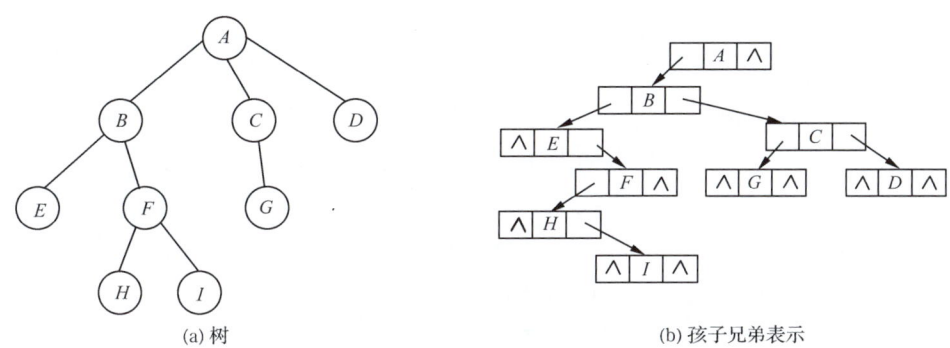

图 6-26　树的孩子兄弟表示

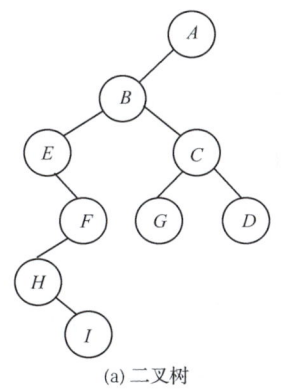
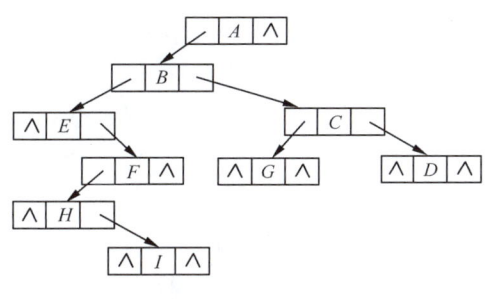

图 6-27　二叉树的二叉链表表示

6.4.1　树与二叉树的转换

1. 树转换为二叉树

将一棵树转换为二叉树的步骤为:

(1)加线:在所有相邻兄弟结点之间加一连线。

(2)去线:对每个结点,保留其与第一个孩子的连线,去掉该结点与其他孩子的连线。

(3)旋转:以树的根结点为轴心,将整棵树顺时针转动一定的角度,使之结构层次分明。

将如图 6-26 所示的树转换为二叉树的过程如图 6-28 所示。转换后二叉树中结点的左孩子是其原来的第一个孩子,结点的右孩子是其原来的兄弟。因为根结点没有兄弟结点,所以由树转换成的二叉树没有右子树。

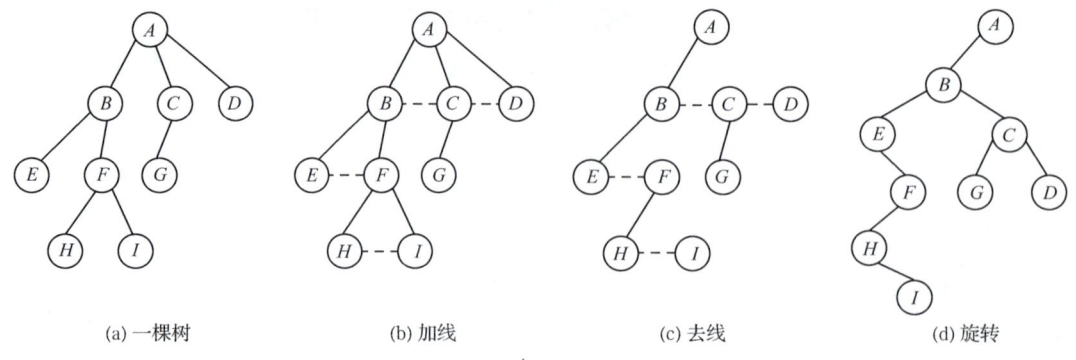

图 6-28　树转换为二叉树的过程

2. 二叉树转换为树

将一棵二叉树转换为树的步骤为:

(1)加线:若某结点是其双亲结点的左孩子,则在该结点的右孩子、右孩子的右孩子……等与该结点的双亲结点之间分别加一条线。

(2)去线:去掉原二叉树中所有的双亲结点与右孩子结点之间的连线。

(3)整理:整理所得到的树,使之结构层次分明。

将如图 6-27 所示二叉树转换为树的过程如图 6-29 所示。

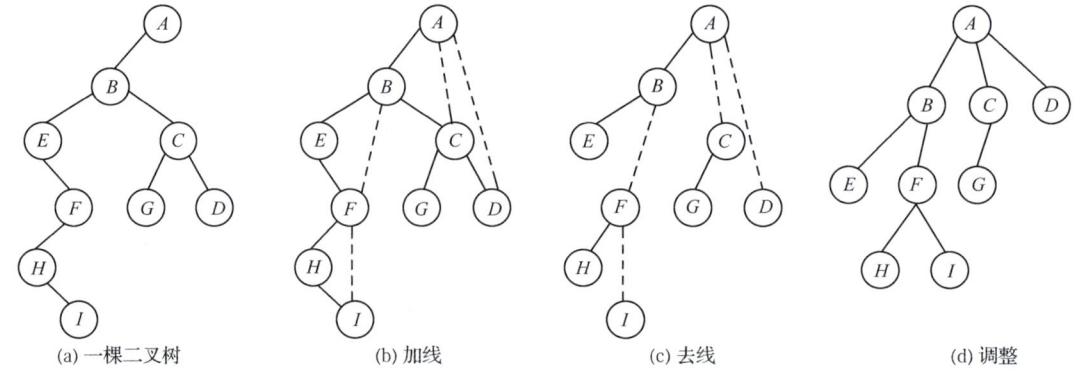

图 6-29　二叉树转换为树的过程

6.4.2　森林与二叉树的转换

树、森林与二叉树的转换

1. 森林转换为二叉树

森林是若干棵树的集合。若把每棵树的根结点看作兄弟结点,则可用与树相似的方法将森林转换为二叉树。森林转换为二叉树的步骤为:

(1)将森林中的每棵树转换为二叉树。

(2)以森林中第一棵树转换成的二叉树作为森林转换后的二叉树的根和左子树。

(3)从第二棵二叉树开始,依次把后一棵二叉树作为前一棵二叉树的右子树。所有转换后的二叉树连在一起所得到的二叉树就是由森林转换后的二叉树。

森林转换为二叉树的过程如图 6-30 所示。

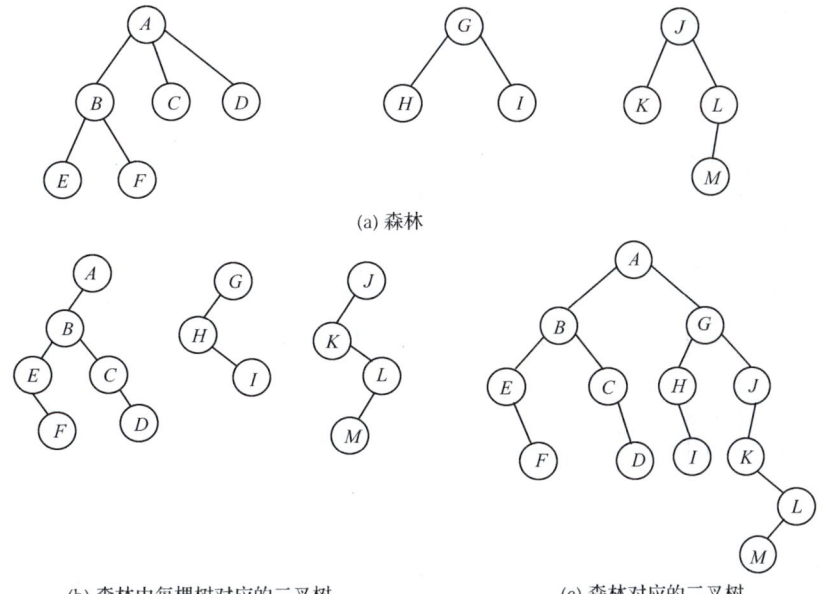

(a) 森林

(b) 森林中每棵树对应的二叉树　　　(c) 森林对应的二叉树

图 6-30　森林转换为二叉树的过程

2. 二叉树转换为森林

转换为森林的二叉树必须是一棵有右子树的二叉树。二叉树转换为森林的步骤为：

(1) 加线：若某结点是其双亲结点的左孩子，则在该结点的右孩子、右孩子的右孩子……等与该结点的双亲结点之间分别加一条线。

(2) 去线：去掉原二叉树中所有的双亲结点与右孩子结点之间的连线。

(3) 整理：整理所得到的树，使之结构层次分明，形成森林。

二叉树转换为森林的过程如图 6-31 所示。

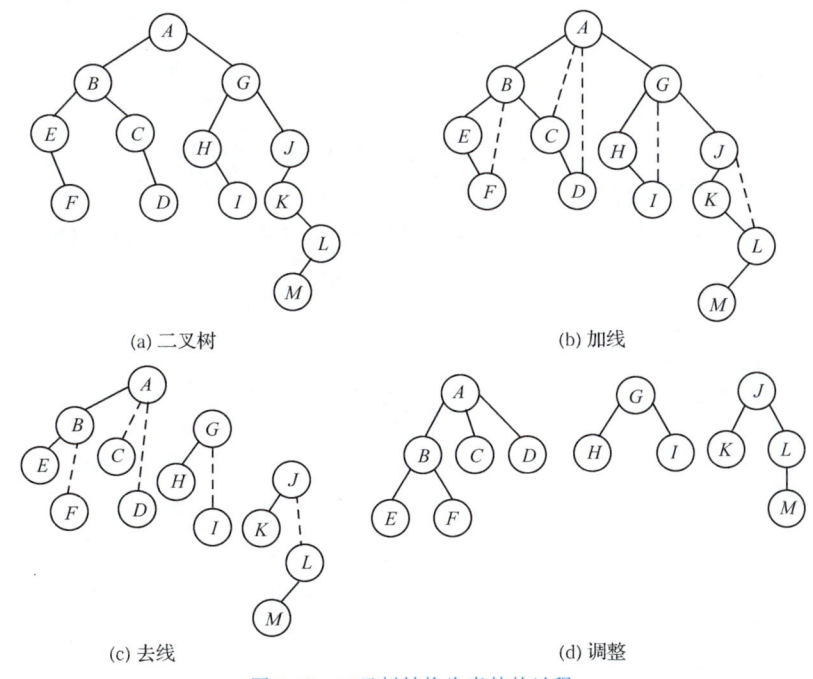

(a) 二叉树　　　　　　　　　　　　(b) 加线

(c) 去线　　　　　　　　　　　　　(d) 调整

图 6-31　二叉树转换为森林的过程

6.4.3 树与森林的遍历

1. 树的遍历

树的遍历是指按一定次序访问树中的所有结点,且每个结点仅被访问一次。

由于普通树是无序树,没有规定兄弟结点间的次序,所以可以假设根的孩子结点按照从左到右的次序为第一棵子树的根、第二棵子树的根……每一棵子树也按照同样的方法设定。由于树的度不确定,所以中序遍历不便讨论。

按照访问根结点的次序不同,树的遍历分为前序遍历和后序遍历。

(1) 前序遍历

前序遍历亦称为先根遍历。

若树为空,则空操作;否则,执行下列步骤:

①访问根结点。

②按从左至右的次序前序遍历根的各棵子树。

对如图 6-28(a) 所示的树进行前序遍历所得到的序列为:ABEFHICGD。前序遍历树和前序遍历与该树相对应的二叉树具有相同的遍历结果,即它们的前序遍历是相同的。

(2) 后序遍历

后序遍历亦称为后根遍历。

若树为空,则空操作;否则,执行下列步骤:

①按从左至右的次序后序遍历根的各棵子树。

②访问根结点。

对如图 6-28(a) 所示的树进行后序遍历所得到的序列为:EHIFBGCDA。后序遍历树和中序遍历与该树相对应的二叉树具有相同的遍历结果。

2. 森林的遍历

森林的遍历也有两种:前序遍历和后序遍历。前序遍历森林即前序遍历森林中的每一棵树,后序遍历森林即后序遍历森林中的每一棵树。

对如图 6-30(a) 所示的森林进行前序遍历所得到的序列为:ABEFCDGHIJKLM。前序遍历森林和前序遍历与该森林相对应的二叉树具有相同的遍历结果。

对如图 6-30(a) 所示的森林进行后序遍历所得到的序列为:EFBCDAHIGKMLJ。后序遍历森林和中序遍历与该森林相对应的二叉树具有相同的遍历结果。

6.5 线索二叉树*

对二叉树进行遍历就可以把二叉树中的所有结点排成一个线性序列。在这个线性序列中,除了第一个结点,每个结点有且仅有一个直接前驱;除了最后一个结点,每个结点有且仅有一个直接后继。然而,某个结点的前驱结点和后继结点的信息只能在遍历过程中得到,不能在二叉树的存储结构中反映出来。为了保存遍历得到的某个结点的前驱结点和后继结点的信息,需要对二叉树进行线索化,即建立线索二叉树。

在具有 n 个结点的二叉链表中有 $2n$ 个指针域，n 个结点的二叉树有 $n-1$ 条边，所以二叉链表中有 $n-1$ 个指针域被使用，还有 $n+1$ 个指针域处于空闲状态。利用这些空闲的指针域来存储某个结点的前驱结点和后继结点的地址，就是对二叉树进行线索化。这些用于指向前驱结点和后继结点的指针被称为线索，加了线索的二叉树被称为线索二叉树。根据不同的遍历序列线索化后得到的线索二叉树是不同的，所以线索二叉树分为前序线索二叉树、中序线索二叉树和后序线索二叉树。如图 6-32 所示为一棵二叉树及其线索二叉树。

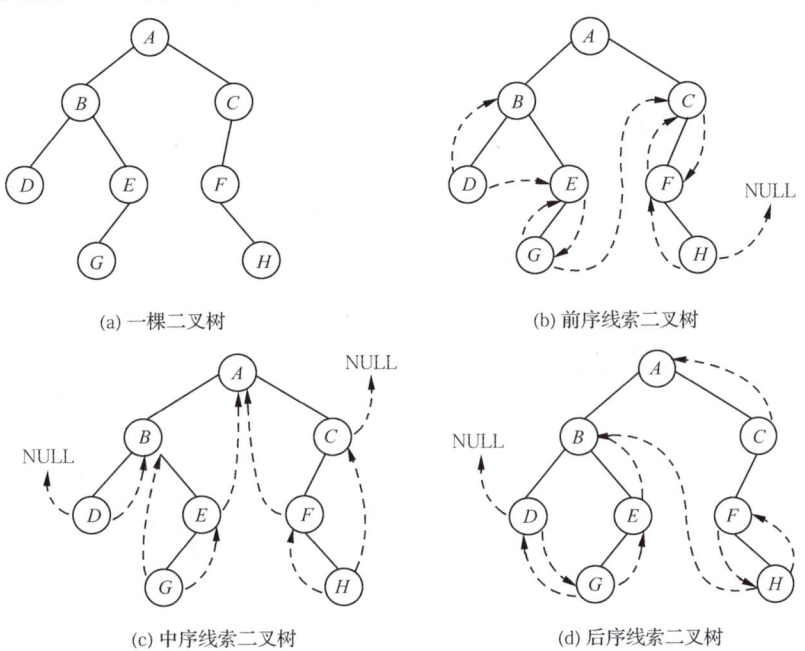

图 6-32 二叉树及其线索二叉树

线索二叉树的二叉链表称为线索链表。相应地，线索链表也分为前序线索链表、中序线索链表和后序线索链表。加了线索后的二叉树的指针可能指向其孩子结点，也可能指向其在某种遍历序列中的前驱结点或后继结点。为了区分指针是指向孩子结点还是指向前驱或后继结点，在每个结点中增加了两个标志位 ltag 和 rtag。

线索链表的结点结构如图 6-33 所示。

图 6-33 线索链表的结点结构

其中：

$\text{ltag} = \begin{cases} 0 & \text{lchild 指向该结点的左孩子} \\ 1 & \text{lchild 指向该结点前驱结点} \end{cases}$ $\text{rtag} = \begin{cases} 0 & \text{rchild 指向该结点的右孩子} \\ 1 & \text{rchild 指向该结点的后继结点} \end{cases}$

线索二叉树的类型定义为：

```
typedef char DataType;
typedef struct Node
{
    DataType data;                      /*数据域*/
    int ltag,rtag;                      /*标志域*/
    struct Node * lchild,* rchild;      /*左右孩子或前驱、后继指针域*/
}TBNode,* PTBNode,* TBLink;
```

为了处理方便,在线索链表中给线索二叉树增加一个头结点。头结点的数据域为空;左孩子指针指向二叉树的根结点,左线索标志设置为 0;右孩子指针指向二叉树某种遍历序列的最后一个结点,右线索标志设置为 1。对于如图 6-32(a)所示二叉树的线索链表如图 6-34 所示。

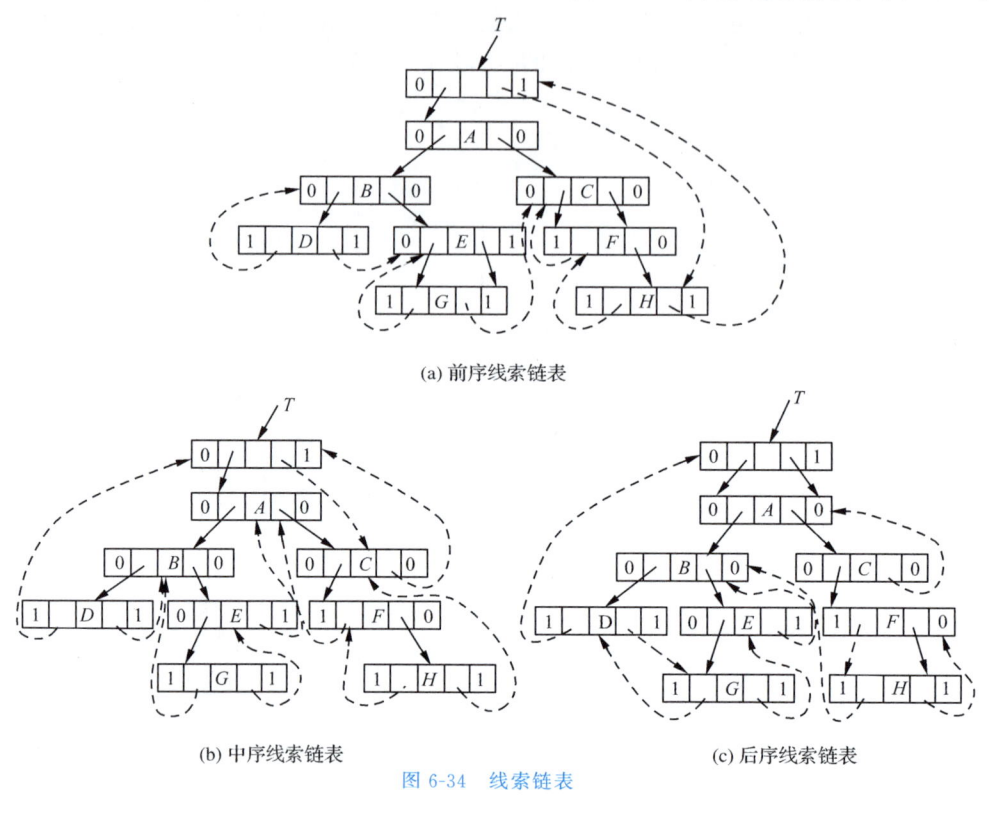

图 6-34 线索链表

6.6 哈夫曼树及其应用

哈夫曼树(Huffman Tree)是带权路径长度最短的二叉树,又称为最优二叉树,在压缩编码和数据通信领域有着广泛的应用。

6.6.1 哈夫曼树

1. 哈夫曼树的基本概念

在哈夫曼树中所涉及的基本概念如下:

(1) 路径和路径长度

从树中一个结点到另一个结点之间的分支构成这两个结点之间的路径,路径上的分支数目称作路径长度。

(2) 树的路径长度

树的路径长度是指从树的根结点到每一结点的路径长度之和。

(3) 树结点的权

为树中的结点赋予一个有着某种意义的实数,称此实数为该结点的权。

(4) 结点的带权路径长度

结点的带权路径长度指从树的根结点到该结点之间的路径长度与该结点的权的乘积。

(5) 树的带权路径长度

树的带权路径长度指树中所有叶子结点的带权路径长度之和。通常记作:

$$\text{WPL} = \sum_{i=1}^{n} w_i l_i$$

其中,w_i 为第 i 个叶子结点的权值,l_i 为第 i 个叶子结点的路径长度,n 为叶子结点数。

(6) 哈夫曼树

给定一组带有权值的叶子结点,可以构造出许多带权路径长度不同的二叉树,其中带权路径长度最小的二叉树称作哈夫曼树。它是 1952 年由哈夫曼提出的,因此取名为哈夫曼树。

图 6-35 给出了由权值分别是 2、3、5 和 6 的四个叶子结点 A、B、C 和 D 构成的三棵二叉树,它们的带权路径长度分别为:

① WPL = $2×2+3×3+5×3+6×3 = 46$
② WPL = $2×3+3×3+5×2+6×1 = 31$
③ WPL = $2×2+3×2+5×2+6×2 = 32$

可以验证,在所有由 A、B、C 和 D 作为叶子结点所构成的二叉树中,图 6-35(b)所示的二叉树具有最小的带权路径长度,该二叉树是哈夫曼树。

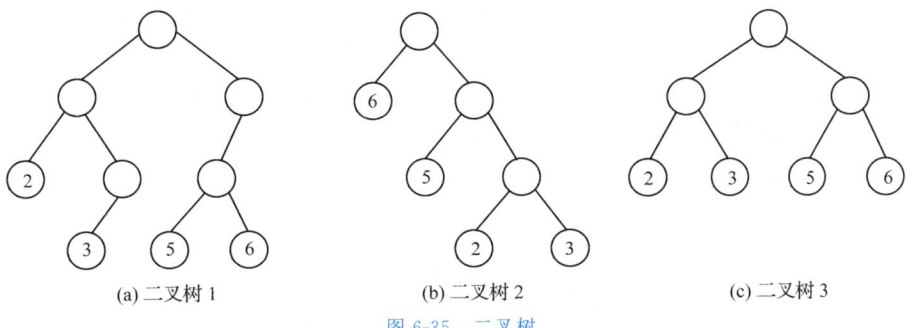

(a) 二叉树 1　　　(b) 二叉树 2　　　(c) 二叉树 3

图 6-35　二叉树

2. 构造哈夫曼树

(1) 哈夫曼树的构造方法

由一组相同的叶子结点构成的二叉树的形式有多种,其带权路径长度也各不相同。怎样能够得到一棵哈夫曼树呢?通过对哈夫曼树的观察可以发现,要想使一棵二叉树的带权路径长度最小,必须使权值大的叶子结点离二叉树的根结点较近,权值小的叶子结点离二叉树的根结点较远。根据这一特点,哈夫曼树的构造方法为:

① 根据给定的 n 个权值 $\{w_1, w_2, \cdots, w_n\}$,构成 n 棵二叉树的集合 $F = \{T_1, T_2, \cdots, T_n\}$,其中每棵二叉树 T_i 中只有一个权值为 w_i 的根结点,其左右子树均为空。

② 在 F 中选取两棵根结点的权值最小和次小的二叉树作为左、右子树构成一棵新的二叉树,且置新的二叉树的根结点的权值为其左、右子树上根结点的权值之和。

③ 在 F 中删除这两棵二叉树,同时将新得到的二叉树加入 F 中。

④ 重复②和③,直到 F 只含一棵二叉树为止,该二叉树即哈夫曼树。

对于给定的一组权值 $\{5, 7, 8, 12, 4, 11\}$,构造哈夫曼树的过程如图 6-36 所示。

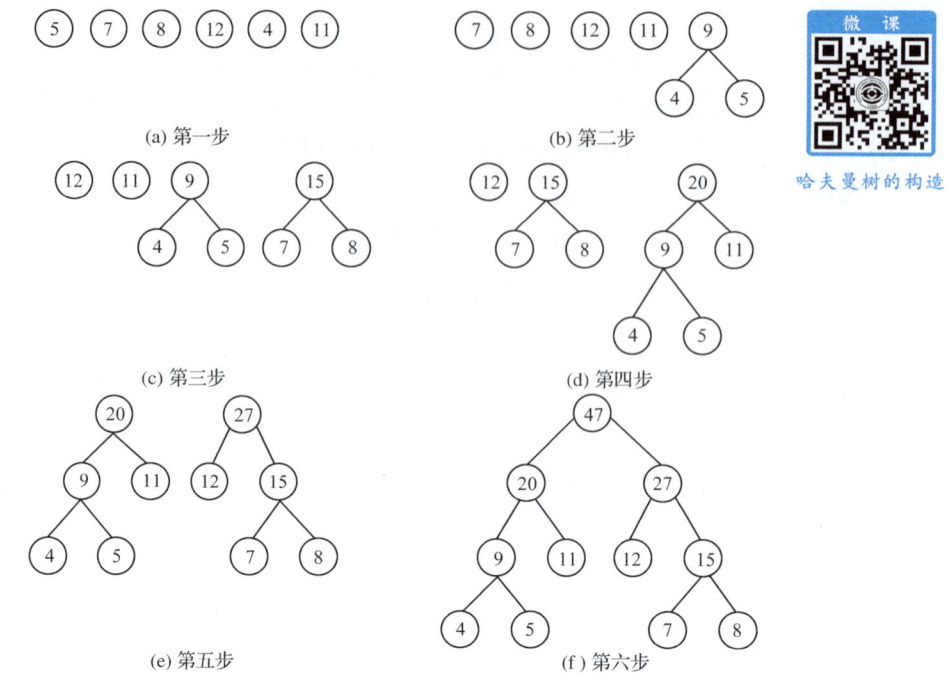

图 6-36　哈夫曼树的构造过程

(2) 构造哈夫曼树的算法实现*

在哈夫曼树中没有度为 1 的结点，结点总数 $=n_0+n_2$（n_0 表示二叉树中度为 0 的结点数，n_2 表示二叉树中度为 2 的结点数）。根据二叉树的性质得知 $n_0=n_2+1$，所以一棵哈夫曼树中的结点总数是 $2n_0-1$。也就是，由 n 个叶子结点构成的哈夫曼树的结点总数是 $2n-1$。

我们可以采用顺序存储结构来存储一棵哈夫曼树，把结点信息存储在大小为 $2n-1$ 的一维数组中。结点结构如图 6-37 所示。

| lchild | weight | data | parent | rchild |

图 6-37　哈夫曼树结点的结构

其中，weight 域保存结点的权值，lchild 和 rchild 分别保存该结点的左、右孩子结点在数组中的下标，parent 域保存该结点的双亲结点在数组中的下标，data 域保存结点的信息。

结点的类型定义为：

```
typedef struct Node
{
    DataType data;      /*数据域*/
    int weight;         /*权值域*/
    int lchild;         /*左孩子域*/
    int rchild;         /*右孩子域*/
    int parent;         /*双亲域*/
}HufNode;
```

构造哈夫曼树时，首先将 n 个叶子结点存放到数组的前 n 个分量中，然后不断从未参与构造哈夫曼树的结点中选择权值最小的两个结点作为左右孩子结点生成新的结点，并将新结点依次放到数组的前 n 个分量的后面，直到生成 $n-1$ 个新结点。

6.6.2 哈夫曼编码

1.哈夫曼编码

哈夫曼树的一个重要应用是哈夫曼编码。哈夫曼编码是一种应用广泛且非常有效的数据压缩技术。

在数据通信中,要传送的文字需要转换成由二进制数字 0 和 1 组成的二进制串后,才能进行传输,接收后则需要再把二进制串转换成相应的文字。我们把前者称为编码,把后者称为译码。

最简单的编码方法是等长编码。例如,要传送的字符串"ABCDAABBAD"有四种字符,只需要用 2 位二进制码来表示 A、B、C 和 D。假设 A、B、C 和 D 的编码分别为 00、01、10 和 11,那么上述字符串编码为"00011011000001010011",总长为 20 位,译码时每两位进行处理即可。在这种编码方式中,每个字符的编码长度相等,都是 2。这种方法虽然简单,但是电文的总长度较长。

在信息传递时,总希望电文的总长度尽可能的短。实际上,不同字符的使用频率是不同的。如果对每个字符设计长度不等的编码,使电文中出现次数较多的字符编码较短,出现次数较少的字符编码较长,那么传送电文的总长度便可缩短。根据出现次数的多少,假设字母 A、B、C 和 D 的编码分别为 0、1、00 和 01,则上述字符串的编码为"0100010011001",总长为 13 位。这样编码总长虽然短了,但是译码时却出现了问题。例如,编码串的前 4 位"0100"既可以译成"ABAA",也可以译成"ABC",还可以译成"DC"等。为了避免译码时出现二义性,在设计不等长编码时,必须使任意一个字符的编码都不是另一个字符编码的前缀,这种编码称为前缀编码。

哈夫曼编码就是一种不等长的前缀编码。以要编码的字符为叶子结点,以字符出现的频率为叶子结点的权值,构造一棵哈夫曼树。在哈夫曼树中,约定左分支表示字符'0',右分支表示字符'1',从根结点到叶子结点所经过的所有分支所对应的 0 和 1 组成的序列即该叶子结点的编码,这就是哈夫曼编码。

在字符串"ABCDAABBAD"中,字符 A、B、C 和 D 出现的频率分别是 4、3、1 和 2,其哈夫曼编码分别为 0、10、110 和 111,如图 6-38 所示。该字符串的编码为"0101101110010100111",共 19 位,与等长编码相比压缩 5%。

在哈夫曼编码树中,树的带权路径长度的含义是各个字符的码长与出现次数乘积之和,就是电文的总长度,所以哈夫曼编码是一种能使电文的总长度最短的不等长编码。由于每个字符结点都是叶子结点,它们不可能在根结点到其他字符结点的路径上,所以一个字符的哈夫曼编码不可能是另一个字符的哈夫曼编码的前缀,从而避免了译码时的二义性。

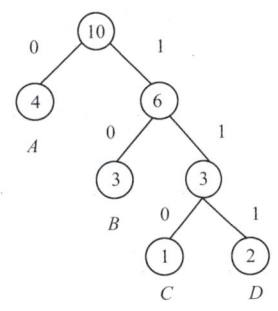

图 6-38 哈夫曼编码

2.哈夫曼编码的算法

一个字符的哈夫曼编码是在哈夫曼树中从根结点到叶子结点所经过的所有分支所对应的 0 和 1 组成的序列。为了实现方便,在求一个字符的哈夫曼编码时,不是走一条从根结点到叶子结点的路径,而是走一条从叶子结点到根结点的路径。从叶子结点出发,判断当前结点是不是其双亲结点的左孩子,若是编码添加一位0,否则添加一位1;然后将其双亲结点作为当前结点,进行上述判断;不断更新当前结点,直到到达根结点,编码结束。

6.7 案例实现:团委人事管理系统

6.7.1 案例分析

本案例采用模块化程序设计思想。根据题目要求,系统的功能模块图如图6-39所示。

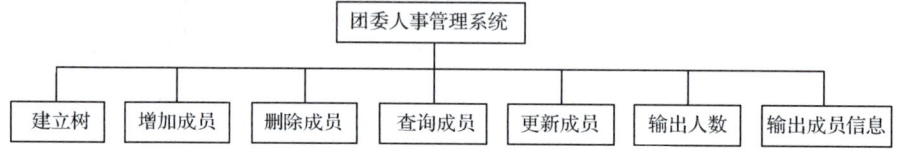

图6-39 系统的功能模块图

对于如图6-1所示的团委人员结构树,采用孩子兄弟链表表示法进行存储,如图6-40所示。因为树的孩子兄弟链表表示形式和该树所对应的二叉树的二叉链表表示形式相同,所以对采用孩子兄弟链表存储的树的操作与将树转换为二叉树后的操作相似。

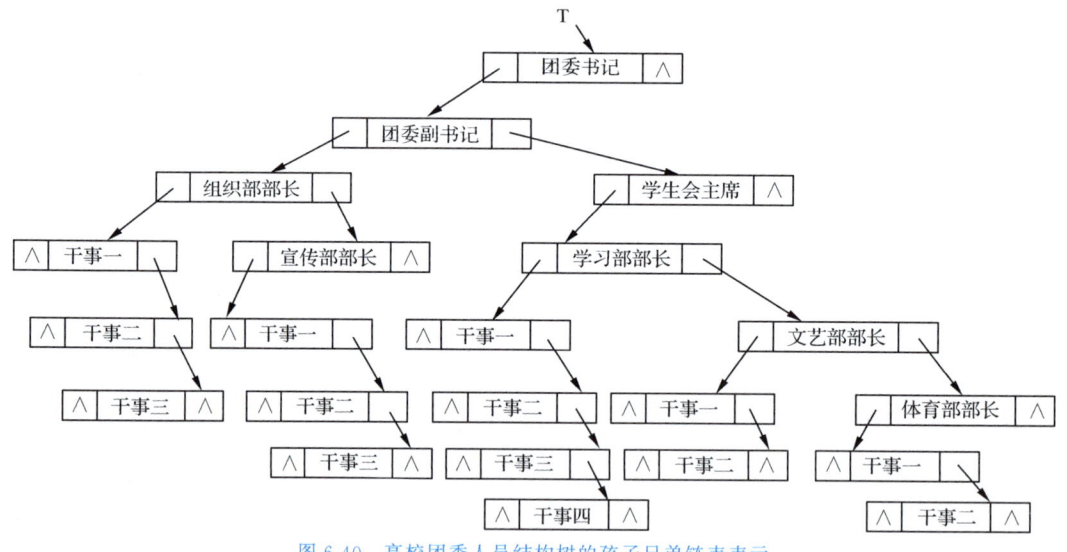

图6-40 高校团委人员结构树的孩子兄弟链表表示

树的类型定义为:
```
typedef struct Node
{
    DataType data;
    struct Node * lchild;
    struct Node * rsibling;
}CSNode;
```

成员的信息包括职位、姓名、性别和 ID 编号,为了统一定义,将学生和教师编号采用共用体处理,定义其类型为:
```
typedef struct
{
    char position[18];
    char name[10];
    char sex;
    union
    {
        char Teacher[20];
        char Student[20];
    }ID;
}DataType;
```
系统各个模块的功能分别由下列函数实现:

(1)CSTree Create_tree():建立树,返回新建树的根指针。

(2)void Insert(CSTree T,char position[],DataType newstu):将新成员按职务插入树中,其中,T 为树的根指针,position[]为要插入其下的职位,newstu 为新结点。函数无返回值。

(3)void InsertChild(PCSNode p,DataType newstu):将新结点插入子树中,由 Insert()函数调用,其中,p 为子树的根结点,newstu 为新结点。函数无返回值。

(4)void Delete(CSTree T,PCSNode p):删除指定结点,其中,T 为树的根指针,p 为指定的结点。函数无返回值。

(5)PCSNode Search_Cstree(CSTree T,char ch[]):根据职务查找,其中,T 为树的根指针,ch[]为存放要查找的职务。返回查找到的结点的地址,为空时表示未找到。

(6)void Print(PCSNode p,char buf[]):输出具有该职务的所有学生信息,由 Search_Cstree()函数调用,其中,p 为输出的起始结点,buf[]为存放要查找的职务。函数无返回值。

(7)PCSNode Search_Cstreexm(CSTree T,DataType stu):根据职务及姓名查找成员,其中,T 为树的根指针,stu 为存放要查找的结点信息。返回查找到的结点的地址,为空时表示未找到。

(8)void Update(PCSNode p,DataType * newstu):修改指定结点的信息,其中,p 指向要修改的结点,newstu 指向新的学生信息。函数无返回值。

(9)int CountTree(CSTree T):求树中的结点个数,其中,T 为树的根指针。返回树中的结点个数。

(10)void PreOrderTree(CSTree T):前序输出树中的结点信息,其中,T 为树的根指针。函数无返回值。

6.7.2 案例实现

```
#include <stdio.h>
#include <conio.h>
#include <stdlib.h>
```

```c
#include <string.h>
#define QUEUESIZE 100
typedef struct
{
    char position[18];        /*职位*/
    char name[10];            /*姓名*/
    char sex;                 /*性别*/
    union
    {
        char Teacher[20];
        char Student[20];
    }ID;                      /*编号*/
}DataType;
typedef struct Node
{
    DataType data;
    struct Node *lchild;
    struct Node *rsibling;
}CSNode;
typedef CSNode *PCSNode,*CSTree;
typedef struct
{
    PCSNode item[QUEUESIZE];
    int front,rear;
}SqQueue;                     /*队列*/
/**************************************/
/*函数名:Create_tree                    */
/*函数功能:建立树                        */
/*形参说明:无                           */
/*返回值:CSTree 类型,返回新建树的根指针   */
/**************************************/
CSTree Create_tree()
{
    PCSNode P,S,R;
    CSTree T;
    T=(CSNode *)malloc(sizeof(CSNode));
    if(T==NULL)
    {
        printf("error!");
        getch();
        exit(-1);
    }
    strcpy(T->data.position,"团委书记");          /*根结点*/
    strcpy(T->data.name,"李红");
```

```
        T->data.sex='F';
        strcpy(T->data.ID.Teacher,"T0001");
        T->rsibling=NULL;
        P=(CSNode *)malloc(sizeof(CSNode));              /* 左孩子 */
        strcpy(P->data.position,"团委副书记");
        strcpy(P->data.name,"李明");
        P->data.sex='M';
        strcpy(P->data.ID.Teacher,"T0002");
        T->lchild=P;
        R=(CSNode *)malloc(sizeof(CSNode));              /* 右孩子 */
        strcpy(R->data.position,"学生会主席");
        strcpy(R->data.name,"王刚");
        R->data.sex='M';
        strcpy(R->data.ID.Student,"S0001");
        P->rsibling=R;
        P->lchild=NULL;
        R->rsibling=NULL;
        R->lchild=NULL;
        return T;
}
/*********************************************/
/* 函数名:Search_Cstree                         */
/* 函数功能:根据职务查找                         */
/* 形参说明:T——树的根指针                      */
/*          ch[]——存放要查找的职务的数组        */
/* 返回值:PCSNode 类型,返回查找到的结点,为空时表示未找到 */
/*********************************************/
PCSNode Search_Cstree(CSTree T,char ch[])
{
    PCSNode p;
    if(T==NULL)
        return NULL;
    else
        if(strcmp(T->data.position,ch)==0)               /* 比较根结点 */
            return T;
        else
        {
            p=Search_Cstree(T->lchild,ch);               /* 在左子树中查找 */
            if(p)
                return p;
            else
                return Search_Cstree(T->rsibling,ch);    /* 在右子树中查找 */
        }
}
```

/**/
/* 函数名:Search_Cstreexm   *?/
/* 函数功能:根据职务及姓名查找   */
/* 形参说明:T——树的根指针   */
/*   stu——存放要查找的结点信息 */
/* 返回值:PCSNode 类型,表示查找到的结点,为空时表示未找到 */
/**/
```c
PCSNode Search_Cstreexm(CSTree T,DataType stu)
{
    PCSNode p;
    if(T==NULL)
        return NULL;
    else                                              /*比较根结点*/
        if(strcmp(T->data.position,stu.position)==0&&strcmp(T->data.name,stu.name)==0)
            return T;
        else
        {
            p=Search_Cstreexm(T->lchild,stu);         /*在左子树中查找*/
            if(p)
                return p;
            else
                return Search_Cstreexm(T->rsibling,stu);  /*在右子树中查找*/
        }
}
```

/**/
/* 函数名:InsertChild   */
/* 函数功能:将新结点插入子树中   */
/* 形参说明:p——子树的根结点   */
/*   newstu——新结点   */
/* 返回值:无   */
/**/
```c
void InsertChild(PCSNode p,DataType newstu)
{
    PCSNode q,r;
    q=(CSNode *)malloc(sizeof(CSNode));
    if(q==NULL)
    {
        printf("插入失败!");
        return;
    }
    q->data=newstu;
    q->lchild=NULL;
    q->rsibling=NULL;
    if(p->lchild==NULL)                               /*新结点作左孩子*/
        p->lchild=q;
```

```
    else
    {
        r=p->lchild->rsibling;                    /*新结点作左孩子的右兄弟*/
        q->rsibling=r;
        p->lchild->rsibling=q;
    }
    printf("插入成功!");
}
/****************************************************/
/*函数名:Insert                                      */
/*函数功能:插入函数                                   */
/*形参说明:T——树的根指针                             */
/*       position[]——要插入其下的职位                */
/*       newstu——新结点                             */
/*返回值:无                                          */
/****************************************************/
void Insert(CSTree T,char position[],DataType newstu)
{
    PCSNode p;
    p=Search_Cstree(T,position);                  /*寻找要插入其下的职位*/
    if(p==NULL)                                   /*若该职位不存在*/
        printf("插入失败!");
    else
        InsertChild(p,newstu);                    /*将新结点插入该职位下*/
}
/****************************************************/
/*函数名:Update                                      */
/*函数功能:修改指定结点的信息                         */
/*形参说明:p——指定的结点                             */
/*       newstu——指向新学生信息的指针                */
/*返回值:无                                          */
/****************************************************/
void Update(PCSNode p,DataType * newstu)
{
    strcpy(p->data.name,newstu->name);
    p->data.sex=newstu->sex;
    strcpy(p->data.ID.Student,newstu->ID.Student);
}
/****************************************************/
/*函数名:Delete                                      */
/*函数功能:删除指定结点                               */
/*形参说明:T——树的根指针                             */
/*       p——指定的结点                              */
/*返回值:无                                          */
/****************************************************/
```

```c
void Delete(CSTree T,PCSNode p)
{
    SqQueue Q;
    PCSNode q;
    Q.front=Q.rear=0;
    if(p->lchild!=NULL)              /*若该部门中还有其他学生,则不能删除*/
    {
        printf("该学生不能删除!");
        return;
    }
    Q.item[Q.rear]=T;                /*根指针入队*/
    Q.rear=(Q.rear+1)%QUEUESIZE;
    while(Q.front!=Q.rear )          /*队列非空时*/
    {
        q=Q.item[Q.front];           /*队首出队*/
        Q.front=(Q.front+1)%QUEUESIZE ;
        if(q==NULL)
            continue;                /*跳过此次循环的剩余部分,直接进入下次循环*/
        if(q->lchild==p)             /*找到 p,删除*/
        {
            q->lchild=p->rsibling;
            printf("该学生已删除!");
            free(p);
            break;
        }
        else
            if(q->rsibling==p)
            {
                q->rsibling=p->rsibling;
                printf("该学生已删除!");
                free(p);
                break;
            }
            else                     /*将出队指针所指结点的左、右指针入队*/
            {
                Q.item[Q.rear]=q->lchild;
                Q.rear=(Q.rear+1)%QUEUESIZE;
                Q.item[Q.rear]=q->rsibling;
                Q.rear=(Q.rear+1)%QUEUESIZE;
            }
    }
}
/*******************************************/
/*函数名:Print                              */
/*函数功能:输出具有该职务的所有学生信息     */
```

```
/*形参说明:p——输出的起始结点                              */
/*          buf[]——存放要查找的职务的数组                  */
/*返回值:无                                                 */
/************************************************************/
void Print(PCSNode p,char buf[])
{
    while(p!=NULL)
    {
        if(strcmp(p->data.position,buf)!=0)/*当前职务不是所要查找的职务,结束查找*/
            break;
        printf("%s %s\n",p->data.position,p->data.name);
        p=p->rsibling;
    }
}

/************************************************************/
/*函数名:PreOrderTree                                       */
/*函数功能:前序输出树的结点信息                             */
/*形参说明:T——树的根指针                                  */
/*返回值:无                                                 */
/************************************************************/
void PreOrderTree(CSTree T)
{
    if(T!=NULL)
    {
        printf("%s %s %c %s\n",T->data.position,T->data.name,T->data.sex,T->data.ID.Student);
        PreOrderTree(T->lchild);
        PreOrderTree(T->rsibling);
    }
}

/************************************************************/
/*函数名:CountTree                                          */
/*函数功能:求树中结点个数                                   */
/*形参说明:T——树的根指针                                  */
/*返回值:整型,树中结点个数                                  */
/************************************************************/
int CountTree(CSTree T)
{
    if(T==NULL)
        return 0;
    else
        return 1+CountTree(T->lchild)+CountTree(T->rsibling);
}
/************************************************************/
/*函数名:main                                               */
/*函数功能:主函数                                           */
```

```
/*形参说明:无                                              */
/*返回值:0                                                 */
/************************************************/
int main()
{
    char buf[50];
    int option,num;
    DataType stu;
    CSTree T;
    PCSNode node=NULL;
    while(1)
    {
        system("cls");
        printf("\n    团委人事管理系统    \n");
        printf("--------------------------------\n");
        printf(" 1  建立树\n");
        printf(" 2  增加成员\n");
        printf(" 3  删除成员\n");
        printf(" 4  按职务查询成员\n");
        printf(" 5  更新成员\n");
        printf(" 6  输出团委人数\n");
        printf(" 7  输出全体成员信息\n");
        printf(" 0  退出\n");
        printf("--------------------------------\n");
        printf("请选择:");
        scanf("%d",&option);
        printf("--------------------------------\n");
        if(option<0||option>7)
        {
            printf("无效选项,请重新选择!");
            continue;
        }
        switch(option)
        {
            case 0:
                exit(0);
            case 1:
                T=Create_tree();
                printf("创建完成!");
                break;
            case 2:
                printf("请输入要插入学生的职务、姓名、性别、编号:\n");
                scanf("%s %s %c %s",stu.position,stu.name,&stu.sex,stu.ID.Student);
                printf("插入在某职位下:");
                scanf("%s",buf);
```

```
                Insert(T,buf,stu);
                break;
            case 3:
                printf("请输入要删除学生的职务及姓名:");
                scanf("%s %s",stu.position,stu.name);
                node=Search_Cstreexm(T,stu);
                if(node==NULL)
                    printf("没有该学生的相关信息!\n\n");
                else
                    Delete(T,node);
                break;
            case 4:
                printf("请输入要查找的职务:");
                scanf("%s",buf);
                node=Search_Cstree(T,buf);
                if(node==NULL)
                    printf("没有该职务的相关信息!\n\n");
                else
                    Print(node,buf);
                break;
            case 5:
                printf("请输入要修改学生的职务及姓名:");
                scanf("%s %s",stu.position,stu.name);
                node=Search_Cstreexm(T,stu);
                if(node==NULL)
                    printf("没有该学生的相关信息!\n\n");
                else
                {
                    printf("请输入新学生的姓名、性别、编号:\n");
                    scanf("%s %c %s",stu.name,&stu.sex,stu.ID.Student);
                    Update(node,&stu);
                }
                printf("%s %s\n",node->data.position,node->data.name);
                break;
            case 6:
                num=CountTree(T);
                printf("团委总人数为%d\n",num);
                break;
            case 7:
                PreOrderTree(T);
                break;
        }
        printf("\n按任意键继续……")
        getch();
    }
```

```
        return 0;
}
```
程序采用菜单方式,运行时如图6-41所示。

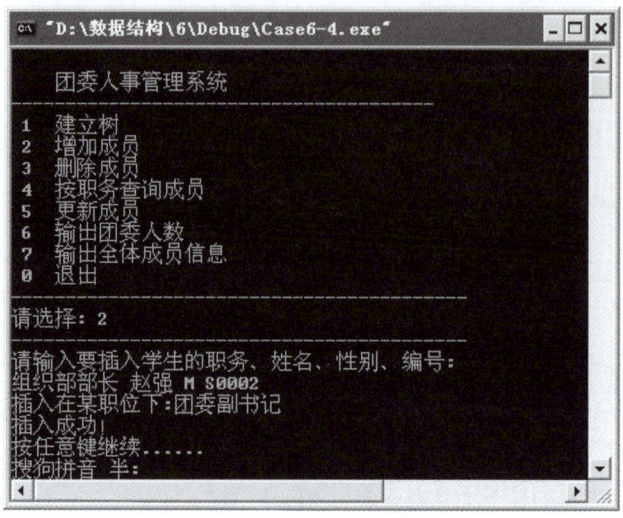

图6-41　系统主菜单

在主函数中,循环显示主菜单,直到用户选择0,程序退出运行。如果用户选择的是1~7中的某一项,则调用相应的函数。运行时,先选择1建立树,再选择其他选项。

本章小结

1. 树和二叉树属于非线性结构。树的特点是:除了根结点和叶子结点外,其他的结点都只有一个直接前驱和一个或多个直接后继。对于根结点则只有后继结点,而叶子结点则只有前驱结点。树的存储结构分为顺序存储和链式存储两大类。树的一个重要操作是对树进行遍历。

2. 二叉树有两种特殊形态:满二叉树和完全二叉树,有五个重要性质。二叉树的存储结构也分为顺序存储和链式存储两大类。对二叉树进行遍历是二叉树的一个重要操作,二叉树有许多操作是在遍历的基础上进行的,如求二叉树的结点数和二叉树的深度等。二叉树的遍历分为先根、中根、后根和层序遍历。将二叉树链表中的空指针指向其某种遍历序列中的前驱结点或后继结点,就实现了二叉树的线索化。若需要经常在二叉树中查找结点在某种遍历序列中的前驱或后继结点,就可以采用线索链表作为二叉树的存储结构。

3. 多棵树能够组成森林。树、森林与二叉树之间可以相互转换,许多树的问题可以转换为二叉树来处理。

4. 哈夫曼树是最优二叉树,利用哈夫曼树求出的哈夫曼编码在通信领域有着广泛的应用。

5. 树形结构及对树形结构的操作体现了分而治之的算法思想。中国古代很早就开始将这一思想应用于生活、军事、管理中。比如,自秦始皇开始建立的中央政权的组织结构,这样的组织结构我们今天仍然还在使用,这就是让我们为之自豪的中国古人的智慧。

习 题

一、填空题

1. 树中除根结点外,其他结点有且只有_____个直接前驱结点,但可以有_____个直接后继结点。

2. 树中结点的度,是指结点拥有_____的个数;一棵具有 n 个结点的树中所有结点的度数之和为_____。

3. 深度为 h 的完全二叉树至少有_____个结点,至多有_____个结点,若按层序从 1 开始编号,则第 h 层编号最小的叶子结点的编号是_____。

4. 一棵有 n 个结点的满二叉树有_____个度为 1 的结点,有_____个分支结点和_____个叶子,该满二叉树的深度为_____。

5. 将一棵完全二叉树按层序从 1 进行编号,对于编号为 i 的结点,如果有左孩子,则左孩子的编号应该是_____;如果有右孩子,则右孩子的编号应该是_____。

6. 一棵完全二叉树有 1001 个结点,其深度是_____,叶子结点的个数是_____。

7. 假设根结点的层数为 1,具有 n 个结点的二叉树的最大高度是_____。

8. 树的先根遍历序列与其对应二叉树的_____遍历序列相同,树的后根遍历序列与其对应二叉树的_____遍历序列相同。

9. 若二叉树共有 n 个结点,采用线索链表存储其线索二叉树,那么在所有存储结点里,一共有_____个指针域,其中有_____个指针是指向其孩子结点的,_____个指针是指向其前驱、后继结点的。指向前驱、后继结点的指针称为_____。

10. 哈夫曼树又称_____,是 n 个带权叶子结点构成的所有二叉树中,带权路径长度为_____的二叉树。

11. 哈夫曼树中,权值较大的叶子结点一定离根结点_____。由 n 个带权值的叶子结点生成的哈夫曼树中共有_____个结点,其中有_____个分支结点。

12. 哈夫曼树中不存在度为_____的结点。

二、选择题

1. 下列有关二叉树的说法中正确的是(　　)。
A. 二叉树的度为 2
B. 一棵二叉树的度可以小于 2
C. 二叉树中至少有一个结点的度为 2
D. 二叉树中任何一个结点的度都为 2

2. 二叉树的第 i 层上最多含有的结点数为(　　)。
A. 2^i 　　　　　　B. $2^{i-1}-1$ 　　　　　　C. 2^{i-1} 　　　　　　D. 2^i-1

3. 一棵具有 1025 个结点的二叉树的高度为(　　)。
A. 11 　　　　　　B. 10 　　　　　　C. 11～1025 　　　　　　D. 10～1024

4. 一棵高度为 5 的二叉树,其结点总数为(　　)。
A. 6～17 　　　　　　B. 5～16 　　　　　　C. 6～32 　　　　　　D. 5～31

5. 若一棵二叉树具有 10 个度为 2 的结点,5 个度为 1 的结点,则度为 0 的结点的个数是(　　)。
A. 9 　　　　　　B. 11 　　　　　　C. 15 　　　　　　D. 不能确定

6. 一棵完全二叉树具有 600 个结点,则它有(　　)个度为 1 的结点。

A. 25　　　　　B. 26　　　　　C. 1　　　　　D. 50

7. 用顺序存储的方法将完全二叉树中所有结点按层序存放在一维数组 $A[1..N]$ 中,若结点 $A[i]$ 有右孩子,则其右孩子是(　　)。

A. $A[2i]$　　　B. $A[2i+1]$　　　C. $A[i/2]$　　　D. $A[2i-1]$

8. 在任何一棵二叉树中,如果结点 a 有左孩子 b 和右孩子 c,则在结点的先序序列、中序序列和后序序列中(　　)。

A. 结点 b 一定在结点 a 的前面　　　B. 结点 a 一定在结点 c 的前面
C. 结点 b 一定在结点 c 的前面　　　D. 结点 a 一定在结点 b 的前面

9. 设森林 T 中有3棵树,第一、二、三棵树的结点个数分别是 n_1、n_2、n_3,那么当把森林 T 转换成一棵二叉树后,根结点的右子树上有(　　)个结点。

A. $n_1+n_2+n_3$　　　B. n_2+n_3　　　C. n_1+n_2　　　D. n_1+n_3

10. 已知一棵二叉树的前序遍历结果为 $ABCDEF$,中序遍历结果为 $CBAEDF$,则后序遍历的结果为(　　)。

A. $CBEFDA$　　　B. $FEDCBA$　　　C. $CBEDFA$　　　D. 不定

11. 某二叉树中序序列为 $ABCDEFG$,后序序列为 $BDCAFGE$,则前序序列是(　　)。

A. $EGFACDB$　　　　　　　　B. $EACBDGF$
C. $EAGCFBD$　　　　　　　　D. 上面的都不对

12. 在二叉树结点的先序序列、中序序列和后序序列中,所有叶子结点的先后顺序(　　)。

A. 完全相同　　　　　　　　B. 都不相同
C. 先序和中序相同,而与后序不同　　　D. 后序和中序相同,而与先序不同

13. 已知一棵二叉树的先序遍历序列和中序遍历序列相同,则该二叉树是(　　)。

A. 左单支树　　　B. 右单支树　　　C. 满二叉树　　　D. 完全二叉树

14. 由权值为 7、18、2、6、32、3、22 和 10 的叶结点构成的哈夫曼树的带权路径长度为(　　)。

A. 271　　　　　B. 261　　　　　C. 241　　　　　D. 231

三、判断题

1. 二叉树是度为2的有序树。　　　　　　　　　　　　　　　　　　　　　(　)
2. 完全二叉树中,若一个结点没有左孩子,则它必是叶子结点。　　　　　　(　)
3. 给定一棵树,可以找到唯一的一棵二叉树与之对应。　　　　　　　　　　(　)
4. 将一棵树转成二叉树,根结点没有左子树。　　　　　　　　　　　　　　(　)
5. 完全二叉树的存储结构通常采用顺序存储结构。　　　　　　　　　　　　(　)
6. 对一棵二叉树进行层次遍历时,应借助于一个栈。　　　　　　　　　　　(　)
7. 二叉树只能用二叉链表表示。　　　　　　　　　　　　　　　　　　　　(　)
8. 哈夫曼树是带权路径长度最短的树,路径上权值较大的结点离根较近。　　(　)
9. 用树的前序遍历和中序遍历可以导出树的后序遍历。　　　　　　　　　　(　)
10. 用链表存储包含 n 个结点的二叉树,结点的 $2n$ 个指针区域中有 $n-1$ 个空指针。　(　)

四、问答题

1. 请画出由3个结点构成的所有的树和二叉树。

2. 已知一棵度为 m 的树中有 n_1 个度为1的结点,n_2 个度为2的结点,……,n_m 个度为 m 的结点,问该树中有多少个叶子结点。请写出推导过程。

3. 请找出分别满足下列条件的所有二叉树:

(1)先序序列和中序序列相同。
(2)中序序列和后序序列相同。
(3)先序序列和后序序列相同。
(4)先序、中序和后序序列均相同。

4. 对如图 6-42 所示的树,分别画出采用双亲表示法、孩子表示法和孩子兄弟表示法的图示。
5. 将如图 6-42 所示的树转换成对应的二叉树,并写出其先序、中序和后序遍历序列。
6. 将如图 6-43 所示的二叉树转换成对应的树,并写出其先序和后序遍历序列。

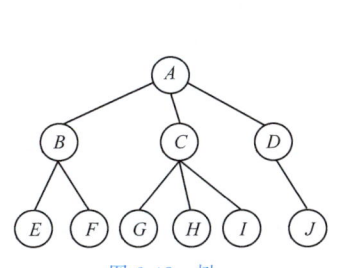

图 6-42 树

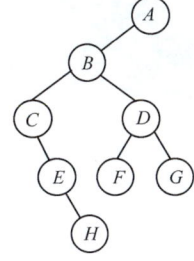

图 6-43 二叉树

7. 将如图 6-44 所示的森林转换成对应的二叉树,并将其分别前序、中序和后序线索化。
8. 将如图 6-45 所示的二叉树转换成对应的森林,并写出其先序和后序遍历序列。

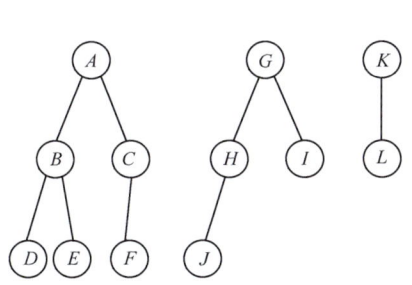

图 6-44 森林

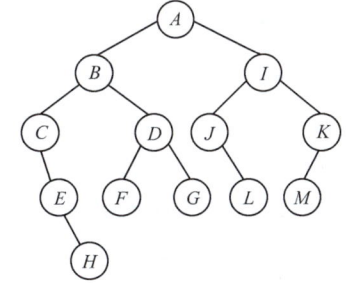

图 6-45 二叉树

9. 已知一棵二叉树的后序遍历序列为 $DGEBHFCA$,中序遍历序列为 $DBEGAHCF$,画出该二叉树,并写出二叉树的先序遍历序列。

10. 已知一棵二叉树的先序遍历序列为 $ABDEGHCF$,中序遍历序列为 $DBGEHACF$,画出该二叉树,并写出二叉树的后序遍历序列。

11. 给定一组权值 $W=\{1,6,2,10,12,4,14\}$,构造出相应的哈夫曼树,并求出该哈夫曼树的带权路径长度 WPL。

12. 有一份电文中共使用五个字符:a、b、c、d、e,它们的出现频率依次为 8、14、10、4、18,请构造相应的哈夫曼树,求出每个字符的哈夫曼编码。

五、算法设计题

1. 已知二叉树采用二叉链表存储结构,编写算法统计二叉树中的叶子结点数。
2. 已知二叉树采用二叉链表存储结构,编写算法交换每个结点的左右子树。
3. 已知二叉树采用二叉链表存储结构,编写算法实现二叉树的拷贝。
4. 已知二叉树采用二叉链表存储结构,其数据域为正整数,编写算法求二叉树中的最大值。
5. 已知一棵二叉树的前序序列和中序序列,则可以唯一地确定一棵二叉树。编写算法由前序序列和中序序列构造该二叉树。

第 7 章 图

生活中,有许多问题都可以归结为图的问题。简单地说,图是一个由顶点及顶点之间的连线(边)组成的集合。图是一种比线性表和树更复杂的数据结构,图中的顶点表示具有相同特征的数据元素,边表示顶点(数据元素)之间的关系,图中任意两个顶点间都可能相关。图的应用极为广泛,涉及数学、计算机科学、逻辑学、物理和化学等诸多领域。

知识目标

- 理解图的概念和有关术语。
- 掌握邻接矩阵表示法和邻接表表示法。
- 理解连通图遍历的基本思想。
- 掌握图的深度和广度优先搜索遍历算法。
- 理解生成树和最小生成树的有关概念和算法。
- 理解拓扑排序的概念、步骤和背景。
- 理解关键路径和最短路径的概念和算法。

第 7 章思维导图

技能目标

能应用图的理论设计算法,解决实际问题。

素质目标

通过学习图的结构及各种应用,学会运用党的二十大提出的系统观念分析问题、解决问题,透过现象看本质。

7.1 案例导引

案例: 课程信息管理。

在大学的某个专业的课程学习过程中,有些课程无前导课程,而有些课程则必须在完成其他基础课的学习后才能开始学习。用结点表示课程,试根据如图 7-1 所示的要求,输出该专业课程信息和学习的先后依赖关系。

案例探析：

把课程作为顶点，有向边代表课程的先后依赖关系，由此构成一个有向图，如图 7-1 所示。输出该专业课程信息和学习的先后依赖关系的问题可转换为对有向图的遍历，具体遍历算法我们将在本章后续内容中进行介绍。

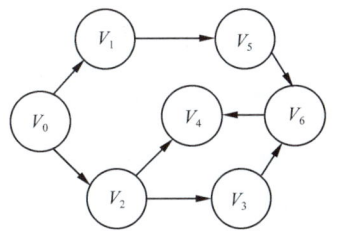

图 7-1 课程学习的先后依赖关系

7.2 图的逻辑结构

7.2.1 图的定义和基本术语

1. 图的定义

图 G(Graph)由两个集合 V 和 E 组成，定义为 $G=(V,E)$。其中，V 是顶点的有穷非空集合，顶点表示具有相同特征的数据元素；E 是边的集合，边表示顶点(数据元素)之间的关系。如图 7-2 所示为图的示例。

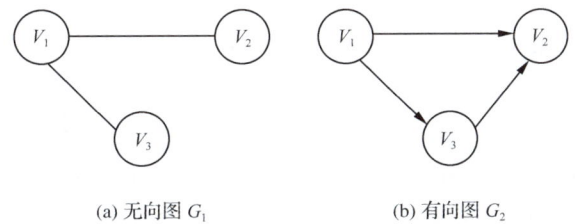

(a) 无向图 G_1　　　　　(b) 有向图 G_2

图 7-2 图的示例

2. 基本术语

(1) 无向图(Undigraph)：设有两个顶点 $x,y \in V$，若 $(x,y) \in E$，即顶点间的边是无序的，则称此图为无向图，如图 7-2(a)所示，其中顶点 x 和顶点 y 间的边(Edge)标记为 (x,y) 或 (y,x)。

(2) 有向图(Digraph)：设有两个顶点 $x,y \in V$，若 $<x,y> \in E$，即顶点间的边是有序的，则称此图为有向图，如图 7-2(b)所示，其中 $<x,y>$ 表示有向图中从顶点 x 到顶点 y 的一条弧(Arc)，x 称为弧尾(Tail)或起始点，y 称为弧头(Head)或终端点。

注意：无向图中 (x,y) 与 (y,x) 被认为同一条边，但有向图中 $<x,y>$ 与 $<y,x>$ 则是不同的两条弧。

(3) 无向完全图(Undirected Complete Graph)：任何两顶点间都有边相关联的无向图称为无向完全图，如图 7-3 所示。一个具有 n 个顶点的无向完全图的边数为：$C(n,2)=n(n-1)/2$。

(4) 有向完全图(Directed Complete Graph)：任何两顶点间都有弧的有向图称为有向完全图，如图 7-4 所示。一个具有 n 个顶点的有向完全图的弧数为：$P(n,2)=n(n-1)$。

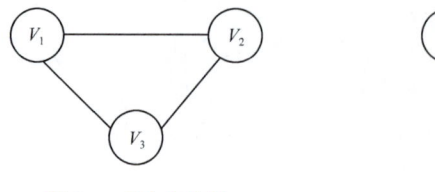

图 7-3　无向完全图　　　　图 7-4　有向完全图

（5）权（Weight）和网（Network）：图的边或弧可以附带数值，称为权。权可以表示从一个顶点到另一个顶点的距离或代价等。这种边或弧上带权的图称为带权图或网。如图 7-5 所示即带权图。

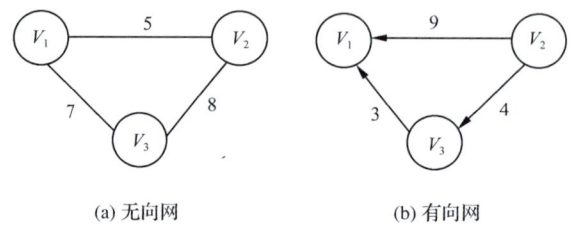

(a) 无向网　　　　　(b) 有向网

图 7-5　带权图或网

（6）度（Dregree）：无向图中，顶点 V 的度是与该顶点相关联的边的数目，记为 $D(V)$。

（7）入度（Indregree）和出度（Outdregree）：有向图中，把以顶点 V 为终点的弧的数目称为 V 的入度，记为 $ID(V)$；把以顶点 V 为始点的弧的数目称为 V 的出度，记为 $OD(V)$。顶点 V 的度定义为：$D(V)=ID(V)+OD(V)$。

例如，图 7-2(a)所示无向图 G_1 中，顶点 V_1 的度为：$D(V_1)=2$。图 7-2(b)所示的有向图 G_2 中，顶点 V_2 的度为：$D(V_2)=ID(V_2)+OD(V_2)=2+0=2$。

（8）子图（Subgraph）：设 $G=(V,E)$ 是一个图，若 E' 是 E 的子集，V' 是 V 的子集，使得 E' 中的边仅与 V' 中顶点相关联，则图 $G'=(V',E')$ 称为图 G 的子图。如图 7-6 所示为图 7-2(a)的若干子图，图 7-7 所示为图 7-2(b)的若干子图。

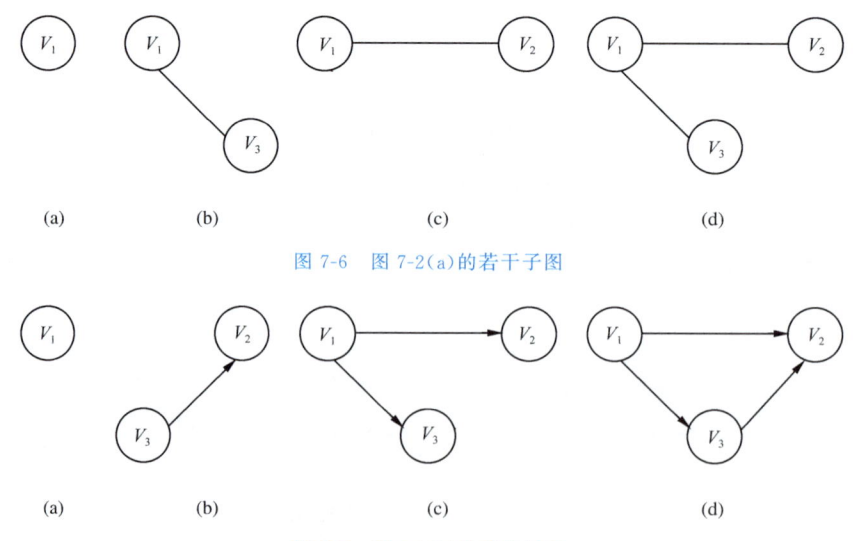

(a)　　　(b)　　　(c)　　　(d)

图 7-6　图 7-2(a)的若干子图

(a)　　　(b)　　　(c)　　　(d)

图 7-7　图 7-2(b)的若干子图

（9）路径（Path）和路径长度：无向图 $G=(V,E)$ 中从顶点 V 到顶点 V' 的路径是一个顶点序列,即 $V=V_{i0},V_{i1},V_{i2},\cdots,V_{in}=V'$。其中,$(V_{ij-1},V_{ij})\in E,1\leq j\leq n$。若 G 是有向图,则路径也是有向的。路径长度定义为路径上的边或弧的数目。

(10) 简单路径和简单回路:第一个顶点和最后一个顶点相同的路径称为回路或环。序列中顶点不重复出现的路径称为简单路径。除了第一个顶点和最后一个顶点外,其余顶点不重复的回路称为简单回路或简单环。如图 7-8 和图 7-9 所示分别为有向图和无向图中的简单回路。

图 7-8 中包含简单路径:$V_1\to V_2\to V_3\to V_4$,简单回路:$V_2\to V_3\to V_4\to V_2$。

图 7-9 中包含简单路径:$V_1\to V_2\to V_4\to V_3$,简单回路:$V_1\to V_2\to V_4\to V_3\to V_1$。

(11) 生成树(Spanning Tree):一个连通图的生成树,是含有该连通图的全部顶点的一个极小连通子图。

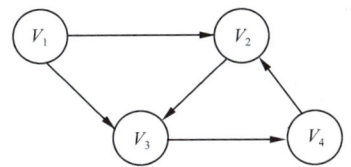

图 7-8 有向图的简单回路

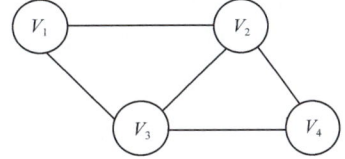

图 7-9 无向图的简单回路

其中,一个连通图 G 的极小连通子图 T 具有以下特征:

① T 包含 G 的所有顶点。

② T 为连通子图。

③ T 包含的边数最少。

(12) 生成森林(Spanning Forest):一个非连通图的每个连通分量都可以得到一个极小连通子图,即一棵生成树。由一非连通图的所有连通分量的生成树组成的森林就称为该非连通图的生成森林。

(13) 稀疏图(Sparse Graph):有很少条边或弧($e<n\log_2 n$)的图。

(14) 稠密图(Dense Graph):边很多的图。

7.2.2 图的抽象数据类型定义

图 G 由两个有限集合(顶点集合 V 和边集合 E)组成,记作 $G=(V,E)$。顶点集 V 不可为空集,边集 E 可以为空集。若 E 为空集,则图 G 只有顶点没有边,称为零图。

图 G 的抽象数据类型定义如下:

ADT G{

  数据对象 V:具有相同特性的数据元素的集合,即顶点集合。

  数据关系 E:描述数据元素(顶点)之间的关系,即边的集合。

  $E=\{<v,w>|v,w\in V$ 且满足条件 $P,<v,w>$ 表示从 v 到 w 的弧,其中条件 P 定义了弧 $<v,w>$ 的信息$\}$

  基本操作:

  CreateGraph(&G);创建图 G。

DestroyGraph(&G)：销毁图 G。

LocateVex(G,v)：返回顶点 v 在图 G 中位置；若访问失败，则返回其他信息。

GetVex(G,v)：返回 v 的值。

PutVex(&G,v,info)：对 v 赋值 info。

FirstAdjVex(G,v)：返回 v 的第一个邻接点。若没有邻接点，则返回 NULL。

NextAdjVex(G,v,w)：返回 v 的（相对于 w 的）下一个邻接点。若 w 是 v 的最后一个邻接点则返回 NULL。

InsertVex(&G,v)：在图 G 中插入新顶点 v。

DeleteVex(&G,v)：删除 G 中顶点 v 及其相关的弧。

InsertEdge(&G,v,w)：在 G 中增添弧（边）。

DeleteEdge(&G,v,w)：在 G 中删除弧（边）。

DFSTraverse(G,v)：从顶点 v 开始深度优先遍历图 G。

BFSTraverse(G,v)：从顶点 v 开始广度优先遍历图 G。

}ADT G

7.3 图的存储结构

图的邻接矩阵存储

7.3.1 邻接矩阵

图的邻接矩阵表示法也称数组表示法。设图 $G=(V,E)$ 是一个有 n 个顶点的图，邻接矩阵表示法采用两个数组来表示图，一个是用于存储顶点信息的一维数组，一个是用于存放边（或弧）的信息的二维数组 G.edge[i][j]。这个二维数组被称为邻接矩阵。定义为：

$$G.edge[i][j] = \begin{cases} 1 \text{ 或 } w_{ij}(G \text{ 为网}) & \text{若} <i,j> \in E \text{ 或 } (i,j) \in E \\ 0 \text{ 或 } \infty(G \text{ 为网}) & \text{其他情况} \end{cases}$$

如图 7-10 所示的无向图的邻接矩阵可表示为：

$$G.edge = \begin{bmatrix} 0 & 0 & 1 & 1 \\ 0 & 0 & 1 & 1 \\ 1 & 1 & 0 & 1 \\ 1 & 1 & 1 & 0 \end{bmatrix}$$

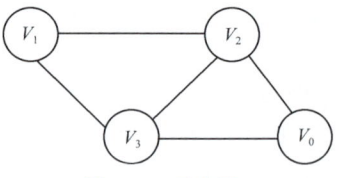

图 7-10 无向图 G

如图 7-11 所示的有向图的邻接矩阵可表示为：

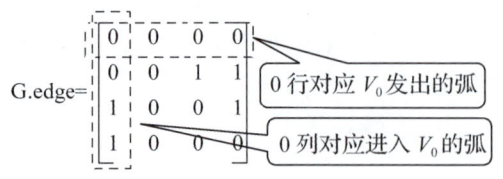

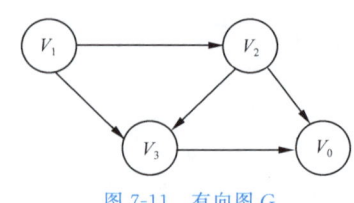

图 7-11 有向图 G

如图 7-12 所示的无向网的邻接矩阵可表示为：

$$G.\text{edge} = \begin{bmatrix} \infty & \infty & 4 & 7 \\ \infty & \infty & 5 & 8 \\ 4 & 5 & \infty & 5 \\ 7 & 8 & 5 & \infty \end{bmatrix}$$

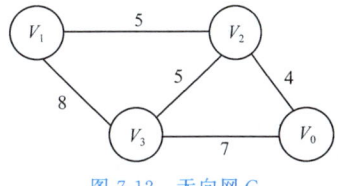

图 7-12　无向网 G

如图 7-13 所示的有向网的邻接矩阵可表示为：

$$G.\text{edge} = \begin{bmatrix} \infty & \infty & \infty & \infty \\ \infty & \infty & 2 & 3 \\ 6 & \infty & \infty & 9 \\ 4 & \infty & \infty & \infty \end{bmatrix}$$

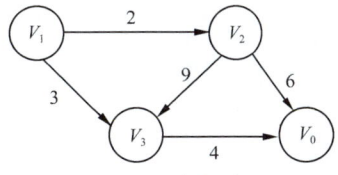

图 7-13　有向网 G

图的邻接矩阵中，有以下几点需要注意：

(1) 无向图的邻接矩阵是对称的；有向图的邻接矩阵一般是不对称的。

(2) 在有向图中，顶点 i 的出度等于第 i 行中 1 的个数，顶点 j 的入度等于第 j 列中 1 的个数；在无向图中，顶点 i 的度等于第 i 行（或列）中 1 的个数。

(3) 无向网（或有向网）的邻接矩阵与无向图（或有向图）的邻接矩阵类似，但要注意用权 w_{ij} 代替其中的 1；用 ∞ 代替 0。

图的邻接矩阵存储表示如下：

```
#define MAX_VEX_NUM 20           /* 定义最大顶点个数 */
typedef char VertexType;          /* 用户定义顶点类型 */
typedef struct Graph
{
    VertexType vexs[MAX_VEX_NUM];                  /* 顶点向量 */
    int AdjMatrix[MAX_VEX_NUM][MAX_VEX_NUM];       /* 邻接矩阵 */
    int vexnum,arcnum;                             /* 图的当前顶点数和弧(边)数 */
}MGraph;
```

下面给出创建以邻接矩阵方式存储的有向图的算法。

【算法 7-1】：

先给出创建图时要用到的顶点定位算法，若 G 中存在顶点 u，则返回该顶点在图中位置；否则，返回 -1。

```
int LocateVex(MGraph G,VertexType u)
{   /* 顶点定位算法 */
    /* 初始条件:图 G 存在,顶点 u 和 G 中的顶点有相同特征 */
    /* 操作结果:若 G 中存在顶点 u,则返回该顶点在图中的位置;否则,返回-1 */
    int i;
    for(i=0;i<G.vexnum;++i)
        if(G.vexs[i]==u)
            return i;
    return -1;
}
int CreateDG(MGraph * G)
```

```c
{   /* 采用数组(邻接矩阵)表示法,构造有向图G */
    int i,j,k;
    VertexType vex,va,vb;
    printf("请输入有向图G的顶点数,弧数:");
    scanf("%d,%d",&i,&j);
    G->vexnum=i;
    G->arcnum=j;
    printf("请输入%d个顶点的值(1个字符):\n",G->vexnum);
    for(i=0;i<G->vexnum;++i)                    /* 构造顶点向量 */
    {
        scanf("%c",&vex);
        G->vexs[i]=vex;
    }
    for(i=0;i<G->vexnum;++i)                    /* 初始化邻接矩阵 */
        for(j=0;j<G->vexnum;++j)
            G->AdjMatrix[i][j]=0;
    printf("请输入%d条弧的弧尾 弧头(以空格作为间隔):\n",G->arcnum);
    for(k=0;k<G->arcnum;++k)
    {
        scanf("%c %c",&va,&vb);
        i=LocateVex(*G,va);
        j=LocateVex(*G,vb);
        G->AdjMatrix[i][j]=1;
    }
    return 1;
}
void Display(MGraph G)
{   /* 输出邻接矩阵G */
    int i,j;
    printf("%d个顶点%d条有向图的弧\n",G.vexnum,G.arcnum);
    for(i=0;i<G.vexnum;++i)                     /* 输出G.vexs */
        printf("G.vexs[%d]=%c\n",i,G.vexs[i]);
    for(i=0;i<G.vexnum;i++)
    {
        for(j=0;j<G.vexnum;j++)
            printf("%11d",G.AdjMatrix[i][j]);
        printf("\n");
    }
    printf("G.AdjMatrix:\n");                   /* 输出G.AdjMatrix */
    printf("顶点1(弧尾)顶点2(弧头)该有向边信息:\n");
    for(i=0;i<G.vexnum;i++)
        for(j=0;j<G.vexnum;j++)
            printf("%c %c %d\n",G.vexs[i],G.vexs[j],G.AdjMatrix[i][j]);
}
```

7.3.2 邻接表

邻接表是图的一种顺序存储与链式存储相结合的存储方法,将图的所有顶点信息存储在一个一维数组中,称为顶点表;同时,为图中每个顶点建立一个单链表。其中,第 i 个单链表中将与顶点 i 相邻接的所有顶点都链接到一起,称为该顶点的边表。

顶点表是由头结点构成的,边表则是由表结点构成的。邻接表的头结点和表结点结构如图 7-14 所示。头结点包含数据域(data)和链域(firstarc),数据域用来存放顶点信息,链域用于指向相应边表中的第一个结点。头结点通常以顺序存储结构的形式存储,便于随机访问任一顶点。第 i 个边表中的表结点表示依附于顶点 v_i 的边(对有向图是以顶点 v_i 为尾的弧),每个表结点由三个域组成:邻接点域(adjvex),指示与顶点 v_i 邻接的点在图中的位置;链域(nextarc),指示下一条边或弧的结点;数据域(info),存储与边或弧相关的信息(如权值等)。

图 7-14 头结点和表结点

在如图 7-10 所示的无向图的邻接表中(图 7-15),顶点 v_i 的度等于第 i 个链表中的结点数;在如图 7-11 所示的有向图的邻接表中(图 7-16),顶点 v_i 的出度等于第 i 个链表中的结点数,求入度必须遍历整个邻接表。因此,为便于求 v_i 的入度,需建立有向图的逆邻接表(图 7-17),它是以顶点 v_i 为头的弧所建立的邻接表。

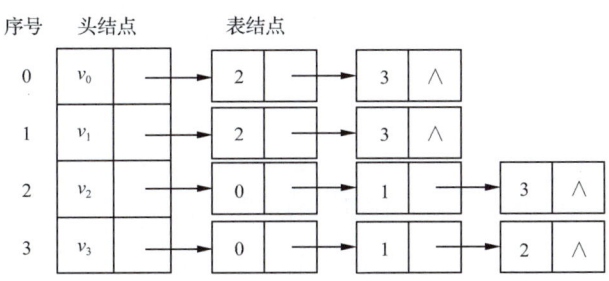

图 7-15 图 7-10 中无向图 G 的邻接表

图 7-15 中各顶点的度为:$D(v_0)=2;D(v_1)=2;D(v_2)=3;D(v_3)=3$。

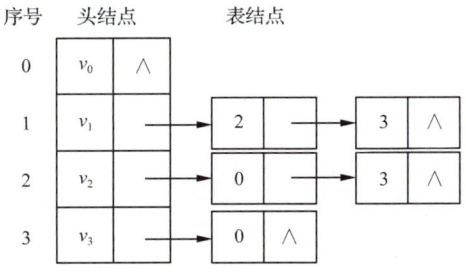

图 7-16 图 7-11 中有向图 G 的邻接表

图 7-16 中各顶点的出度为:$OD(v_0)=0;OD(v_1)=2;OD(v_2)=2;OD(v_3)=1$。

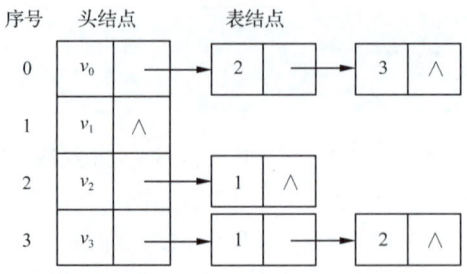

图 7-17　图 7-11 中有向图 G 的逆邻接表

图 7-17 中各顶点的入度为：$ID(v_0)=2$；$ID(v_1)=0$；$ID(v_2)=1$；$ID(v_3)=2$。
图的邻接表存储表示如下：

```
#define MAX_NUM 20
typedef struct ArcNode
{
    int adjvex;                    /*该弧所指向的顶点的编号*/
    struct ArcNode *nextarc;       /*指向下一条弧的指针*/
    InfoType info;                 /*该弧的权值,若不是网,该项可以省略*/
}ArcNode;                          /*定义表结点*/
typedef struct VNode
{
    char []data;                   /*顶点的编号*/
    ArcNode *firstarc;             /*指向第一条依附该顶点的弧*/
}Vnode,AdjList[MAX_NUM];           /*定义头结点*/
typedef struct ALGraph
{
    AdjList vertices;              /*邻接表*/
    int vexnum,arcnum;             /*图的当前顶点数和弧数*/
}ALGraph;                          /*定义以邻接表方式存储的图*/
```

下面给出创建以邻接表方式存储的有向图的算法。

【算法 7-2】：

```
int CreateGraph(ALGraph &G)
{   /*采用邻接表存储结构,构造有向图 G*/
    int i,j,k;
    VertexType va,vb;
    ArcNode *p;
    printf("请输入图的顶点数,边数:");
    scanf("%d,%d",&G.vexnum,&G.arcnum);
    printf("请输入%d个顶点的值(<%d个字符):\n",G.vexnum,MAX_NUM);
    for(i=0;i<G.vexnum;++i)         /*构造顶点向量*/
    {
        scanf("%s",G.vertices[i].data);
        G.vertices[i].firstarc=NULL;
    }
```

```
        printf("请顺序输入每条弧(边)的弧尾和弧头(以空格作为间隔):\n");
        for(k=0;k<G.arcnum;++k)                    /*构造表结点链表*/
        {
            scanf("%s %s",va,vb);
            i=LocateVex(G,va);                     /*弧尾*/
            j=LocateVex(G,vb);                     /*弧头*/
            p=(ArcNode*)malloc(sizeof(ArcNode));
            p->adjvex=j;
            p->nextarc=G.vertices[i].firstarc;     /*插在表头*/
            G.vertices[i].firstarc=p;
        }
        return 1;
    }
```

7.3.3 十字链表

十字链表是有向图的另一种链式存储结构,可以看作将有向图的邻接表和逆邻接表结合起来得到的一种链表。在这种结构中,每条弧的弧头结点和弧尾结点都存放在链表中,并将弧结点分别组织到以弧尾结点为头(顶点)结点和以弧头结点为头(顶点)结点的链表中。这种存储方式的结点逻辑结构如图 7-18 所示。

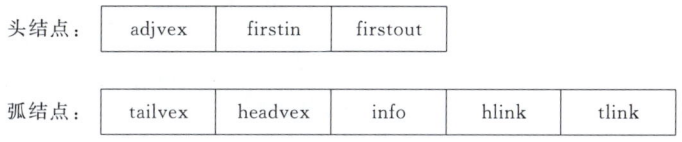

图 7-18 十字链表的头结点和弧结点结构

(1)域 adjvex:存储与顶点相关的信息。
(2)指针域 firstin:指向以该顶点为弧头的第一条弧所对应的弧结点。
(3)指针域 firstout:指向以该顶点为弧尾的第一条弧所对应的弧结点。
(4)尾域 tailvex:指示弧尾顶点在图中的位置。
(5)头域 headvex:指示弧头顶点在图中的位置。
(6)域 info:指向该弧的相关信息。
(7)指针域 hlink:指向弧头相同的下一条弧。
(8)指针域 tlink:指向弧尾相同的下一条弧。
十字链表的定义如下:
```
#define MAX_VERTEX_NUM 20
typedef char VertexType;                           /*用户定义顶点类型*/
typedef struct ArcNode{
    int tailvex,headvex;                           /*该弧的尾和头顶点的位置*/
    struct ArcNode * hlink, * tlink;               /*分别指向下一个弧头相同和弧尾相同的弧的指针域*/
    InfoType * info;                               /*指向该弧相关信息的指针,可根据需要设置*/
```

}ArcNode;
typedef struct VexNode{
    VertexType adjvex;
    ArcNode * firstin, * firstout;   / * 分别指向该顶点的第一条入弧和出弧 * /
}VexNode;
typedef struct{
    VexNode xlist[MAX_VERTEX_NUM];   / * 表头向量 * /
    int vexnum, arcnum;   / * 有向图的当前顶点的数和弧数 * /
}OLGraph;

如图 7-19 所示为一个有向图及其十字链表表示。

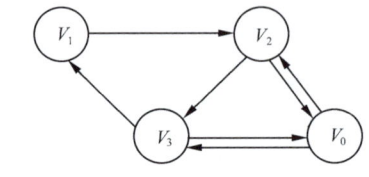

(a)有向图 G

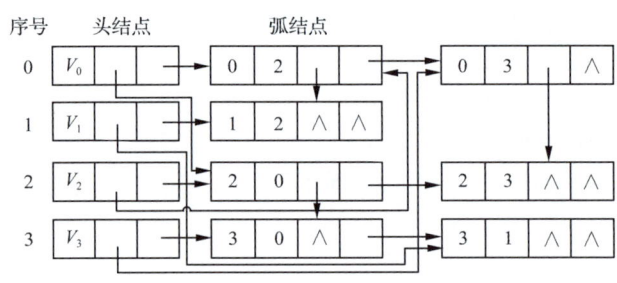

(b)有向图 G 的十字链表表示

图 7-19 有向图及其十字链表表示

7.3.4 邻接多重表

邻接多重表是无向图的一种有效的链式存储结构。在无向图的邻接表中,一条边(v,w)的两个表结点分别出现在以 v 和 w 为头结点的链表中,很容易求得顶点和边的信息,但在涉及边的操作时会带来不便。邻接多重表的结构与十字链表类似,每条边用一个结点表示;邻接多重表中的顶点结点结构与邻接表中的完全相同,而表结点包括六个域,如图 7-20 所示。

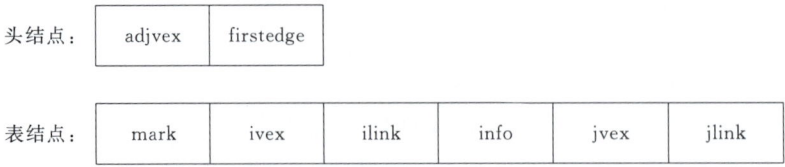

图 7-20 邻接多重表的头结点和表结点的结构

(1)域 adjvex:存储与顶点相关的信息。
(2)指针域 firstedge:指向依附于该顶点的第一条边所对应的表结点。

(3)标志域 mark:用以标志该条边是否被访问过。
(4)域 ivex 和域 jvex:分别保存该边所依附的两个顶点在图中的位置。
(5)域 info:保存该边的相关信息。
(6)指针域 ilink:指向下一条依附于顶点 ivex 的边。
(7)指针域 jlink:指向下一条依附于顶点 jvex 的边。
邻接多重表的定义如下：

```
#define MAX_VERTEX_NUM 20
typedef char VertexType;                /*用户定义顶点类型*/
typedef emnu{unvisited,visited}VisitIf;
typedef struct Enode{
    VisitIf mark;                       /*访问标志*/
    int ivex,jvex;                      /*该边依附的两个顶点的位置*/
    struct Enode * ilink,* jlink;       /*分别指向依附这两个顶点的下一条边*/
    InfoType * info;                    /*指向该边信息的指针,可根据需要设置*/
}Enode;
typedef struct Vexnode{
    VertexType adjvex;
    Enode * firstedge;                  /*指向第一条依附该顶点的边*/
}Vexnode;
typedef struct{
    Vexnode adjmulist[MAX_VERTEX_NUM];
    int vexnum,edgenum;                 /*无向图的当前顶点数和边数*/
}AMLGraph;
```

如图 7-21 所示为无向图 G 和其邻接多重表表示。

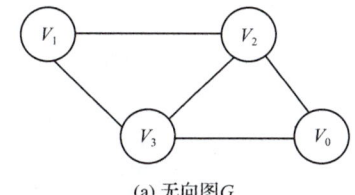

(a) 无向图 G

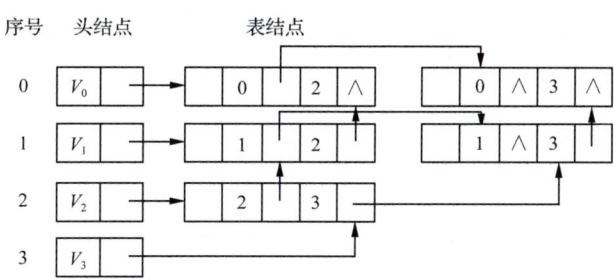

(b) 无向图 G 的多重链表表示

图 7-21 无向图及其多重链表表示

7.3.5 边集数组

在某些应用中,有时主要考察图中各个边的权值以及所依附的两个顶点,即图的结构主要由边来表示,称为边表存储结构或边集数组。边集数组是利用一维数组存储图中所有边的一种图的表示方法。该数组中的每个元素用来存储一条边的起点、终点(对于无向图,可选定边的任一端点为起点或终点)和权(没有可省略),各边在数组中的次序可任意安排,也可根据具体要求而定。

边集数组只存储图中所有边的信息,若需要存储顶点信息,则需要另外设置一个具有 n 个元素的一维数组。边集数组中,边采用顺序存储,每个边元素由三部分组成,即边所依附的两个顶点和边的权值;图的顶点用另一个顺序存储结构的顶点表存储。

边集数组表示方法如下:
(1)用一维数组存储顶点信息。
(2)用一个数组存储图中所有的边,数组元素个数≥图边数。
(3)数组中每个元素保存一条边的起点、终点和权值。
(4)无向图:边起点可以任意选定。
(5)无权图:省去权值存储。

设一个无向带权图 G 中的顶点数为 n,边数为 e,且不需要存储顶点信息,则图的边集数组表示中,查找一条边或一个顶点的度都需要扫描整个数组,其时间复杂度为 $O(e)$。图的边集数组表示通常包括一个边集数组和一个顶点数组,其空间复杂度为 $O(n+e)$。

表 7-1 中给出了图 7-22(a)中的无向图 G_1 的边集数组表示;表 7-2 中给出了图 7-22(b)中的有向图 G_2 的边集数组表示。

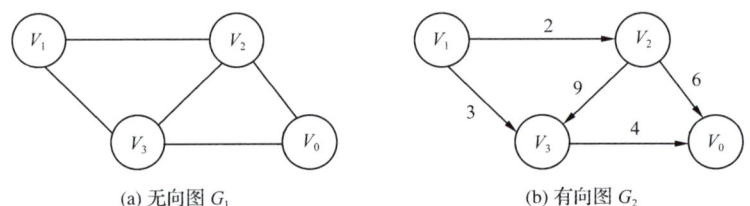

(a) 无向图 G_1 (b) 有向图 G_2

图 7-22 无向图 G_1 和有向图 G_2

表 7-1 图 7-22(a)中的无向图 G_1 的边集数组表示

边序号(数组下标)	0	1	2	3	4
边起点	0	0	1	1	2
边终点	2	3	2	3	3

表 7-2 图 7-22(b)中的有向图 G_2 的边集数组表示

边序号(数组下标)	0	1	2	3	4
边起点	1	1	2	2	3
边终点	2	3	0	3	0
权值	2	3	6	9	4

7.3.6 图的存储结构的比较

表 7-3 给出了几种图的存储结构的比较。

表 7-3　　　　　　　　　　几种图的存储结构的比较

名　称	实现方法	优点	缺点	构造 n 个顶点和 e 条边的无向图的时间复杂度
邻接矩阵	二维数组	容易求得顶点的度和判断两点间的关系	占用存储空间大	$O(n^2+e*n)$
邻接表	链表	节省空间,易得到顶点的出度	判断两点间的关系困难,不易得到顶点的入度	顶点信息为顶点编号时为 $O(n+e)$;否则为 $O(n*e)$
十字链表	链表	节省空间,易求得顶点的出度和入度	结构较复杂	同邻接表
邻接多重表	链表	节省空间,易判断两点间的关系	结构较复杂	同邻接表
边集数组	一维数组	适于对边进行顺序操作	不适于对顶点的运算或对任意一条边的操作	$O(e)$

邻接矩阵与邻接表的区别:前者存储表示唯一,后者不唯一,各边表结点的链接次序取决于建立邻接表的算法和边的输入次序。对于稠密图,考虑邻接表中要附加链域,应取邻接矩阵表示法为宜;对于稀疏图,用邻接表表示比用邻接矩阵表示节省存储空间。在有向图中求顶点的度,采用邻接矩阵表示比邻接表表示更方便。

邻接多重表与邻接表的区别:后者的同一条边用两个表结点表示,而前者只用一个表结点表示;除标志域外,邻接多重表与邻接表表达的信息是相同的,因此,操作的实现也基本相似。

边集数组适合对边依次进行处理的运算,不适合对顶点的运算和对任一条边的运算。从空间复杂性上讲,边集数组也适合表示稀疏图。

图的邻接矩阵、邻接表示和边集数组表示各有利弊,具体应用时,要根据图的稠密和稀疏程度以及运算的要求进行选择。

7.4　图的遍历

7.4.1 深度优先搜索

深度优先遍历

深度优先搜索(Depth-First Search,简称 DFS)的基本思想如下:

(1)从图中某个顶点 V_i 出发,首先访问 V_i。

(2)选择一个与刚访问过的顶点 V_i 相邻接且未访问过的顶点 V_j,并访问该顶点。以该顶点为新顶点,重复步骤(2),直到当前顶点的邻接顶点都已被访问为止。

(3)返回前一个访问过的且仍有未访问的邻接顶点的顶点,找出并访问该顶点的下一个未被访问的邻接顶点,然后重复步骤(2)。

若图以邻接表为存储结构,则深度优先搜索遍历的算法如下:

【算法 7-3】:
```
int visited[MAX_NUM];          /*访问标志数组(全局量),将 MAX_NUM 定义为一个正整数*/
int FirstAdjVex(ALGraph G,VertexType v);        /*获取顶点 v 第一个邻接顶点的序号*/
int NextAdjVex(ALGraph G,VertexType v,VertexType w);
/*获取顶点 v 下一个邻接顶点的序号*/
void DFS(ALGraph G,int v)                       /*图的深度优先遍历算法*/
{   /*从第 v 个顶点出发,递归地深度优先遍历图 G*/
    int w;
    VertexType v1,w1;
    strcpy(v1,GetVex(G,v));
    visited[v]=TRUE;                            /*设置访问标志为 TRUE(已访问)*/
    printf("%s",G.vertices[v].data);
    for(w=FirstAdjVex(G,v1);w>=0;w=NextAdjVex(G,v1,strcpy(w1,GetVex(G,w))))
        if(!visited[w])
            DFS(G,w);                           /*对 v 的尚未访问的邻接顶点 w 递归调用 DFS*/
}
void DFSTraverse(ALGraph G)
{   /*对图 G 进行深度优先遍历*/
    int v;
    for(v=0;v<G.vexnum;v++)
        visited[v]=FALSE;    /*访问标志,数组初始化*/
    for(v=0;v<G.vexnum;v++)
        if(!visited[v])
            DFS(G,v);   /*对尚未访问的顶点调用 DFS*/
    printf("\n");
}
```

如图 7-23 所示为一个无向图和通过深度优先搜索遍历该无向图得到的 DFS 生成树,遍历得到的顶点序列为:$V_0,V_1,V_2,V_3,V_4,V_5,V_6,V_7,V_8$。

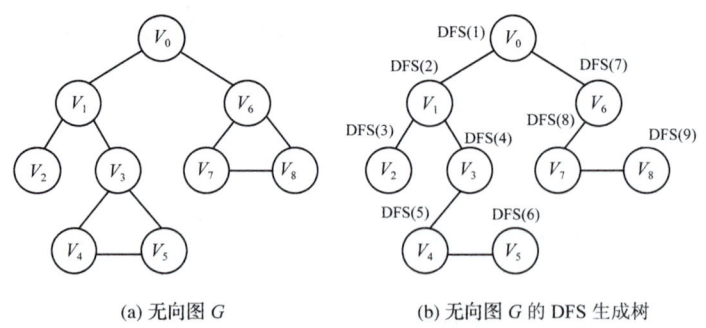

(a) 无向图 G   (b) 无向图 G 的 DFS 生成树

图 7-23 通过深度优先搜索遍历得到的 DFS 生成树

分析图 7-23 中的深度优先搜索算法可知,首先从起始顶点 V_0 开始访问,然后访问与该顶点邻接的未被访问过的顶点 V_1,再从 V_1 出发递归地按照深度优先的方式访问,当所访问的一

个顶点 V_2 的所有邻接顶点都已被访问时,就回到已访问顶点序列中最后一个拥有未被访问的邻接顶点的顶点 V_1,再从 V_1 出发递归地按照深度优先的方式访问,当访问完 V_8 后,任何已被访问过的顶点都没有未被访问的邻接顶点了,则搜索算法结束。另外,需注意的是图的深度优先搜索序列不唯一。

7.4.2 广度优先搜索

广度优先搜索(Breadth-First Search,简称 BFS)的基本思想是:
(1)从图中某个顶点 V_i 出发,首先访问 V_i。
(2)依次访问 V_i 的各个未访问的邻接顶点。
(3)分别从这些邻接顶点(端结点)出发,依次访问它们的各个未访问的邻接顶点(新的端结点)。访问时应保证:如果 V_i 和 V_j 为当前端结点,V_i 在 V_j 之前访问,则 V_i 的所有未访问的邻接顶点应在 V_j 的所有未访问的邻接顶点之前访问。

重复步骤(3),直到所有端结点均没有未访问的邻接顶点为止。

为了实现图的广度优先搜索遍历,算法中使用队列来辅助完成。为了便于算法的理解,在这里对所使用的单链队列的相关操作说明如下,具体算法见 7.6 节。

```
typedef int status;
status InitQueue(LinkQueue &Q)              /*构造一个空队列 Q*/
status QueueEmpty(LinkQueue Q)              /*判断链队列是否为空,队空返回 1,否则返回 0*/
status EnQueue(LinkQueue &Q,DataType x)     /*插入元素 x 为 Q 的新的队尾元素*/
statius DeleteQueue(LinkQueue &Q,DataType * x)
/*删除链队列 Q 的队首元素,将该元素通过 x 返回,删除成功返回 1,否则返回 0*/
```

若图以邻接表为存储结构,则广度优先搜索遍历的算法如下:

【算法 7-4】:
```
int FirstAdjVex(ALGraph G,VertexType v);    /*获取顶点 v 第一个邻接顶点的序号*/
int NextAdjVex(ALGraph G,VertexType v,VertexType w);
/*获取顶点 v 下一个邻接顶点的序号*/
void BFSTraverse(ALGraph G)
{   /*按广度优先非递归遍历图 G,使用辅助单链队列 Q 和访问标志数组 visited*/
    int v,u,w;
    VertexType u1,w1;
    LinkQueue Q;
    for(v=0;v<G.vexnum;++v)
        visited[v]=FALSE;                   /*置初值*/
    InitQueue(Q);                           /*置空的辅助队列 Q*/
    for(v=0;v<G.vexnum;v++)                 /*如果是连通图,只 v=0 就遍历全图*/
        if(!visited[v])                     /*顶点 v 尚未访问*/
        {
            visited[v]=TRUE;
            printf("%s",G.vertices[v].data);  /*访问顶点 v*/
```

```
            EnQueue(Q,v);                    /*顶点 v 入队列*/
        while(! QueueEmpty(Q))               /*队列不空*/
        {
            DeleteQueue(Q,u);                /*队首元素出队并置为 u*/
            strcpy(u1,GetVex(G,u));
            for(w=FirstAdjVex(G,u1);w>=0;w=NextAdjVex(G,u1,strcpy(w1,GetVex(G,w))))
                if(! visited[w])             /*w 为 u 的尚未访问的邻接顶点*/
                {
                    visited[w]=TRUE;
                    printf("%s",G.vertices[w].data);
                    EnQueue(Q,w);            /*w 入队*/
                }
        }
    }
    printf("\n");
}
```

如图 7-24 所示为一个无向图 G 和通过广度优先搜索遍历该无向图得到的 BFS 生成树,遍历得到的顶点序列为:$V_0,V_1,V_6,V_2,V_3,V_7,V_8,V_4,V_5$。

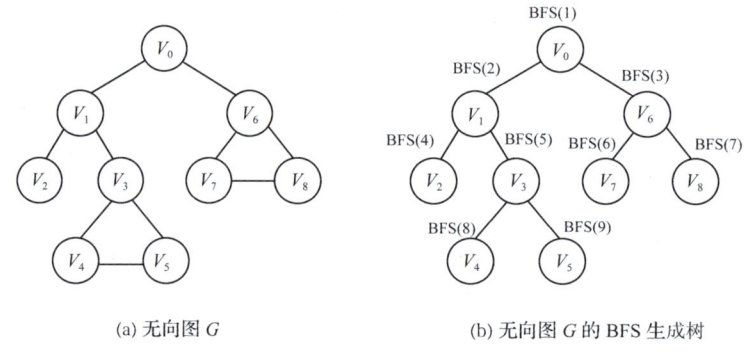

(a) 无向图 G   (b) 无向图 G 的 BFS 生成树

图 7-24 广度优先搜索遍历得到的 BFS 生成树

分析图 7-24 中的广度优先搜索算法可知,先访问顶点 V_0,然后访问 V_0 的所有未被访问过的邻接顶点 V_1 和 V_6,再依次访问 V_1 和 V_6 的所有未被访问的邻接顶点 V_2、V_3 和 V_7、V_8,如此进行下去,再访问 V_4 和 V_5,遍历完所有的顶点。

7.5 图的连通性

7.5.1 无向图的连通性

在无向图 G 中,如果从顶点 V 到顶点 V' 有路径,则称 V 和 V' 是连通的。如果对于图中的任意两个顶点 $V_i,V_j \in V$,V_i 和 V_j 都是连通的,则称无向图 G 为连通图,如图 7-25(a)所示;

否则称为非连通图,如图 7-25(b)所示。非连通图中的每个极大连通子图称为该无向图的连通分量。所谓极大连通子图,是指如果再往该子图中加入原图的任何一个顶点,该子图就不能连通。例如,图 7-25(c)所示为 G_2 的三个连通分量。

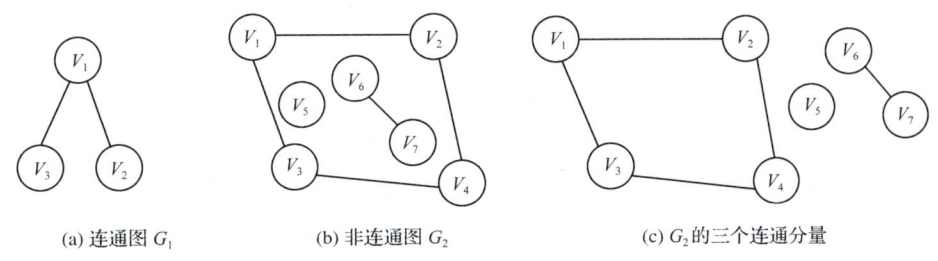

(a) 连通图 G_1 (b) 非连通图 G_2 (c) G_2 的三个连通分量

图 7-25 连通图、非连通图和连通分量

7.5.2 有向图的连通性

在有向图中,若图中任意一对顶点 V_i 和 $V_j(i \neq j)$ 之间均有从顶点 V_i 到顶点 V_j 的一条有向路径,也有从 V_j 到 V_i 的一条有向路径,则称该有向图是强连通图,如图 7-26(a)所示;否则称为非强连通图,如图 7-26(b)所示。非强连通有向图的极大强连通子图称为该有向图的强连通分量,如图 7-26(c)所示。

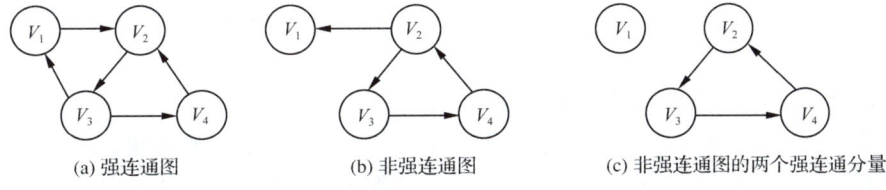

(a) 强连通图   (b) 非强连通图   (c) 非强连通图的两个强连通分量

图 7-26 强连通图、非强连通图和强连通分量

7.5.3 生成树和最小生成树

最小生成树

1. 生成树的概念

假设连通图 G 中有 n 个顶点,则连通图 G 的生成树是该图的一个极小连通子图,必定包含且仅包含 G 的 $n-1$ 条边。如图 7-27 所示,为无向图 G 的四棵生成树。

一个连通图 G 的极小连通子图 T 的特点是:

(1) T 包含 G 的所有顶点。

(2) T 为连通子图。

(3) T 包含的边数最少。

性质 1:一个有 n 个顶点的连通图的生成树有且仅有 $n-1$ 条边。

性质 2:一个连通图的生成树不唯一。

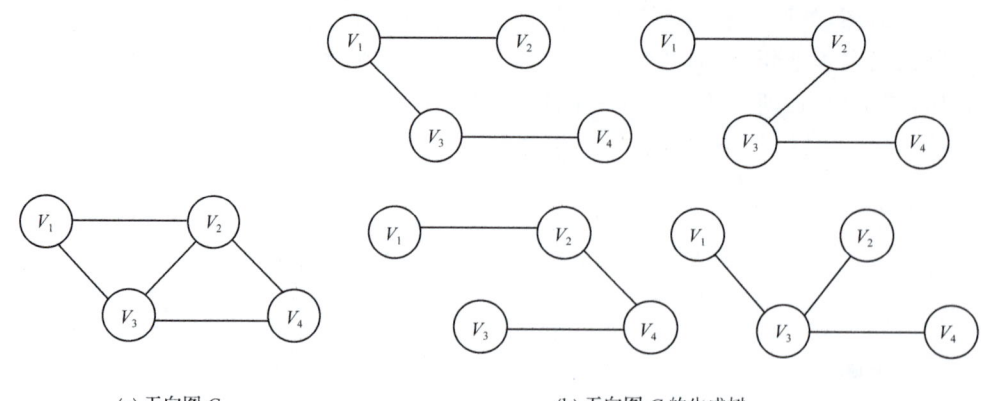

(a) 无向图 G (b) 无向图 G 的生成树

图 7-27 图和图的四棵生成树

在一个网中,所有生成树中必有一棵边的权值总和最小的生成树,我们称这棵生成树为最小代价生成树,简称为最小生成树(简称 MST)。MST 具有以下重要性质:假设 $G(V,E)$ 是一个无向连通网,U 是顶点集 V 的一个非空子集。若(u,v)是一条具有最小权值的边,其中 $u \in U, v \in V-U$,则必存在一棵包含(u,v)的最小生成树。

构造最小生成树的算法有两种:普里姆算法(Prim)和克鲁斯卡尔(Kruskal)算法。

2. 普里姆(Prim)算法

Prim 算法的基本思想是:

假设 $N=(V,E)$ 是连通网,生成的最小生成树为 $T=(V,TE)$,求 T 的步骤如下:

(1)初始化:$U=\{u_0\}, TE=\{\ \}$。

(2)在所有 $u \in U, v \in V-U$ 的边(u,v)中,找一条权最小的边(u_0,v_0),$TE+\{(u_0,v_0)\} \rightarrow TE, \{v_0\}+U \rightarrow U$。

(3)如果 $U==V$,则算法结束;否则,重复(2)。

最后得到最小生成树 $T=<V,TE>$,其中,TE 为最小生成树的边集。

Prim 算法的时间复杂度为 $O(n^2)$,与图中的边数无关,该算法适合于稠密图。

如图 7-28 和图 7-29 所示分别为一个无向网 G 和用 Prim 算法构造该图最小生成树的过程。

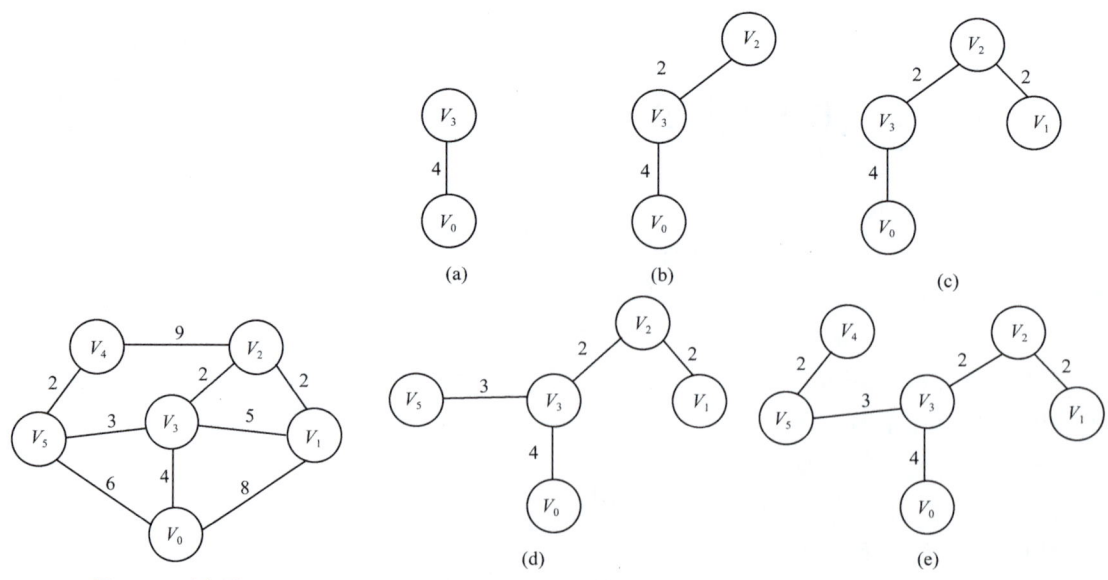

图 7-28 无向网 G 图 7-29 用 Prim 算法构造图 7-28 中无向网 G 的最小生成树的过程

3. 克鲁斯卡尔(Kruskal)算法

Kruskal算法的基本思想是:

(1)对于图$G=(V,E)$,先将顶点集分为V个等价类,每个等价类包含一个顶点。

(2)以权值从小到大为顺序处理各条边,如果某条边连接两个不同等价类的顶点,两个等价类被合并为一个。

(3)反复执行此过程,直到只剩下一个等价类。

该算法构造G的最小生成树的基本步骤是:

首先将G的n个顶点看作n个孤立的连通分支,将所有的边按权值从小到大排序,然后从第一条边开始,按照边权值递增的顺序查看每一条边,并按下述方法连接两个不同的连通分支:当查看到第k条边(v,w)时,如果端点v和w分别是当前两个不同的连通分支T_1和T_2中的顶点时,就用边(v,w)将T_1和T_2连接成一个连通分支,然后继续查看第$k+1$条边;如果端点v和w在当前的同一个连通分支中,就直接查看第$k+1$条边。这个过程一直进行到只剩下一个连通分支时为止。如图7-30所示为用Kruskal算法构造图7-28中无向网G的最小生成树的过程。

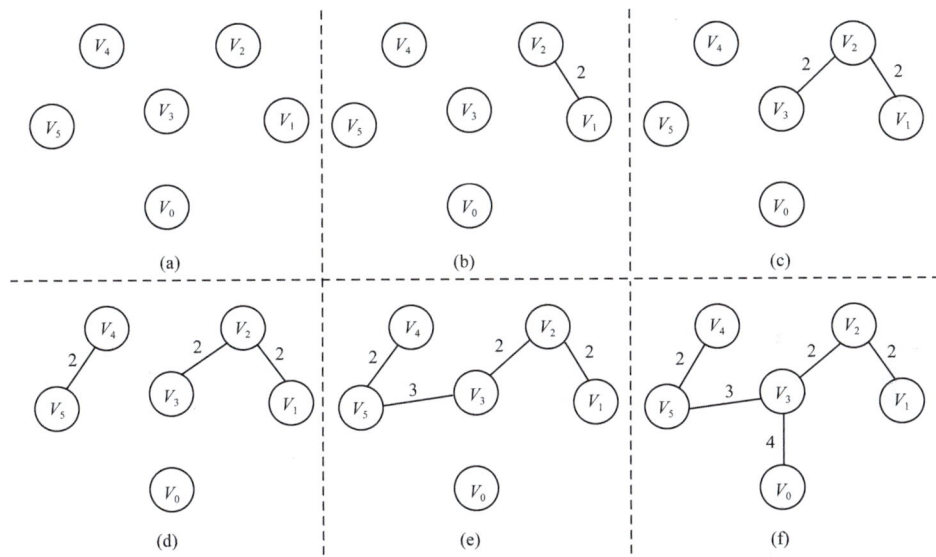

图7-30 用Kruskal算法构造图7-28中无向网G的最小生成树的过程

Kruskal算法的时间复杂度为$O(e\lg e)$,时间主要取决于边数,较适合于稀疏图。

7.6 图的应用

7.6.1 拓扑排序

对工程的活动加以抽象:图中顶点表示活动,有向边表示活动之间的优先关系,这样的有向图称为顶点表示活动的网(Activity On Vertex Network,AOV网)。拓扑排序就是将AOV

网中的所有顶点排列成一个线性序列,并且满足条件:在 AOV 网中,如果从顶点 v_i 到顶点 v_j 存在一条路径,则在该线性序列中,顶点 v_i 一定出现在 v_j 之前。拓扑排序可以将 AOV 网中的各个活动组成一个可行的执行方案。

在大学的某个专业的课程学习过程中,有些课程无前导课程,有些课程必须在完成相关基础课程的学习后才能开始学习。把课程作为顶点,有向边代表课程的先后依赖关系,由此构成一个有向图。从有向图中可以找出课程学习的流程图,以便顺利进行课程学习。解决排课问题可以采用拓扑排序的方法。

对于任何无环有向图,其顶点都可以排在一个拓扑序列里,其拓扑排序的方法是:
(1)从图中选择任意一个入度为 0 的顶点并输出该顶点。
(2)从图中删除此顶点及其所有的出边。
(3)返回步骤(1)重复执行。

拓扑排序对有向无环图才可以排序成功,若图中存在有向环,则该拓扑序列不存在。

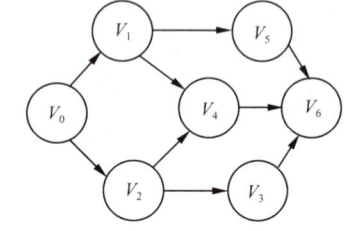

例如,有 $V_0 \sim V_6$ 共七门课程,根据其学习依赖关系构建有向图(图 7-31),为解决排课问题,对该有向图进行拓扑排序,拓扑排序过程如图 7-32(a)~图 7-32(f)所示。

图 7-31 描述课程先后依赖关系的有向图

由图 7-32 所得到的拓扑序列为:$V_0,V_1,V_2,V_3,V_4,V_5,V_6$。

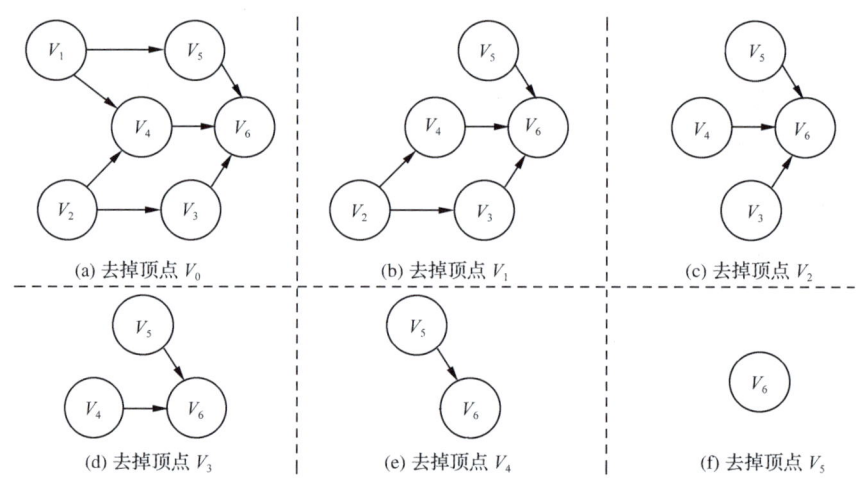

图 7-32 对图 7-31 中有向图进行拓扑排序的过程

图 7-31 所示有向图的拓扑序列并不唯一,例如,还可以得到其他的拓扑序列:$V_0,V_2,V_1,V_3,V_4,V_5,V_6$。

7.6.2 关键路径

有向图在工程计划和经营管理中有着广泛的应用。通常,用有向图来表示工程计划时有两种方法:
(1)用顶点表示活动,用有向弧表示活动间的优先关系,即上节所讨论的 AOV 网。
(2)用顶点表示事件,用弧表示活动,弧的权值表示活动所需要的时间。

我们把用第二种方法构造的有向无环图称为边表示活动的网(Activity On Edge Network),简称 AOE 网,如图 7-33 所示。

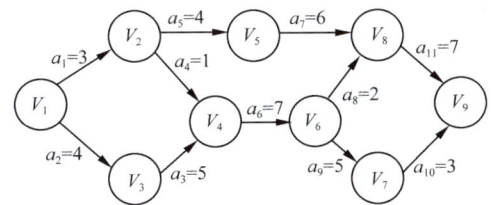

图 7-33　AOE 网

AOE 网在工程计划和管理中非常有用。在实际工作时,人们通常关心两个问题:

(1)哪些活动是影响工程进度的关键活动?

(2)至少需要多长时间能完成整个工程?

在 AOE 网中存在唯一的、入度为零的顶点,称为源点;存在唯一的、出度为零的顶点,称为汇点。从源点到汇点的最长路径的长度即完成整个工程任务所需的时间,该路径称为关键路径。关键路径上的活动称为关键活动。如果这些活动中的任意一项活动未能按期完成,则整个工程的完成时间就要推迟。相反,如果能够加快关键活动的进度,则整个工程可以提前完成。

求关键路径的步骤:

(1)从源点出发,计算各事件的最早开始时间,令起始顶点的最早开始时间为 $ve(1)=0$,按拓扑有序求其余各顶点的最早开始时间。

若活动 a_i 是弧 $<j,k>$,持续时间是 $dut(<j,k>)$,设:

$ve(i)$:事件 v_i 的最早开始时间,即从起点到顶点 v_i 的最长路径长度。

$vl(i)$:事件 v_i 的最晚开始时间,即从起点到终点 v_i 的最短路径长度。

则第 k 个顶点的最早开始时间为:

$$ve[k]=\max\{ve[j]+dut(<j,k>)\} \quad j\in T$$

式中,T 是以顶点 v_k 为头的所有弧的尾顶点的集合($2\leqslant k\leqslant n$)。如果得到的拓扑有序序列中的顶点个数小于网中顶点数 n,则说明该网中存在回路,不能求关键路径,算法终止;否则继续执行步骤(2)。如图 7-34 所示为 AOE 网各顶点的最早开始时间。

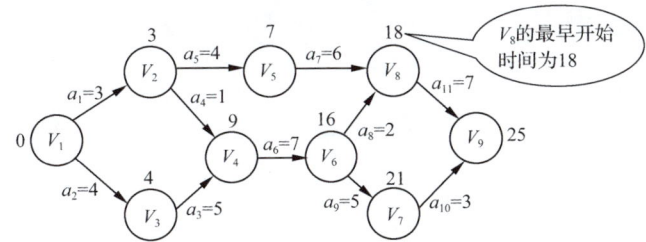

图 7-34　AOE 网各顶点的最早开始时间

(2)从汇点 v_n 出发,计算各事件的最晚开始时间。令汇点的最晚开始时间 $vl[n]=ve[n]$,按拓扑逆序求其余各顶点的最晚开始时间。则第 j 个顶点的最晚开始时间为:

$$vl[j]=\min\{vl[k]-dut(<j,k>)\} \quad k\in S$$

式中,S 是以顶点 v_j 为尾的所有弧的头顶点的集合($1\leqslant j\leqslant n-1$)。如图 7-35 所示为 AOE 网各顶点的最晚开始时间。

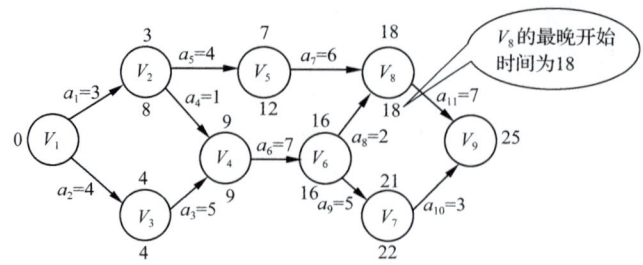

图 7-35 AOE 网各顶点的最晚开始时间

(3)根据各事件的 ve 值和 vl 值,求每个活动的最早开始时间 $e[i]=ve[j]$ 和最晚开始时间 $l[i]=vl[k]-dut(<j,k>)$,满足 $e(i)==l(i)$ 条件的所有活动即关键活动。如图 7-36 所示为 AOE 网的关键路径(虚线所示)。

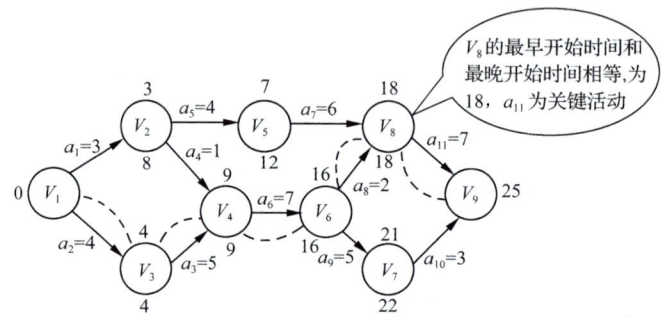

图 7-36 AOE 网的关键路径(虚线所示)

表 7-4 中给出了图 7-36 中 AOE 网的关键路径的求解过程。

表 7-4 图 7-36 中 AOE 网的关键路径的求解过程

求解过程	V_1	V_2	V_3	V_4	V_5	V_6	V_7	V_8	V_9
max{$ve[j]+dut$ $(<j,k>)$}	0	$ve[1]+a_1$ $=0+3$	$ve[1]+a_2$ $=0+4$	$ve[3]+a_3$ $=4+5$	$ve[2]+a_5$ $=3+4$	$ve[4]+a_6$ $=9+7$	$ve[6]+a_9$ $=16+5$	$ve[6]+a_8$ $=16+2$	$ve[8]+a_{11}$ $=18+7$
$ve(i)$	0	3	4	9	7	16	21	18	25
min{$vl[k]-dut$ $(<j,k>)$}	$vl[3]-a_2$ $=4-4$	$vl[5]-a_5$ $=12-4$	$vl[4]-a_3$ $=9-5$	$vl[6]-a_6$ $=16-7$	$vl[8]-a_7$ $=18-6$	$vl[8]-a_8$ $=18-2$	$vl[9]-a_{10}$ $=25-3$	$vl[9]-a_{11}$ $=25-7$	$vl(9)=$ $ve(9)$
$vl(i)$	0	8	4	9	12	16	22	18	25
关键活动	a_2	无	a_3	a_6	无	a_8	无	a_9	

AOE 网数据类型定义如下:
\#define MVNum 100
\#include <stdlib.h>
\#include <stdio.h>
typedef struct node{   /*边表结点类型*/
    int adjvex;   /*顶点的序号*/
    int dut;   /*边上的权值*/
    struct node * next;   /*指向下一条边的指针*/
}EdgeNode;

```
typedef struct vnode{           /*顶点表结点*/
    int vertex;                 /*顶点域*/
    int id;                     /*顶点入度*/
    EdgeNode *link;             /*边表头指针*/
}VNode,Adjlist[MVNum];          /*邻接表*/
typedef Adjlist AOELGraph;      /*定义为AOE网类型*/
```

注意,当缩短关键路径上关键活动的完成时间到一定程度后,继续缩短则没有任何影响了,因为它可能不是最长的路径了,即不是关键活动了。

7.6.3 最短路径

最短路径问题是图的又一个比较典型的应用问题。例如,给定 n 个城市以及这些城市之间的距离,能否找到城市 A 到城市 B 之间距离最近的一条通路呢?如果将城市用点表示,城市间用边连接,城市之间的距离作为边的权值,则该问题可转换为在网中求点 A 到点 B 的所有路径中边的权值之和最短的路径,这条路径就是两点之间的最短路径,并称路径上的第一个顶点为源点(Sourse),最后一个顶点为终点(Destination)。在非网图中,最短路径是指两点之间经历的边数最少的路径。在网中,最短路径是指路径上各边权值总和最小的路径。

1. 求单源最短路径的迪杰斯特拉(Dijkstra)算法

单源最短路径问题,即在已知网中找出从某个源点到网中其余各顶点的最短路径。单源最短路径问题可以采用迪杰斯特拉算法实现。

若已知顶点序列 $V_0,V_1,V_2,V_3,\cdots,V_n$ 是 V_0 到 V_n 的最短路径,则途经的 $V_0,V_1,V_2,\cdots,V_i$ 也是 V_0 到 V_i 的最短路径。由此可知,迪杰斯特拉算法求最短路径的实现思想是:

(1)采用带权的邻接矩阵存储图。设有向图 $G=(V,E)$,其中,$V=\{1,2,\cdots,n\}$,用 $cost$ 表示 G 的邻接矩阵,$cost[i][j]$ 表示有向边 $<i,j>$ 的权。若不存在有向边 $<i,j>$,则 $cost[i][j]$ 的值为无穷大(可取值为最大整数)。

(2)设顶点集合 S 用来保存已经求得从源点出发最短距离的顶点。设顶点 v_1 为源点,集合 S 的初始状态只包含顶点 v_1。用数组 dt 保存从源点到其他各顶点当前的最短距离,其初值为 $dt[i]=cost[v_1][i], i=2,\cdots,n$。

(3)从 S 之外的顶点集合 $V-S$ 中选出一个顶点 w,使 $dt[w]$ 的值最小。于是从源点到达 w 只通过 S 中的顶点,把 w 加入集合 S 中,调整 dt 中的从源点到 $V-S$ 中每个顶点 v 的距离:从原来的 $dt[v]$ 和 $dt[w]+cost[w][v]$ 中选择较小的值作为新的 $dt[v]$。

重复上述过程,直到 S 中包含 V 中其余顶点的最短路径。

最终结果是:S 记录了从源点到该顶点存在最短路径的顶点集合,数组 dt 记录了从源点到 V 中其余各顶点之间的最短路径,pre 是最短路径的路径数组,其中 $pre[i]$ 表示从源点到顶点 i 之间的最短路径的前驱顶点。表 7-5 给出了如图 7-37 所示的有向网 G 中源点 V_0 到其余各顶点的最短路径的求解过程。

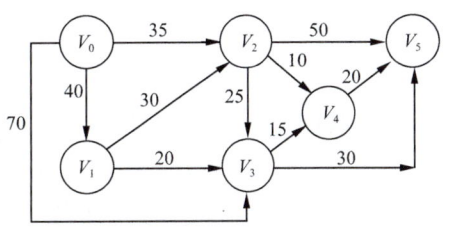

图 7-37 有向网 G

表 7-5　图 7-37 所示有向网 G 中源点 V_0 到其余各顶点的最短路径的求解过程

步骤		顶点					S
		1	2	3	4	5	
初始	dt	40	35	70	∞	∞	{0}
	pre	0	0	0	0	0	
1	dt	40	**35**	60	45	85	{0,2}
	pre	0	0	2	2	2	
2	dt	**40**	35	60	45	85	{0,2,1}
	pre	0	0	2	2	2	
3	dt	40	35	60	**45**	65	{0,2,1,4}
	pre	0	0	2	2	4	
4	dt	40	35	**60**	45	65	{0,2,1,4,3}
	pre	0	0	2	2	4	
5	dt	40	35	60	45	**65**	{0,2,1,4,3,5}
	pre	0	0	2	2	4	

2. 求每对顶点之间的最短路径**

每对顶点间的最短路径可表述为：已知图 $G=(V,E)$，对任意的顶点 $V_i,V_j \in V$，求从 V_i 到 V_j 的最短路径。每对顶点间的最短路径可采用弗洛伊德(Floyd)算法求解。

弗洛伊德算法从图的邻接矩阵开始，按照顶点 $V_0,V_1,\cdots,V_{n-1}$ 的次序，分别以每个顶点 $V_k(0 \leqslant k \leqslant n-1)$ 作为新考虑的中间点，在第 $k-1$ 次运算得到的 $A^{(k-1)}$ ($A^{(k-1)}$ 为图的邻接矩阵 GA) 的基础上，求出每对顶点 V_i 到 V_j 的目前最短路径长度 $A^{(k)}[i][j]$，计算公式为：

$$A^{(k)}[i][j] = \min(A^{(k-1)}[i][j], A^{(k-1)}[i][k] + A^{(k-1)}[k][j]) \quad (0 \leqslant i \leqslant n-1, 0 \leqslant j \leqslant n-1)$$

其中，min 函数返回其参数表中的较小值，参数表中的前项表示在第 $k-1$ 次运算后得到的从 V_i 到 V_j 的目前最短路径长度，后项表示考虑以 V_k 作为新的中间点所得到的从 V_i 到 V_j 的路径长度。若后项小于前项，则表明以 V_k 作为中间点(不排除已经以 $V_0,V_1,\cdots,V_{k-1}$ 中的一部分或全部作为其中间点)使得从 V_i 到 V_j 的路径长度变短，所以应把它的值赋给 $A^{(k)}[i][j]$，否则把 $A^{(k-1)}[i][j]$ 的值赋给 $A^{(k)}[i][j]$。总之，使 $A^{(k)}[i][j]$ 保存第 k 次运算后得到的从 V_i 到 V_j 的目前最短路径长度。当 k 从 0 取到 $n-1$ 后，矩阵 $A^{(n-1)}$ 就是最后得到的结果，其中每个元素 $A^{(n-1)}[i][j]$ 就是从顶点 V_i 到 V_j 的最短路径长度。

弗洛伊德算法的基本步骤如下：

(1) 若图用邻接矩阵存储，设置顶点集 $S=\{\}$(初值为空)，用数组 dt 存储最短路径长度。其中，元素 $dt[i][j]$ 保存从 V_i 只经过 S 中的顶点到达 V_j 的最短路径长度。

采用下列方式为 $dt[i][j]$ 赋初值：

$$dt[i][j] = \begin{cases} 0 & i=j \\ W_{ij} & i \neq j \text{ 且 } <v_i,v_j> \in E, W_{ij} \text{ 为弧上的权值} \\ \infty & i \neq j \text{ 且 } <v_i,v_j> \notin E \end{cases}$$

(2) 将图中一个顶点 V_k 加入 S 中，修改 $dt[i][j]$ 的值，修改方法是：

$$dt[i][j] = \min\{dt[i][j], (dt[i][k]+dt[k][j])\}$$

注：从 V_i 只经过 S 中的顶点 V_k 到达 V_j 的路径长度可能比原来不经过 V_k 的路径更短。

(3) 重复步骤(2)，直到图 G 的所有顶点都加入 S 中为止。

7.7 案例实现：课程信息管理

7.7.1 案例分析

已知课程关系图如图7-38所示，图中的顶点代表课程，有向边代表课程的先后依赖关系。输出该专业课程信息和学习的先后依赖关系可转换为有向图的遍历。可通过图的广度优先遍历和深度优先遍历两种方式实现课程的遍历和信息输出。本案例在高版本编译器中需使用C++文件(.cpp文件)运行。

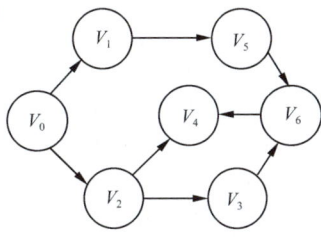

图7-38 有向网 G

有向图采用邻接表存储，程序中使用的数据结构描述如下：

1. 邻接表表结点的定义

```
typedef struct ArcNode
{
    int adjvex;                 /*该弧所指向的顶点的位置*/
    struct ArcNode * nextarc;   /*指向下一条弧的指针*/
};
```

2. 邻接表头结点的定义

```
#define MAX_NUM 20
typedef struct
{
    VertexType data;            /*顶点信息*/
    struct ArcNode * firstarc;  /*第一个表结点的地址,指向第一条依附该顶点的弧的指针*/
}VNode,AdjList[MAX_NUM];
```

3. 有向图邻接表的定义

```
typedef struct ALGraph
{
    AdjList vertices;
    int vexnum,arcnum;          /*图的当前顶点数和弧数*/
};
```

4. 广度优先遍历时使用的辅助队列定义

```
typedef int DataType           /*队列类型*/
/*单链队列——队列的链式存储结构*/
typedef struct QNode
{
    DataType data;
    struct QNode * next;
}QNode;                        /*结点类型定义*/
```

```
typedef struct
{
    QNode * front;              /* 队首指针 */
    QNode * rear;               /* 队尾指针 */
}LinkQueue;
```

7.7.2　案例实现

源程序如下：
```
/* 头文件 */
#include <string.h>
#include <malloc.h>              /* 程序中调用 malloc()等函数 */
#include <stdio.h>               /* 程序中使用 EOF(=^Z 或 F6),NULL */
#include <math.h>                /* 程序中调用 floor()、ceil()和 abs()等函数 */
#include <process.h>             /* 程序中调用 exit() */
/* 函数结果状态代码 */
#define TRUE 1
#define FALSE 0
#define OK 1
#define ERROR 0
typedef int Status;              /* Status 值是函数结果状态代码,如 OK 或 ERROR 等 */
typedef int Boolean;             /* Boolean 值是 TRUE 或 FALSE */
#define MAX_NAME 3               /* 顶点字符串的最大长度+1 */
typedef char VertexType[MAX_NAME];   /* 字符串类型 */
/* 图的邻接表存储表示 */
#define MAX_NUM 20
typedet struct ArcNode
{
    int adjvex;                  /* 该弧所指向的顶点的位置 */
    struct ArcNode * nextarc;    /* 指向下一条弧的指针 */
} ArcNode;                       /* 表结点 */
typedef struct VNode
{
    VertexType data;             /* 顶点信息 */
    struct ArcNode * firstarc;   /* 第一个表结点的地址,指向第一条依附该顶点的弧的指针 */
}VNode,AdjList[MAX_NUM];         /* 头结点 */
typedet struct ALGraph
{
    AdjList vertices;
    int vexnum,arcnum;           /* 图的当前顶点数和弧数 */
} ALGraph;
```

```c
/*广度优先非递归遍历图 G 时使用的辅助队列定义*/
typedef int DataType;                  /*队列类型*/
/*单链队列——队列的链式存储结构*/
typedef struct QNode
{
    DataType data;
    struct QNode *next;
}QNode;                                /*结点类型定义*/
typedef struct LinkQueue
{
    QNode *front;                      /*队首指针*/
    QNode *rear;                       /*队尾指针*/
}LinkQueue;
Boolean visited[MAX_NUM];              /*访问标识数组(全局量)*/
int CreateGraph(ALGraph &G);   /*采用邻接表存储结构,创建有向图,详细代码见算法 7-2*/
void DFS(ALGraph G,int v);     /*从第 v 个顶点出发递归地深度优先遍历图 G,详细代码见算法 7-3*/
void DFSTraverse(ALGraph G);   /*对图 G 做深度优先遍历,详细代码见算法 7-3*/
void BFSTraverse(ALGraph G);   /*对图 G 做广度优先非递归遍历,详细代码见算法 7-4*/
/***************************************************/
/*函数名:LocateVex                                  */
/*函数功能:图的顶点定位                              */
/*形参说明:G——图                                    */
/*          u——VertexType 类型                      */
/*返回值:i——整型,查找成功时该顶点在图中位置,不成功时为-1 */
/***************************************************/
int LocateVex(ALGraph G,VertexType u)
{
    int i;
    for(i=0;i<G.vexnum;++i)
        if(strcmp(u,G.vertices[i].data)==0)
            return i;
    return -1;
}
/***************************************************/
/*函数名:GetVex                                     */
/*函数功能:获取图中顶点的值                          */
/*形参说明:G——图                                    */
/*          v——整型,G 中某个顶点的序号              */
/*返回值:返回顶点 v 的值                             */
/***************************************************/
VertexType& GetVex(ALGraph G,int v)
{
    if(v>=G.vexnum||v<0)
```

```
        exit(ERROR);
    return G.vertices[v].data;
}
/*********************************************************/
/* 函数名:FirstAdjVex                                     */
/* 函数功能:获取某个顶点第一个邻接顶点的序号              */
/* 形参说明:G——图                                        */
/*          v——VertexType 类型,v 是 G 中某个顶点         */
/* 返回值:返回 v 的第一个邻接顶点的序号。若没有邻接顶点,则返回-1 */
/*********************************************************/
int FirstAdjVex(ALGraph G,VertexType v)
{
    ArcNode * p;
    int v1;
    v1=LocateVex(G,v);                    /* v1 为顶点 v 在图 G 中的序号 */
    p=G.vertices[v1].firstarc;
    if(p)
        return p->adjvex;
    else
        return -1;
}
/*********************************************************/
/* 函数名:NextAdjVex                                      */
/* 函数功能:获取某个顶点下一个邻接顶点的序号              */
/* 形参说明:G——图                                        */
/*          v——VertexType 类型,v 是 G 中某个顶点         */
/*          w——VertexType 类型,w 是 v 的邻接顶点         */
/* 返回值:返回 v 的(相对于 w 的)下一个邻接顶点的序号      */
/*        若 w 是 v 的最后一个邻接点,则返回-1             */
/*********************************************************/
int NextAdjVex(ALGraph G,VertexType v,VertexType w)
{
    ArcNode * p;
    int v1,w1;
    v1=LocateVex(G,v);                    /* v1 为顶点 v 在图 G 中的序号 */
    w1=LocateVex(G,w);                    /* w1 为顶点 w 在图 G 中的序号 */
    p=G.vertices[v1].firstarc;
    while(p&&p->adjvex!=w1)               /* 指针 p 不空且所指表结点不是 w */
        p=p->nextarc;
    if(!p||!p->nextarc)                   /* 没找到 w 或 w 是最后一个邻接点 */
        return -1;
    else
        return p->nextarc->adjvex;        /* 返回 v 的(相对于 w 的)下一个邻接顶点的序号 */
}
```

/**/
/* 函数名:InitQueue   */
/* 函数功能:构造一个空队列 Q   */
/* 形参说明:Q——队列   */
/* 返回值:成功时返回 OK   */
/**/
Status InitQueue(LinkQueue &Q)
{
    if(!(Q.front=Q.rear=(QNode *)malloc(sizeof(QNode))))
        exit(OVERFLOW);
    Q.front->next=NULL;
    return OK;
}

/**/
/* 函数名:QueueEmpty   */
/* 函数功能:判断队列 Q 是否为空   */
/* 形参说明:Q——队列   */
/* 返回值:队列为空返回 TRUE,否则返回 FALSE   */
/**/
Status QueueEmpty(LinkQueue Q)
{
    if(Q.front==Q.rear)
        return TRUE;
    else
        return FALSE;
}

/**/
/* 函数名:EnQueue   */
/* 函数功能:入队操作   */
/* 形参说明:Q——队列   */
/*   e—待插入元素   */
/* 返回值:插入成功返回 OK   */
/**/
Status EnQueue(LinkQueue &Q,DataType e)
{
    QNode *p;
    if(!(p=(QNode *)malloc(sizeof(QNode))))   /*存储分配失败*/
        exit(OVERFLOW);
    p->data=e;
    p->next=NULL;
    Q.rear->next=p;
    Q.rear=p;
    return OK;
}

/***/
/* 函数名:DeQueue   */
/* 函数功能:出队操作   */
/* 形参说明:Q——队列   */
/*   e——返回队首元素   */
/* 返回值:插入成功返回OK,否则返回ERROR   */
/***/
Status DeQueue(LinkQueue &Q,DataType &e)
{
    QNode *p;
    if(Q.front==Q.rear)
        return ERROR;
    p=Q.front->next;
    e=p->data;
    Q.front->next=p->next;
    if(Q.rear==p)
        Q.rear=Q.front;
    free(p);
    return OK;
}

/***/
/* 函数名:Display   */
/* 函数功能:输出图的邻接表G   */
/* 形参说明:G——图   */
/* 返回值:无   */
/***/
void Display(ALGraph G)
{
    int i;
    ArcNode *p;
    printf("有向图\n");
    printf("%d 个顶点:\n",G.vexnum);
    for(i=0;i<G.vexnum;++i)
        printf("%s ",G.vertices[i].data);
    printf("\n%d 条弧(边):\n",G.arcnum);
    for(i=0;i<G.vexnum;i++)
    {
        p=G.vertices[i].firstarc;
        while(p)
        {
            printf("%s→%s ",G.vertices[i].data,G.vertices[p->adjvex].data);
            p=p->nextarc;
        }

```
        printf("\n");
    }
}
/************************************/
/* 函数名:main                      */
/* 函数功能:主函数                   */
/* 形参说明:无                      */
/* 返回值:0                         */
/************************************/
int main()
{
    ALGraph g;
    printf("请选择有向图\n");
    CreateGraph(g);
    Display(g);
    printf("采用深度优先搜索的结果:\n");
    DFSTraverse(g);
    printf("采用广度优先搜索的结果:\n");
    BFSTraverse(g);
    return 0;
}
```

程序运行结果如图 7-39 所示。

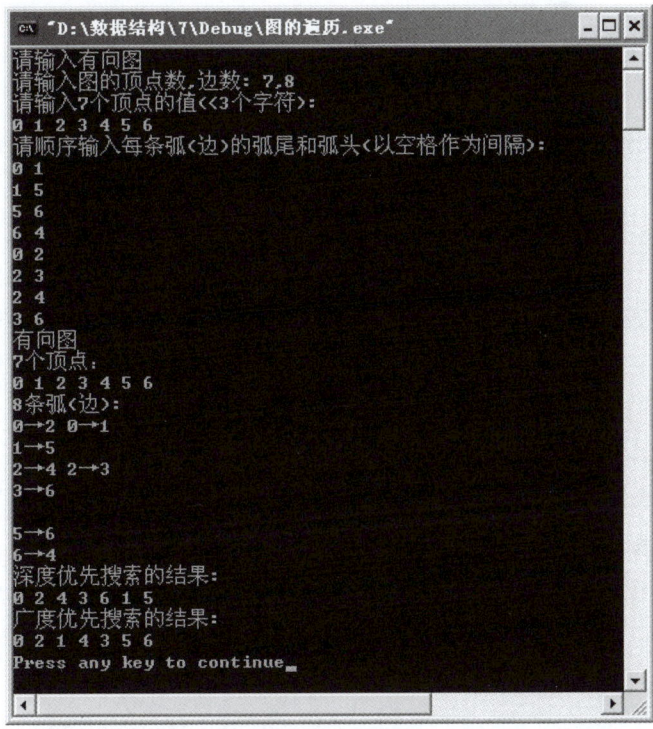

图 7-39 输入如图 7-38 所示有向图进行广度优先遍历和深度优先遍历的程序运行结果

本章小结

1. 本章介绍了图的各种存储结构:邻接矩阵、邻接表、十字链表、邻接多重表和边集数组表示法。由于实际问题的求解效率与采用何种存储结构和算法有密切联系,掌握图的各种存储结构和相应的算法十分必要。

2. 图的遍历分为深度优先搜索和广度优先搜索。两种算法的具体实现依赖图的存储结构,在学习中应注意图的遍历算法与树的遍历算法之间的类似和差异。

3. 图的应用涉及面广泛,主要有:图的连通性、连通分量、最小生成树(求最小生成树的两种方法:Prim方法和Kruskal方法)、拓扑排序、求关键路径的基本方法以及Dijkstra和Floyd两类求最短路径问题的方法。

习 题

一、选择题

1. 在一个图中,所有顶点的度数之和等于所有边数的(　　)倍。
   A. 1/2　　　　　　B. 1　　　　　　C. 2　　　　　　D. 4

2. 在一个有向图中,所有顶点的入度之和等于所有顶点的出度之和的(　　)倍。
   A. 1/2　　　　　　B. 1　　　　　　C. 2　　　　　　D. 4

3. 一个具有 n 个顶点的无向图最多有(　　)条边。
   A. n　　　　　　B. $n(n-1)$　　　　C. $n(n-1)/2$　　　D. $2n$

4. 具有 8 个顶点的无向图最多有(　　)条边。
   A. 14　　　　　　B. 28　　　　　　C. 56　　　　　　D. 112

5. 具有 8 个顶点的无向图至少应有(　　)条边才能确保是一个连通图。
   A. 5　　　　　　B. 6　　　　　　C. 7　　　　　　D. 8

6. 在一个具有 n 个顶点的无向图中,要连通全部顶点至少需要(　　)条边。
   A. n　　　　　　B. $n+1$　　　　　C. $n-1$　　　　　D. $n/2$

7. 具有 n 个顶点的无向图,若采用邻接矩阵表示,则该矩阵的大小是(　　)。
   A. n　　　　　　B. $(n-1)^2$　　　　C. $n-1$　　　　　D. n^2

8. 给定有向图如图 7-40 所示,则该图的一个强连通分量是(　　)。
   A. $\{V_0, V_1, V_3, V_2, V_4, V_5\}$　　　　　　B. $\{V_0, V_1, V_2, V_3, V_4, V_5\}$
   C. $\{V_0, V_1, V_2, V_3, V_5, V_4\}$　　　　　　D. $\{V_0, V_5, V_1, V_2, V_3, V_4\}$

9. 如图 7-41 所示,若从图中顶点 V_0 出发按深度优先搜索算法进行遍历,则可能得到的一种顶点序列为(　　);按宽度优先搜索算法进行遍历,则可能得到的一种顶点序列为(　　)。
   ①A. $V_0, V_2, V_1, V_3, V_4, V_5$　　　　　　B. $V_0, V_2, V_3, V_1, V_4, V_5$
   　C. $V_0, V_2, V_3, V_1, V_5, V_4$　　　　　　D. $V_0, V_3, V_4, V_5, V_1, V_2$
   ②A. $V_0, V_2, V_3, V_1, V_4, V_5$　　　　　　B. $V_0, V_1, V_2, V_3, V_4, V_5$
   　C. $V_0, V_1, V_2, V_3, V_4, V_5$　　　　　　D. $V_0, V_3, V_2, V_1, V_4, V_5$

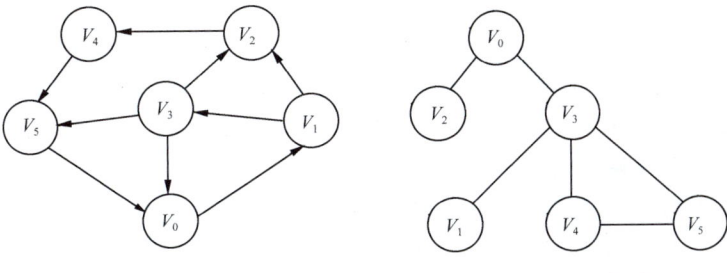

图 7-40　有向图　　　　　　　　　图 7-41　无向图

10.采用邻接表存储的图的深度优先遍历算法类似于树的(　　)。
　A.先序遍历　　　　B.中序遍历　　　　C.后序遍历　　　　D.按层遍历
11.采用邻接表存储的图的宽度优先遍历算法类似于树的(　　)。
　A.先序遍历　　　　B.中序遍历　　　　C.后序遍历　　　　D.按层遍历
12.判定一个有向图是否存在回路,除了可用拓扑排序方法外,还可以利用(　　)。
　A.求关键路径的方法　　　　　　　B.求最短路径的 Dijkstra 方法
　C.宽度优先遍历算法　　　　　　　D.深度优先遍历算法
13.用邻接表表示图进行广度优先遍历时,通常是采用(　　)来实现算法的。
　A.栈　　　　　　　B.队列　　　　　　C.树　　　　　　　D.图
14.用邻接表表示图进行深度优先遍历时,通常是采用(　　)来实现算法的。
　A.栈　　　　　　　B.队列　　　　　　C.树　　　　　　　D.图
15.任何一个无向连通图的最小生成树(　　)。
　A.只有一棵　　　　B.一棵或多棵　　　C.一定有多棵　　　D.可能不存在

二、填空题

1.n 个顶点的连通图至少有_____条边。
2.在无权图 G 的邻接矩阵 A 中,若 (vi,vj) 或 $<vi,vj>$ 属于图 G 的边集,则对应元素 $A[i][j]$ 等于_____,否则等于_____。
3.在无向图 G 的邻接矩阵 A 中,若 $A[i][j]$ 等于 1,则 $A[j][i]$ 等于_____。
4.已知图 G 的邻接表如图 7-42 所示,其从顶点 V_1 出发的深度优先搜索序列为_____
_____,其从顶点 V_1 出发的宽度优先搜索序列为_____。

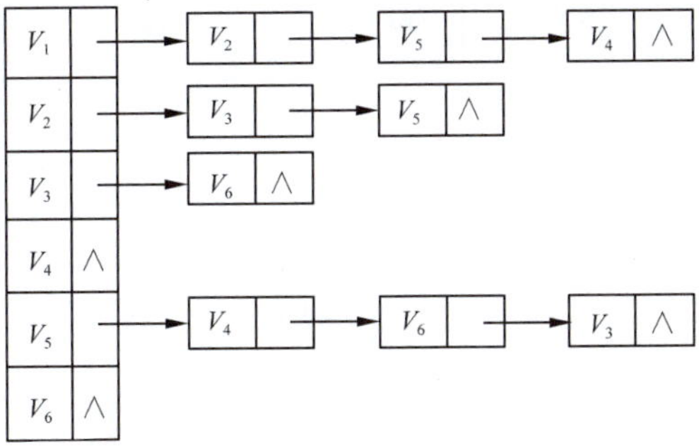

图 7-42　邻接表

5.已知一个图的邻接矩阵表示,计算第 i 个结点的入度的方法是_____。
6.已知一个图的邻接矩阵表示,删除所有从第 i 个结点出发的边的方法是_____。
7.图是一种非线性数据结构,由两个集合 $V(G)$ 和 $E(G)$ 组成,$V(G)$ 是_____的非空有限集合，$E(G)$ 是_____的有限集合。

8. 遍历图的基本方法有_____优先搜索和_____优先搜索两种方法。

9. n 个顶点的有向图最多有_____条弧；n 个顶点的无向图最多有_____条边。

10. 有向图 G 用邻接矩阵存储，其第 i 行的所有元素之和等于顶点 i 的_____。

11. 图的逆邻接表存储结构只适用于_____图。

12. 图的深度优先遍历序列_____唯一的。

13. n 个顶点、e 条边的图采用邻接矩阵存储，深度优先遍历算法的时间复杂度为_____；若采用邻接表存储时，该算法的时间复杂度为_____。

14. n 个顶点、e 条边的图采用邻接矩阵存储，广度优先遍历算法的时间复杂度为_____；若采用邻接表存储，该算法的时间复杂度为_____。

三、判断题

1. 对任意一个图，从它的某个顶点出发进行一次深度优先或广度优先遍历可访问到该图的每个顶点。（ ）

2. 在有向图中，若存在有向边 $<V_1,V_2>$，则一定存在有向边 $<V_2,V_1>$。（ ）

3. 对任意一个图，从它的某个顶点出发进行一次深度优先或广度优先遍历后，并不一定能访问到该图的每个顶点。（ ）

4. 用邻接矩阵法存储一个图时，在不考虑压缩存储的情况下，所占用的存储空间大小只与图中结点个数有关，而与图的边数无关。（ ）

四、综合题

1. 给出如图 7-43 所示的无向图 G 的邻接矩阵和邻接表两种存储结构。

2. 使用普里姆算法构造出如图 7-44 所示的图 G 的一棵最小生成树。

3. 使用克鲁斯卡尔算法构造出如图 7-44 所示的图 G 的一棵最小生成树。

4. 试利用 Dijkstra 算法求如图 7-45 所示的图 G 中从顶点 V_5 到其他各顶点间的最短路径，写出执行算法过程中各步的状态。

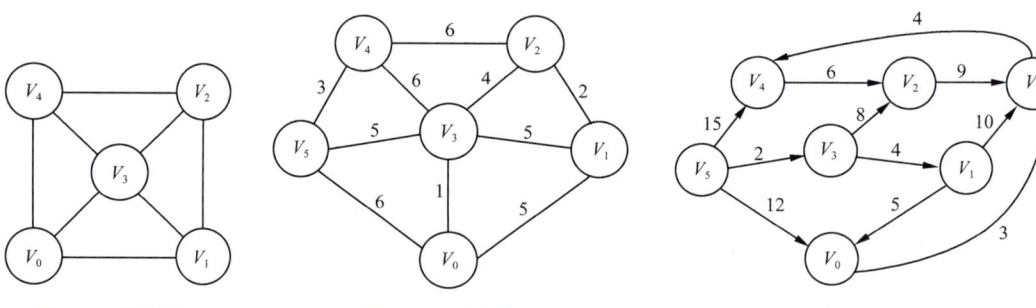

图 7-43　无向图 G　　　　图 7-44　无向网 G　　　　图 7-45　有向网 G

第8章 查找

查找是日常工作中经常使用的操作,如根据账号查找账单以及在通信录中查找某人的信息等。因此,查找是需要认真研究的一种数据处理操作。查找有多种方法,本章主要介绍静态表的顺序查找、二分查找和分块查找,以及动态表的二叉排序树、B-树查找和哈希表查找。

知识目标

- 理解查找和平均查找长度的概念。
- 掌握静态表查找的方法:顺序查找、二分查找和分块查找。
- 掌握动态表查找方法,二叉排序树的基本操作。
- 掌握哈希表组织方式,哈希函数的构造、解决冲突的方法及哈希表的查找操作。

第 8 章思维导图

技能目标

能应用静态表、动态表和哈希表的理论设计算法,解决实际问题。

素质目标

理解各种查找方法的优缺点,引导学生在解决实际问题时,要坚持问题导向、坚持守正创新的精神。

8.1 案例导引

案例:查找综合练习。
要求能实现顺序表的三种查找算法:顺序查找、二分查找和分块查找。
案例探析:
本案例需要运用不同的方式进行查找运算,因此设计两个步骤完成:
(1)需要建立的函数
①为了实现顺序查找或者二分查找,输入元素建立线性表的函数 create()。
②顺序查找函数 seqsearch()。
③二分查找函数(必须对已建立的线性表先排序,再用二分查找)searchbin()。

④为了实现分块查找,输入元素建立线性表的函数 creatF( ),要求在输入元素过程中,同时要建立起索引表。

⑤分块查找函数 blocksearch( )。

(2)运行时通过菜单来选择进行什么操作

===

1:为顺序查找或二分查找建立线性表

2:顺序查找线性表

3:二分查找线性表

4:为分块查找建立线性表

5:分块查找线性表

6:退出系统

===

8.2 查找的基本概念

查找的基本概念

本章将讨论的问题是信息的存储和查找。查找是各种数据结构中必不可少的运算。日常生活中,人们几乎每天都要进行"查找"工作。例如,在电话簿中查阅某人或某单位的电话号码;在字典中查阅某个词的读音和含义;快递员送物品要按收件人的快递单号确定位置等。其中,"电话簿"和"字典"等都可以视为一张查找表,而查找就是在众多信息中找出特定信息的过程。

计算机和网络使信息查询更快捷、方便、准确。在各种系统软件或应用软件中,查找表是最常见的结构之一,如编译程序中的符号表和信息处理系统中的信息表等。数据处理中,经常涉及信息的存储和查找,即对所存储的数据进行快速有效的查找操作,所以查找也是许多计算机应用程序的核心功能。

对计算机信息而言,所谓查找是在一个含有众多数据元素(或记录)的查找表中找出某个特定的数据元素(或记录)。其中,涉及的基本概念有:

(1)查找表(Search Table):是由同一类型的数据元素(或记录)构成的集合。分为静态查找表和动态查找表两类。由于"集合"中的数据元素之间存在着完全松散的关系,因此查找表是一种非常灵便的数据结构。

(2)静态查找表:仅能对查找表进行查找操作,不能进行改动的表。

(3)动态查找表:对查找表除进行查找操作外,还能进行插入、删除和修改操作的表。

(4)关键字(Key):某个特定的词称为关键字,数据元素(或记录)中某个项或组合项的值,用它可以标识一个数据元素(或记录)。能唯一确定一个数据元素(或记录)的关键字称为主关键字(Primary Key);不能唯一确定一个数据元素(或记录)的关键字,称为次关键字(Secondary Key)。

(5)查找(Searching):根据给定的某个值,在查找表中确定一个其关键字等于给定值的记录或数据元素。若表中存在这样的一个记录,则称查找是成功的,此时查找的结果为给出整个记录的信息,或指示该记录在查找表中的位置;若表中不存在其关键字等于给定值的记录,则称查找不成功,此时查找的结果应给出一个"空"记录或"空指针"。关键字是次关键字时,需要查遍表中所有数据元素(或记录),或在可以肯定查找失败时,才能结束查找过程。

如何进行查找?显然在一个结构中查找某个数据元素(或记录)的过程依赖于该数据元素在结构中所处的地位。因此,对表进行查找的方法取决于数据元素(或记录)是依赖何种关系(这种关系是人为加上的)组织在一起的。例如,英文字典中是按单词的字母顺序排放的,查找时就要依据待查单词中每个字母在字母顺序表中的位置查询该单词。

在计算机中进行查找的方法也随数据结构的不同而不同。由于表中数据元素(或记录)之间仅存在着"同属一个集合"的松散关系,给查找带来不便。为此,我们需在数据元素(或记录)之间人为地加上一些关系,以便按某种规则进行查找。

当数据量较大时,查找方法的效率就非常重要。为了衡量查找算法的效率,需要在时间和空间两方面进行权衡。查找算法的主要操作是关键字的比较,通常把查找过程中为确定数据元素(或记录)在表中的位置所进行的关键字比较次数的期望值称为平均查找长度(Average Search Length,ASL),它是衡量查找算法优劣的时间标准。

对一个含 n 个记录的表,查找成功时

$$ASL = \sum_{i=1}^{n} P_i * C_i$$

其中,P_i 为表中第 i 个记录的查找概率;C_i 为找到表中第 i 个记录所需要的关键字与给定值的比较次数。显然,对于不同的查找方法 C_i 可能不同。

另外,衡量一个查找算法还需考虑算法所需的存储量和算法的复杂性等因素。

为讨论方便,本章涉及的关键字类型和数据元素类型统一说明如下:

```
typedef int DataType;              /*根据需要设定数据类型*/
typedef struct
{
    DataType key;                  /*关键字字段*/
    ...                            /*其他字段*/
}SElemType;
```

8.3 线性表的查找

线性表中进行的查找通常属于静态查找,这类查找算法简单。线性表一般有顺序表和链表两种存储结构,结构类型定义如下:

```
/*顺序存储结构*/
typedef struct
{
    SElemType  * elem;             /*数组基址*/
    int length;                    /*表长度*/
}STBL;
/*链式存储结构*/
typedef struct NODE
{
```

```
    SElemType data;              /* 结点的值域 */
    struct NODE * next;          /* 指向下一个结点的指针域 */
}SNodeType;
```

8.3.1 顺序查找

顺序查找(Sequential Search)又称线性查找,是最基本的查找方法之一。其查找思想为:对线性表中所有记录,从表的一端开始,逐个进行给定值与关键字的比较,若相等则查找成功,并给出所查记录或记录在表中的位置;若没有与给定值相等的关键字,则查找失败,给出失败信息。

顺序查找方法适用于线性表的顺序存储结构和链式存储结构。

【算法 8-1】:
```
int search_s(STBL ST,DataType kx)
{   /* 在顺序表 ST 中查找关键字为 kx 的数据元素。若找到,则返回该元素在数组中的下标;否则,返回 0 */
    int i;
    ST.elem[0].key=kx;           /* 存放监视哨,从后向前查找失败时,不必判断表是否结束 */
    for(i=ST.length;ST.elem[i].key!=kx;i--);   /* 从表尾向前查找 */
    return i;
}
```

以顺序存储为例,0 号单元用以存放待查找的记录,记录从下标为 1 的单元开始存放。这里的 ST.elem[0]的作用是保证 while 循环一定能够终止,不需要在循环终止条件中写入"$i>0$"就能免去每一步查找过程都要检测整个表是否查找完毕,ST.elem[0]起到了监视哨的作用。实践证明,当程序的一个循环需要测试两个或多个条件时,应尽量减少测试条件。这样一个程序设计的改进,能够使得顺序查找在 ST.length≥1000 时,进行一次查找所需的平均时间几乎减少一半。监视哨也可以设在高下标处。

本算法中对于具有 n 个记录的表,给定值与表中第 i 个记录的关键字相等,即定位第 i 个记录时,需进行 $n-i+1$ 次关键字比较,即 $C_i=n-i+1$。

查找成功时,顺序查找的平均查找长度为 $ASL=\sum_{i=1}^{n}P_i*(n-i+1)$。

假设总是"查找成功",则 $\sum_{i=1}^{n}P_i=1$,设每个记录的查找概率相等,即 $P_i=\frac{1}{n}$。

则等概率情况下有:$ASL=\sum_{i=1}^{n}\frac{1}{n}(n-i+1)=\frac{n+1}{2}$。

查找不成功时,关键字的比较次数总是 $n+1$ 次。

算法中的基本语句就是关键字的比较操作,因此,查找长度的量级就是查找算法的时间复杂度为 $O(n)$。

许多情况下,查找表中记录的查找概率是不相等的。为了提高查找效率,查找表需依据"查找概率越高,比较次数越少;查找概率越低,比较次数越多"的原则来存储记录。

顺序查找的缺点是平均查找长度较大,特别是当 n 很大时,查找效率较低;优点是对表中记录的存储没有要求,算法简单且适应面广。另外,对于线性链表,只能采用顺序查找。

8.3.2 二分查找

有些情况下,可将待查找记录按其关键字的某种次序进行排列,例如,记录的关键字为整数,可按数值的大小进行排列组织;记录的关键字为字符串,可按字典顺序进行排列组织。任何一个线性表,若所有数据元素(或记录)的关键字在某种次序下进行非递增或非递减的排列(或称为记录的关键字按降序或升序排列)时称为有序表。有序表是一种特殊的线性表。

对于有序表,有一种查找算法可以效率更高,称为二分查找算法或折半查找算法。

二分查找算法的思想为:在有序表中,将给定值与中间元素的关键字进行比较,若二者相等,则查找成功;若给定值小于中间元素的关键字,则在中间元素的左半区继续查找;若给定值大于中间元素的关键字,则在中间元素的右半区继续查找。不断重复上述查找过程,直到查找成功;或所查找的区域无数据元素,查找失败。

例如,有以下 13 个数据元素的关键字的有序表:

$$\{8,16,19,25,30,36,45,56,68,72,75,80,88\}$$

在表中查找关键字为 25 和 76 的数据元素。

假设指针 low 和 high 分别指向待查元素范围的下界和上界,指针 mid 指向区间的中间位置,即 $\text{mid} = \lfloor \frac{(\text{low} + \text{high})}{2} \rfloor$。low 和 high 的初值分别为 1 和 13,即 [1..13] 为待查范围,$\text{mid} = \lfloor \frac{(1+13)}{2} \rfloor = 7$。

(1) 查找关键字为 25 的数据元素的过程。

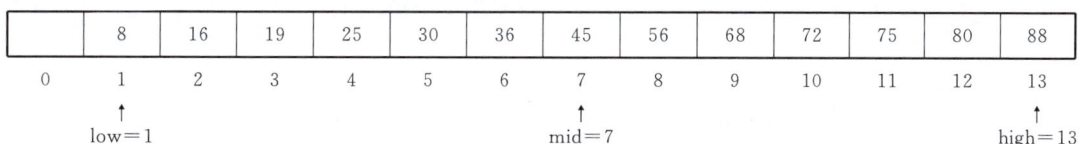

初始区间为 [1..13],mid=7,比较 ST.elem[mid].key=45 和给定值 kx=25,由于 45>25,若待查元素存在,一定在小于 ST.elem[mid].key 的区间内,也就是在区间 [low..mid−1] 范围内,这时令 high=mid−1=6,继续在区间 [1..6] 的范围内查找,mid 更新为 $\lfloor \frac{(1+6)}{2} \rfloor = 3$。

比较 ST.elem[mid].key=19 和给定值 kx=25,由于 19<25,若待查元素存在,一定在区间 [mid+1..high] 的范围内,这时令 low=mid+1=4,继续在区间 [4..6] 的范围内查找,mid 更新为 $\lfloor \frac{(4+6)}{2} \rfloor = 5$。

比较 ST.elem[mid].key=30 和给定值 kx=25，由于 30＞25，仍需继续在区间[low..mid-1]的范围内查找，这时 high=mid-1=4，mid 更新为 $\lfloor \frac{(4+4)}{2} \rfloor =4$。

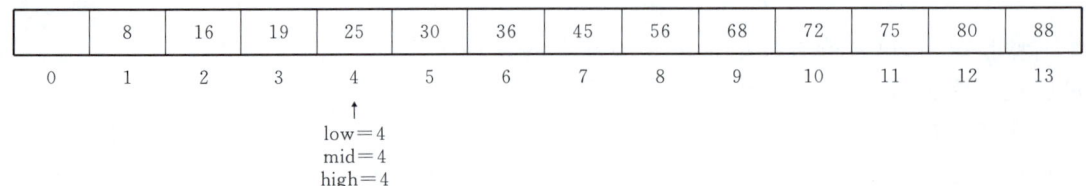

比较 ST.elem[mid].key=25 和给定值 kx=25，二者相等，查找成功，所查元素在表中的序号等于指针 mid 的值为 4。

(2)查找关键字为 76 的数据元素需经过以上相似的过程，分别和 45、72、80 和 75 比较之后发现 low＞high，说明表中没有关键字等于 76 的元素，查找失败。

综上所述，二分查找算法的步骤为：

①low=1;high=length;　　　　　　　　　　　/*设置初始区间*/
②当 low＞high 时，返回查找失败信息；　　　　/*表空，查找失败*/
③low≤high,mid=(low+high)/2;　　　　　　　/*取中点*/
 a. 若 ST.elem[mid].key＜kx,low=mid+1;转②　/*查找在右半区进行*/
 b. 若 ST.elem[mid].key＞kx,high=mid-1;转②　/*查找在左半区进行*/
 c. 若 ST.elem[mid].key==kx,返回数据元素在表中位置　/*查找成功*/

二分查找算法如下：

【算法 8-2】：

```
int Search_Binary(STBL ST,DataType kx)
{   /*二分查找算法，在表 ST 中查找关键字为 kx 的数据元素，若找到，则返回该元素在表中的位置；
       否则，返回 0 */
    int mid;
    int low=1,high=ST.length;              /*置初始区间*/
    while(low<=high)                       /*表空测试*/
    {   /*非空，进行比较测试*/
        mid=(low+high)/2;                  /*取中点*/
        if(kx<ST.elem[mid].key)
            high=mid-1;                    /*调整到左半区*/
        else
            if(kx>ST.elem[mid].key)
                low=mid+1;                 /*调整到右半区*/
            else
                return mid;                /*查找成功*/
    }
    return 0;                              /*查找不成功,返回 0*/
}
```

从以上过程看，二分查找是以表的中点为比较对象，并以中点将表分割为两个子表，并对子表重复这种操作。可以看到，查找第 7 个元素需比较 1 次，查找第 3 个和第 10 个元素需比较 2 次，查找第 1、5、8 和 12 个元素需比较 3 次，查找第 2、4、6、9、11 和 13 个元素需比较 4 次。

这个过程可以通过如图 8-1 所示的二叉树来描述。树中每个结点表示表中的一个记录,把当前查找区间中间位置上的点作为根,左子表和右子表中的结点分别作为根的左子树和右子树,这个描述二分查找过程的二叉树通常称为二叉判定树,又称折半查找判定树。

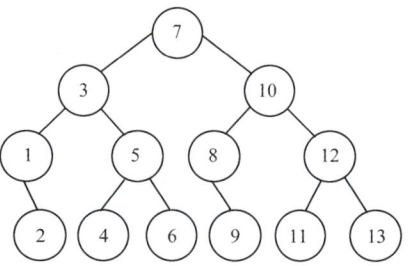

图 8-1　描述二分查找过程的判定树

从判定树可以看出,查找表中任一元素的过程恰好是从根结点到该元素结点的路径,与给定值比较的次数恰好是该路径上的结点数或该元素结点在判定树中的层次数。因此,二分查找在查找成功时,所进行的关键字比较次数至多不超过树的深度。对于 n 个结点的判定树,树高为 $\lfloor \log_2 n \rfloor + 1$。所以,二分查找法在查找成功时与给定值的比较次数最多为 $\lfloor \log_2 n \rfloor + 1$。

接下来讨论二分查找算法的平均查找长度。为便于讨论,以 $n = 2^k - 1$ 的满二叉树为例,即树高为 $k = \log_2(n+1)$ 的判定树。假设表中每个元素的查找概率是相等的,即 $P_i = \dfrac{1}{n}$。树中层次为 1 的结点为 1 个,层次为 2 的结点为 2 个……也就是树的第 i 层有 2^{i-1} 个结点,因此,二分查找的平均查找长度为:

$$\begin{aligned}
\text{ASL} &= \sum_{i=1}^{n} P_i * C_i \\
&= \frac{1}{n}[1 \times 2^0 + 2 \times 2^1 + \cdots + k \times 2^{k-1}] \\
&= \frac{1}{n} \sum_{j=1}^{k} j \times 2^{j-1} \\
&= \frac{n+1}{n} \log_2(n+1) - 1
\end{aligned}$$

当 n 较大($n > 50$)时,有 $\text{ASL} \approx \log_2(n+1) - 1$。

所以,二分查找的时间复杂度为 $O(\log_2 n)$,比顺序查找算法效率高,但二分查找的前提条件是线性表必须是有序表,且只适用于顺序存储结构。

8.3.3　分块查找

分块查找

分块查找又称索引顺序查找,是对顺序查找的一种改进。分块查找是将查找表分成若干个子表(或称块),每个子表中的关键字值存储顺序是任意的,但要求"分块有序",即前一子表中的最大关键字值小于后一子表中的最小关键字值,再对每个子表建立索引表。索引表包括两个字段:关键字字段(其值为对应子表中的最大关键字值)和指针字段(指示对应子表第一个记录在表中的地址或位置),索引表按关键字字段有序排列。如图 8-2 所示为一个查找表及其索引表,该查找表中含有 14 个记录,分成 3 个子表,每个子表建立一个索引项。

分块查找需分两步进行,先要确定待查记录所在的子表,然后在子表中顺序查找。假设给定值为 kx=42,需要将给定值与索引表中索引项的最大关键字值依次比较,由于 33<42<68,则若给定值存在应该在第二个子表内。然后,根据关键字 68 的指针字段指出第二个子表的首地址为 6,则从第 6 个记录开始顺序查找,直到在第 7 个记录找到与给定值相等的关键字,也

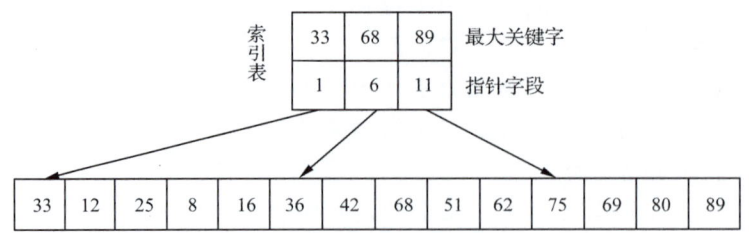

图 8-2　索引表顺序表查找示例

就是 ST.elem[7].key=kx,查找成功。如果假设给定值 kx=48,同样经过索引项最大关键字的比较确定应该在第二个子表中,而在第二个子表内顺序查找时,没有找到关键字与给定值相等的值,则查找失败。

分析查找过程,我们看到索引表按关键字有序排列,那么在索引表查找时既可以用顺序查找,也可以用二分查找;而在子表中查找时,由于块中记录是任意排列的,因此只能使用顺序查找。

那么,假设 n 个记录的查找表均匀地分为 b 块,每块含有 s 个记录,即 $b=\lceil n/s \rceil$;又假设表中每个记录的查找概率是相等的,即每个子表查找的概率为 $\frac{1}{b}$,子表中每个记录的查找概率为 $\frac{1}{s}$。

若索引表查找时采用顺序查找算法,则分块查找的平均查找长度为:

$$\mathrm{ASL}=\frac{1}{b}\sum_{j=1}^{b}j+\frac{1}{s}\sum_{i=1}^{s}i=\frac{b+1}{2}+\frac{s+1}{2}=\frac{1}{2}\left(\frac{n}{s}+s\right)+1$$

可见,此时的平均查找长度不仅和表长 n 有关,也和每一个子表中的记录个数有关,给定 n 的前提下,s 是可以选择的。容易证明,当 s 取 $\sqrt{n}$ 时,ASL 取最小值 $\sqrt{n}+1$。这个效率比顺序查找高得多,但远不及二分查找。

若索引表查找时用二分查找算法,则分块查找的平均查找长度为:

$$\mathrm{ASL}\approx\log_2\left(\frac{n}{s}+1\right)+\frac{s}{2}$$

8.4　树表的查找

下面,我们介绍树形结构下查找表的表示和实现。树表的查找是动态查找。动态查找表的特点是表结构本身是在查找过程中动态产生的,查找的过程中如果待查记录存在,则查找成功;否则,需要将待查记录插入查找表中。

8.4.1　二叉排序树

1. 二叉排序树的定义

二叉排序树(Binary Sort Tree)或者是一棵空树,或者是具有下列性质的二叉树:
①若左子树不空,则左子树上所有结点的值均小于根结点的值。

二叉排序树的概念

②若右子树不空,则右子树上所有结点的值均大于根结点的值。

左、右子树也都是二叉排序树。

上述性质简称二叉排序树性质(BST 性质)。从 BST 性质可推出二叉排序树的另一个重要性质:按中序遍历二叉排序树所得到的遍历序列是一个递增有序序列。如图 8-3 所示为一棵二叉排序树,树中每个结点的关键字都大于其左子树中所有结点的关键字,而小于其右子树中所有结点的关键字。若对其进行中序遍历,得到的遍历序列为:16、19、24、28、35、47、52、60。可见,二叉排序树的中序遍历序列是一个递增的有序序列。因此,一个无序序列可通过构造一棵二叉排序树而成为有序序列。

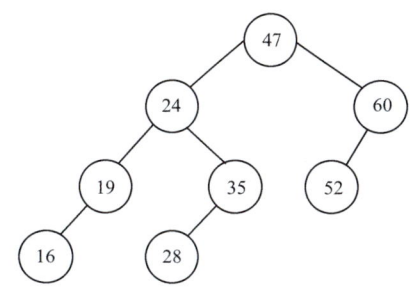

图 8-3　一棵二叉排序树示例

通常以二叉链表作为二叉排序树的存储结构,定义如下:

```
typedef int KeyType;
typedef struct
{
    KeyType key;
}DataType;
typedef struct SNODE
{
    DataType data;                    /* 数据元素字段 */
    struct SNODE  * lchild, * rchild;  /* 左、右指针字段 */
}BiSortTreeNode,* LinkBiSortTree;
```

二叉排序树的操作

2. 二叉排序树的查找

由定义可见,二叉排序树的查找过程为:

①若查找树为空,查找失败。

②若查找树非空,将给定值与查找树的根结点的关键字比较,若相等,则查找成功,结束查找过程;否则:

a.当根结点的关键字大于给定值,继续在左子树上进行查找,转①。

b.当根结点的关键字小于给定值,继续在右子树上进行查找,转①。

例如,在如图 8-3 所示的二叉排序树中,设树中结点内的数字均为记录的关键字,在其中查找关键字等于 28 的记录时,首先需要将 kx=28 与根结点的关键字相比较,由于 28<47,则继续在以 47 为根结点的左子树上进行查找(若左子树不为空,以下同,不再赘述),接下来需要将 kx=28 与此左子树的根结点的关键字相比较,有 28>24,则继续在以 24 为根结点的右子树上进行查找,且将 kx=28 与此右子树的根结点的关键字 35 相比较,有 28<35,那么继续在以 35 为根结点的左子树上进行查找,此左子树的根结点的关键字为 28,恰好与给定值 kx=28 相等,查找成功。又如,在图 8-3 中查找关键字等于 55 的记录和上述过程相似,在给定值 kx=55 分别与关键字 47、60、52 比较后,继续在以 52 为根结点的右子树查找时,此右子树为空,则查找失败。

上述查找过程算法描述如下:

【算法 8-3】:二叉排序树的查找。

int Searchildh_Node(LinkBiSortTree t,LinkBiSortTree * p,LinkBiSortTree * q,KeyType kx)

```
{     /* 在二叉排序树 t 上查找关键字为 kx 的元素,若找到,返回 1,且 q 指向该结点,p 指向其父结点;
         否则,返回 0,且 p 指向查找失败的最后一个结点 */
    int flag;
    flag=0;
    *q=t;
    while(*q)                                   /* 从根结点开始查找 */
    {
        if(kx>(*q)->data.key)                   /* kx 大于当前结点*q 的元素关键字 */
        {
            *p=*q;
            *q=(*q)->rchild;                    /* 将当前结点*q 的右孩子置为新根 */
        }
        else
        {
            if(kx<(*q)->data.key)               /* kx 小于当前结点*q 的元素关键码 */
            {
                *p=*q;
                *q=(*q)->lchild;                /* 将当前结点*q 的左孩子置为新根 */
            }
            else
            {
                flag=1;
                break;
            }                                   /* 查找成功,返回 */
        }
    }
    return flag;
}
```

3. 二叉排序树的插入和生成

在二叉排序树中插入新结点,要保证插入后仍满足 BST 性质。其插入过程是:

①若二叉排序树 T 为空,则为待插入的关键字 kx 申请一个新结点,并令其为根。

②若二叉排序树 T 不为空,则将关键字 kx 与根 T 的关键字比较,若二者相等,则说明树中已有此关键字,无须插入;否则:

a. 若关键字 kx<T->data.key,则将关键字 kx 插入根 T 的左子树中。

b. 若关键字 kx>T->data.key,则将关键字 kx 插入根 T 的右子树中。

在子树中的插入过程与上述插入过程相同。如此进行下去,直到将关键字作为一个新的叶子结点的关键字插入二叉排序树中,或者直到发现树中已有此关键字为止。

可以看出,二叉排序树的插入,即构造一个叶子结点将其插入二叉排序树的合适位置,以保证二叉排序树性质不变,插入时不需要移动元素。

构建二叉排序树的步骤为:首先,将二叉排序树初始化为一棵空树,然后逐个读入元素,每读入一个元素,就建立一个新的结点插入当前已生成的二叉排序树中,即调用上述二叉排序树的插入算法将新结点插入。假设记录的关键字序列为:66、87、73、45、71、25、92,则构造一棵二叉排序树的过程如图 8-4 所示。

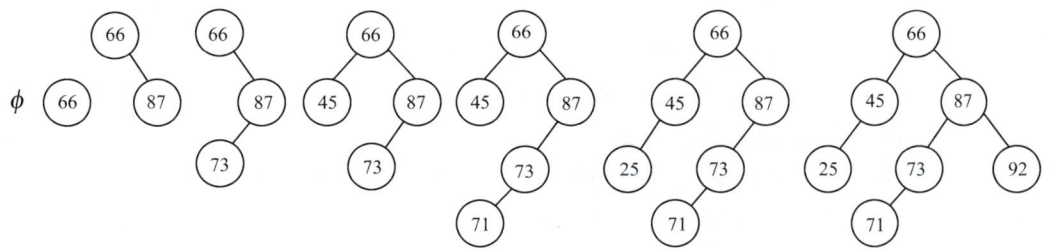

图 8-4　从空树开始建立二叉排序树的过程

上述插入过程算法描述如下：
【算法 8-4】：
```
int Insert_Node(LinkBiSortTree * t,KeyType kx)
/* 在二叉排序树 t 上插入关键字为 kx 的结点 */
{
    int flag;
    LinkBiSortTree p,q,s;
    p= *t;
    q=NULL;
    flag=0;
    if(! Searchildh_Node(* t,&p,&q,kx))          /* 在 t 为根的子树上查找 */
    {
        s=(BiSortTreeNode * )malloc(sizeof(BiSortTreeNode));
        /* 申请结点,并赋值 */
        s->data.key=kx;
        s->lchild=NULL;
        s->rchild=NULL;
        if(! p) * t=s;                            /* 向空树中插入 */
        else
        {
            if(kx>p->data.key)
                p->rchild=s;                      /* 插入结点为 p 的右孩子 */
            else
                p->lchild=s;                      /* 插入结点为 p 的左孩子 */
        }
        flag=1;                                   /* 设置插入成功标识 */
    }
    return flag;
}
```

4. 二叉排序树的删除

如何在二叉排序树上删除一个结点呢？不失一般性,设待删结点为 * p(p 为指向待删结点的指针),其双亲结点为 * f(结点指针为 f),且 * p 是 * f 的左孩子。若对二叉排序树进行中序遍历,可以得到一个有序序列。因此,从二叉排序树中删除一个结点,使其仍能保持二叉排序树的性质即可。

以下分三种情况进行讨论：

①若 *p 结点为叶子结点，由于删去叶子结点后不影响整棵树的结构，所以只需将 *p 结点的双亲结点的相应指针域改为空指针即可。如图 8-5(a)所示。

②若 *p 结点只有左子树 P_l 或只有右子树 P_r，只需将 P_l 或 P_r 成为待删结点的双亲结点 *f 的左子树即可。如图 8-5(b)所示。

③若 *p 结点既有左子树 P_l 又有右子树 P_r，显然不能像前两种情况那样简单处理，可按中序遍历保持有序进行调整。如图 8-5(c)所示，删除 *p 结点前，可得到中序遍历序列为：…，A_1，A，…，B_l，B，C_1，C，P，P_r，F，…，为了保持二叉排序树性质不变，有两种调整方法：a. 直接令 P_l 为 *f 相应的子树，令 P_r 为 P_l 中序遍历的最后一个结点 C(最右下结点)的右子树；b. 令 *p 结点的直接前驱(对 P_l 子树中序遍历的最右下结点 C)替换 *p 结点，再按②的方法删去原来的 C。

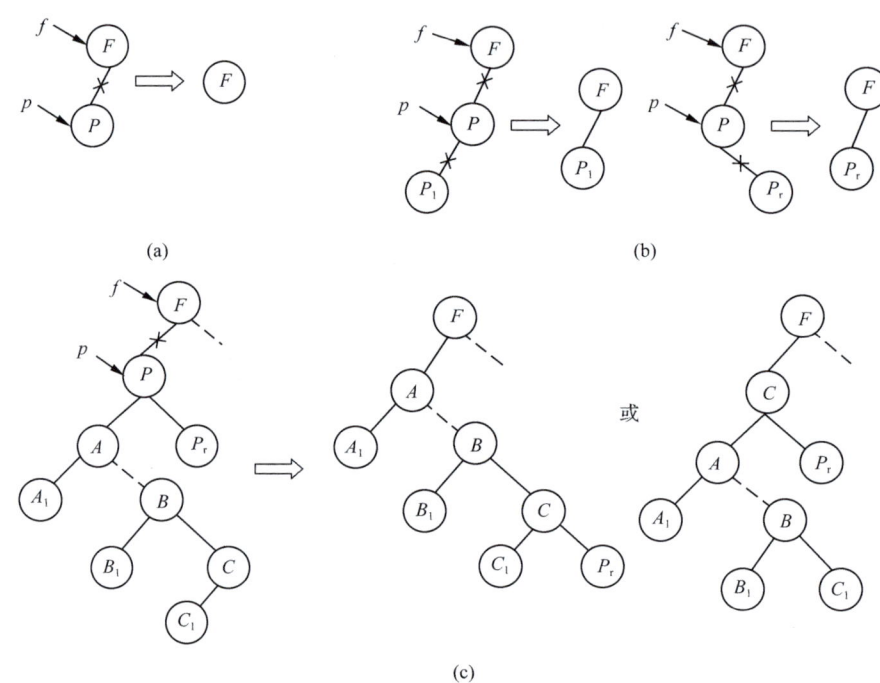

图 8-5 二叉排序树结点的删除

【算法 8-5】：
int Delete_Node(LinkBiSortTree *t,KeyType kx)
/*在二叉排序树 t 上删除关键字为 kx 的结点*/
{
　　LinkBiSortTree p,q,s,*f;
　　int flag;
　　flag=0;
　　p=*t;
　　if(Searchildh_Node(*t,&p,&q,kx))　　　　/*q 为待删除的结点，p 为 q 的父结点*/
　　{
　　　　flag=1;　　　　　　　　　　　　　　　/*查找成功,置删除成功标识*/
　　　　if(p==q)f=t;　　　　　　　　　　　　/*待删结点为根结点时*/

```
        else
        {   /*待删结点为非根结点时,f指向待删结点父结点的相应指针域*/
            f=&(p->lchild);
            if(kx>p->data.key)
                f=&(p->rchild);
        }
        if(!q->rchild) *f=q->lchild;    /*若待删结点无右子树,以左子树替换待删结点*/
        else
        {
            if(!q->lchild)              /*若待删结点无左子树,以右子树替换待删结点*/
                *f=q->rchild;
            else                        /*既有左子树又有右子树*/
            {
                p=q->lchild;
                s=p;
                while(p->rchild)        /*搜索待删结点的前驱结点 p*/
                {
                    s=p;
                    p=p->rchild;
                }
                *f=p;
                p->rchild=q->rchild;    /*替换待删结点 q,重接右子树*/
                if(s!=p)                /*待删结点的前驱结点 p 不是其左孩子时*/
                {
                    s->rchild=p->lchild; /*将待删结点的前驱结点 p 的左孩子作为其双亲的右孩子*/
                    p->lchild=q->lchild; /*将待删结点的左孩子作为其前驱结点 p 的左孩子*/
                }
            }
        }
        free(q);
    }
    return flag;
}
```

对给定的序列建立二叉排序树,若左、右子树均匀分布,则其查找过程类似于有序表的二分查找。但若给定序列原本有序,则建立的二叉排序树就退化为单支树,其查找效率与顺序查找一样。可见,含有 n 个结点的二叉排序树的平均查找长度和树的形态有关。因此,对均匀的二叉排序树进行插入或删除结点后,应对其进行调整,使其依然保持均匀。

【**案例 8-1**】 从键盘输入关键字序列:12,6,9,18,25,16,生成一棵二叉排序树,并输出。然后删除其中的任一结点后输出。

设计思路:先使用算法 8-4 构建二叉排序树,然后采用二叉树的中序遍历输出;再使用算法 8-5 删除二叉排序树中的某个结点后输出。

案例实现:
```
#include <stdio.h>
```

```c
#include <malloc.h>
typedef int KeyType;
typedef struct
{
    KeyType key;
}DataType;
typedef struct SNODE
{
    DataType data;                          /*数据元素字段*/
    struct SNODE *lchild,*rchild;           /*左、右指针字段*/
}BiSortTreeNode,*LinkBiSortTree;
int Searchildh_Node(LinkBiSortTree t,LinkBiSortTree *p,LinkBiSortTree *q,KeyType kx);
int Insert_Node(LinkBiSortTree *t,KeyType kx);
int Delete_Node(LinkBiSortTree *t,KeyType kx);
void Inorder(LinkBiSortTree t)
/*中序遍历二叉排序树*/
{
    if(t==NULL)
        return;
    else
    {
        Inorder(t->lchild);
        printf("%d ",t->data.key);
        Inorder(t->rchild);
    }
}
int main()
{
    int i,num,inkx,delkx;
    LinkBiSortTree t;
    t=NULL;
    printf("Please input a number of words to be input:\n");
    scanf("%d",&num);                       /*输入关键字个数*/
    printf("Please input %d keywords:",num);
    for(i=1;i<=num;i++)                     /*输入关键字,构建二叉排序树*/
    {
        scanf("%d",&inkx);
        Insert_Node(&t,inkx);
    }
    printf("BST is:");
    Inorder(t);                             /*中序遍历二叉排序树*/
    printf("\n");
    printf("Please input the keywords to be deleted:\n");
    scanf("%d",&delkx);                     /*输入待删除的关键字*/
```

```
        Delete_Node(&t,delkx);
        printf("BST is:");
        Inorder(t);
        return 0;
}
```
二叉排序树案例运行如图 8-6 所示。

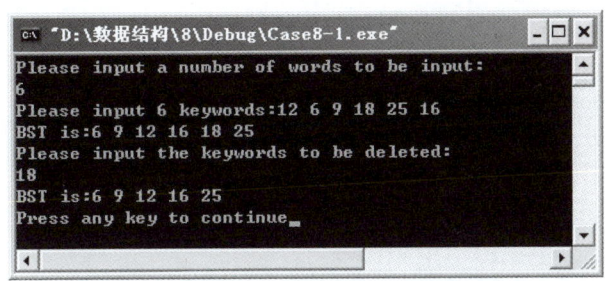

图 8-6 二叉排序树的生成、插入与删除运算结果

 8.4.2 平衡二叉树*

平衡二叉树(Balanced Binary Tree 或 Height-Balanced Tree)又称 AVL 树。它或者是一棵空树,或者是具有下列性质的二叉排序树:左子树和右子树都是平衡二叉树,且左子树和右子树高度之差的绝对值不超过 1,如图 8-7(a)所示。

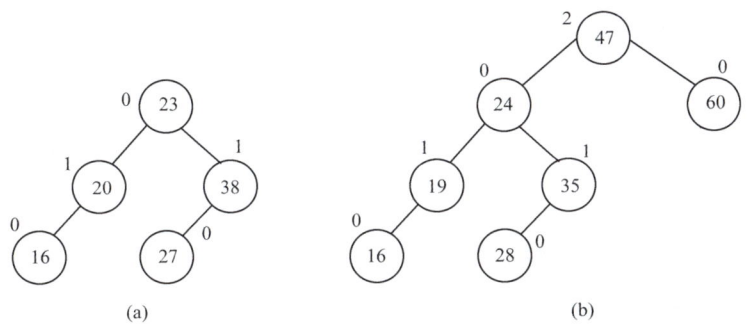

图 8-7 平衡二叉树与不平衡二叉树及结点的平衡因子

二叉树上结点的平衡因子 BF(Balance Factor)定义为该结点的左子树与右子树高度之差。由平衡二叉树定义可知,所有结点的平衡因子只能取 -1、0 和 1 三个值之一。若二叉排序树中存在这样的结点,其平衡因子的绝对值大于 1,这棵树就不是平衡二叉树,如图 8-7(b)所示的二叉排序树。引入平衡二叉树的目的是提高查找效率。平衡二叉树的平均查找长度为 $O(\log_2 n)$。

在平衡二叉树上插入或删除结点后,可能使树失去平衡,因此,需要对失去平衡的树进行平衡化调整。一般情况下,假设在二叉排序树上由于插入结点而失去平衡的最小子树根结点的指针为 A(A 是离插入结点最近且平衡因子绝对值超过 1 的祖先结点),则失去平衡后进行调整的规律归纳起来有以下四种情况。

1. 左左(LL)型

破坏平衡的原因是在 A 的左子树(L)的左子树(L)中插入结点,使 A 的平衡因子由 1 变为 2 而失去平衡,调整过程如图 8-8 所示。调整规则是:将 A 的左孩子 B 提升为新二叉树的根;原来的根 A 连同其右子树向右下旋转成为 B 的右子树;B 的原右子树 B_r 作为 A 的左子树。调整后仍保持二叉排序树的性质。

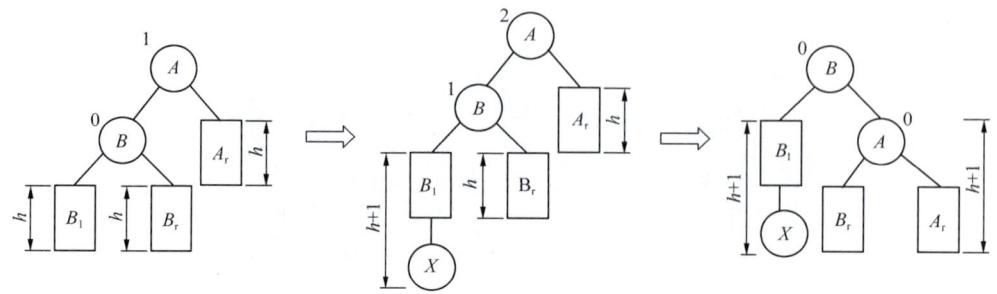

图 8-8 左左型调整过程

2. 右右(RR)型

破坏平衡的原因是在 A 的右子树(R)的右子树(R)中插入结点,使 A 的平衡因子由 -1 变为 -2 而失去平衡,调整过程如图 8-9 所示。RR 型调整规则与 LL 型对称。将 A 的右孩子 B 提升为新二叉树的根;原来的根 A 连同其左子树向左下旋转成为 B 的左子树;B 的原左子树 B_l 作为 A 的右子树。调整后仍保持二叉排序树的性质。

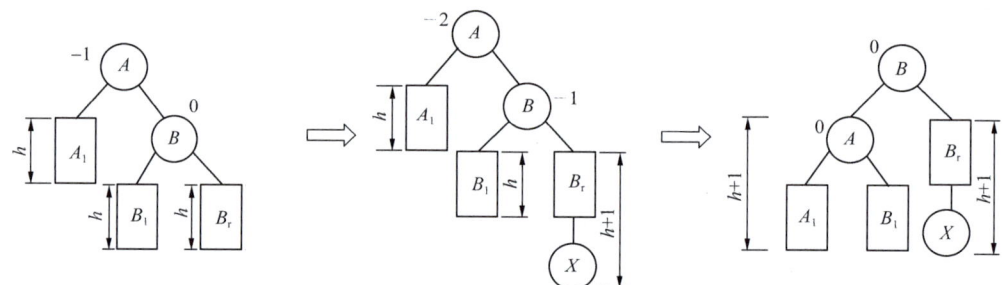

图 8-9 右右型调整过程

3. 左右(LR)型

破坏平衡的原因是在 A 的左子树(L)的右子树(R)中插入结点,使 A 的平衡因子由 1 变为 2 而失去平衡。调整过程如图 8-10 所示。调整规则是:C 为 A 的左子树的右子树,将 A 的孙子结点 C 提升为新二叉树的根。分两步:①左旋:原 C 的父结点 B 连同其左子树向左下旋转成为新根 C 的左子树,原 C 的左子树 C_l 成为 B 的右子树;②右旋:原根 A 连同其右子树 A_r 向右下旋转成为新根 C 的右子树,原 C 的右子树 C_r 成为 A 的左子树。

4. 右左(RL)型

破坏平衡的原因是在 A 的右子树(R)的左子树(L)中插入结点,使 A 的平衡因子由 -1 变为 -2 而失去平衡。RL 型调整规则与 LR 型对称,不再赘述,读者可自行完成。

在平衡二叉树上进行查找的过程和二叉排序树相同,因此,在查找过程与给定值进行比较的关键字个数不超过树的深度,在等概率查找的前提下,时间复杂度为 $O(\log_2 n)$。

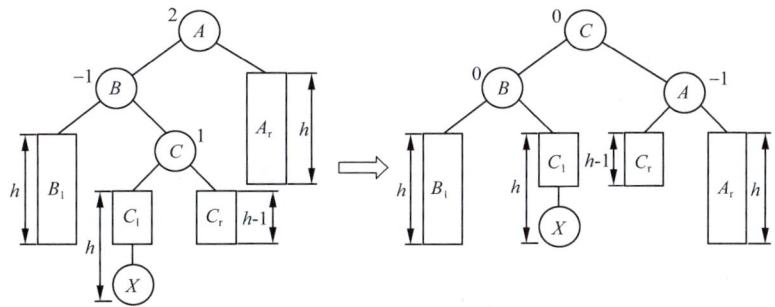

图 8-10　左右型调整过程

8.4.3　B-树**

B-树是一种平衡的多路查找树,在文件系统中很有用。

定义:一棵 m 阶的 B-树,或为空树,或为满足下列特性的 m 叉树:

①树中每个结点至多有 m 棵子树。

②若根结点不是终端结点,则至少有两棵子树。

③除根结点之外的所有非终端结点至少有 $\lceil \frac{m}{2} \rceil$ 棵子树。

④所有的非终端结点中包含以下数据:$(n,A_0,K_1,A_1,K_2,\cdots,K_n,A_n)$,其中,$K_i(i=1,2,\cdots,n)$ 为关键字,且 $K_i<K_{i+1}(i=1,2,\cdots,n-1)$;$A_i$ 为指向子树根结点的指针$(i=0,1,\cdots,n)$,且指针 A_{i-1} 所指子树中所有结点的关键字均小于 $K_i(i=1,2,\cdots,n)$,A_n 所指子树中所有结点的关键字均大于 K_n,$n(\lceil \frac{m}{2} \rceil-1 \leqslant n \leqslant m-1)$ 为关键字的个数(或 $n+1$ 为子树个数)。

⑤所有叶子结点都出现在同一层上,并且不带信息(可以看作外部结点或查找失败的结点,实际上这些结点不存在,指向这些结点的指针为空。一般情况下,B-树的叶子可以不画出)。叶子的双亲称为终端结点。

如图 8-11 所示为一棵 4 阶的 B-树,其深度为 4。

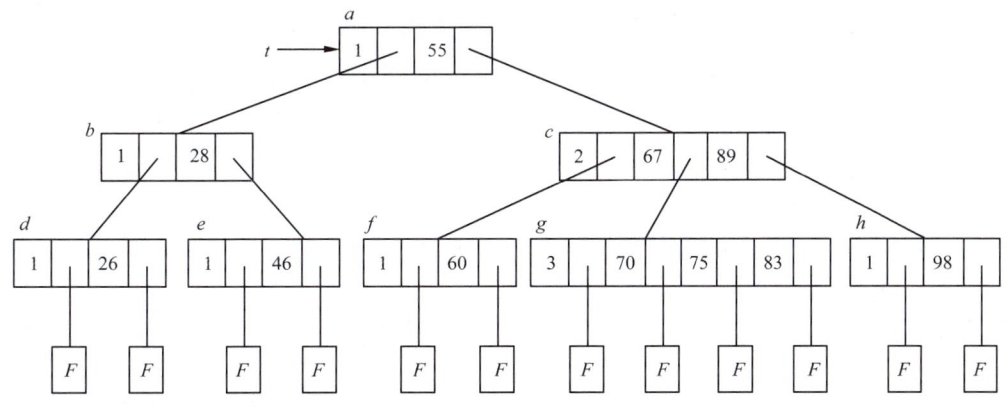

图 8-11　一棵 4 阶的 B-树

B-树的查找过程和二叉排序树的查找过程类似。例如,在图 8-11 中查找关键字为 83 的元素。首先,从 t 指向的根结点 a 开始,结点 a 中只有一个关键字,且小于 83,因此,按 a 结点

指针域 A_1 到结点 c 去查找;结点 c 有两个关键字,且 $67<83<89$,那么需要按 c 结点指针域 A_1 到结点 g 去查找;在结点 g 中顺序比较关键字,找到关键字 83。B－树中每个结点是多关键字的有序表,在到达某个结点时,先在有序表中查找,若找到,则查找成功;否则,需按照对应指针到指向的子树中去查找。当到达叶子结点时,则说明树中没有对应的关键字,查找不成功。因此,在 B－树上的查找过程是一个沿着指针查找结点和在结点中查找关键字交叉进行的过程。

在 B－树上进行查找包括两种基本操作:在 B－树中找结点和在结点中找关键字。

由于通常 B－树是存储在外存上的,第一种操作是在磁盘中进行的,将结点信息读入内存后,第二种操作再对结点中的关键字有序表进行顺序查找或二分查找。因为在磁盘上读取结点信息比在内存中进行关键字查找耗时多,所以,在磁盘上读取结点信息的次数,即待查关键字所在结点在 B－树上的层次数,是决定 B－树查找效率的首要因素。

8.5 哈希表

哈希表和哈希函数

8.5.1 哈希表的定义

以上讨论的查找方法,都是基于关键字比较的方法,数据元素的存储位置与关键字之间不存在确定的关系,查找时,需要进行一系列对关键字的查找比较,查找效率与记录个数或查找长度 n 有关。

最理想的情况是,根据关键字的值直接得到其存储位置,即要求关键字与数据元素存储地址之间建立一个一一对应的关系 f。查找时不需要通过比较,而是根据这个对应关系 f,很快地由关键字得到一个唯一的存储地址,直接找到待查记录,所花的时间为 $O(1)$,与记录个数或查找长度 n 无关。以上描述可用公式表示,设待查记录的关键字为 kx,对应关系为 $f(kx)$,假设函数值为 H,那么 $H=f(kx)$ 就是关键字 kx 由关系 f 确定的存储地址。我们称这个对应关系 f 为哈希(Hash)函数,也称散列函数,按这个思想建立的表为哈希表。

哈希方法的主要思想是以关键字 kx 为自变量,选取某个函数(哈希函数),依该函数计算得到关键字记录的存储位置,将结点存储到该存储单元;查找时,用同样的方法对给定值 kx 计算地址,将 kx 与地址单元中的关键字进行比较,确定查找是否成功。

例如,已知 8 个元素的关键字分别为 $\{11,15,93,46,9,17,3,29\}$,选取关键字与元素位置间的函数为 $f(\text{key})=\text{key mod }11$。

通过这个函数对 8 个元素建立查找表,如图 8-12 所示。

0	1	2	3	4	5	6	7	8	9	10
11		46	3	15	93	17	29		9	

图 8-12　8 个元素的查找表

查找时,对给定值 kx 依然通过这个函数计算出地址,再将 kx 与该地址单元中元素的关键字比较,若相等,则查找成功。

从上面的例子我们可以看出,一般情况下,哈希表的空间必须比结点的集合大,虽然浪费了一定的存储空间,但换取的是查找效率。建立哈希表时,若关键字和哈希地址是一一对应的关系,则查找时只需根据哈希函数对给定值进行计算即可得到其地址。如果两个不相等的关键字经过哈希函数计算后,计算出相同的哈希地址,这种现象称为冲突(Collision),发生冲突的两个关键字称为该哈希函数的同义词。可以说,冲突不可能避免,只尽可能减少。所以,哈希方法需要解决以下两个问题:

(1)构造好的哈希函数:所选函数尽可能简单,以便提高计算速度;所选函数对关键字计算出的地址,应在哈希地址集合中大致均匀分布,以减少冲突的发生。

(2)如果发生冲突如何解决?

8.5.2 哈希函数的构造方法

本节主要介绍几种常用的哈希函数。

1. 除留余数法

取关键字除以 p 的余数作为哈希地址。即:
$$\mathrm{Hash(key)} = \mathrm{key} \bmod p$$

使用除留余数法,选取合适的 p 值很重要。若哈希表表长为 m,则要求 $p \leqslant m$,且接近 m 或等于 m。通常选取一个质数作为 p 值,也可以是不包含小于 20 的质因子的合数,这就增大了均匀分布的可能性。除留余数法的优点是实现比较简单、方便,p 的值可以在程序运行时确定,这是一种常用的方法;除留余数法的缺点是,连续的关键字会得到连续的函数值,这能保证连续的关键字不发生冲突,但也需要占用连续的数组单元,在某些情况下会导致查找性能降低。

2. 直接定址法

取关键字的某个线性函数值作为哈希地址。即:
$$\mathrm{Hash(key)} = a * \mathrm{key} + b \quad (a、b\text{ 为常数})$$

这类函数是一一对应函数,不会产生冲突,但要求地址集合与关键字集合大小相同,因此,不适用于较大的关键字集合。

例如,已知关键字集合为 $\{200,400,600,700,800,900\}$,选取哈希函数为 Hash(key) = key/100,则存放如图 8-13 所示。

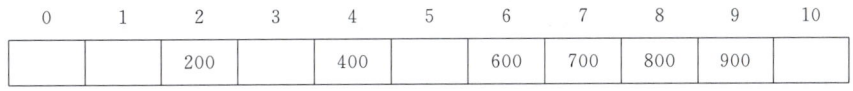

图 8-13 直接定址法数据存放

3. 乘余取整法

以关键字 key 乘以一个常数 $A(0<A<1)$,提取乘积的小数部分(用 $A * \mathrm{key} \bmod 1$ 运算取 $A * \mathrm{key}$ 的小数部分),之后再用整数 B 乘以这个值,对结果向下取整,把它作为哈希地址。
$$\mathrm{Hash(key)} = \lfloor B *(A * \mathrm{key} \bmod 1) \rfloor (A、B \text{ 均为常数,且 } 0<A<1,B \text{ 为整数})$$

该方法 B 的取值无关紧要,A 可以取任何值,最佳的选择依赖于关键字集合的特征,一般

取黄金分割数 $A=\dfrac{(\sqrt{5}-1)}{2}\approx 0.618$ 较为理想。

4. 数字分析法

设关键字集合中,每个关键字均由 m 位组成,每位上可能有 r 种不同的符号,这 r 种不同的符号在各位上出现的频率不同。数字分析法根据这 r 种不同的符号在各位上的分布情况,选取其中各种符号分布均匀的某几位组合成哈希地址。所选的位应是各种符号在该位上出现的频率大致相同的。

例如,有一组关键字,其各位编号如下:

```
9 8 7 5 2 5 0
9 8 7 2 1 0 4
9 8 8 7 3 1 6
9 8 6 8 6 3 2
9 8 6 3 9 2 1
─────────────
1 2 3 4 5 6 7
```

观察这组关键字可以看出,第 4、5、6、7 位中关键字分布比较均匀。若哈希地址是两位,则可取这 4 位中的任意两位组合成哈希地址,也可以取其中两位与其他两位叠加求和后,取低两位作为哈希地址,或者选用其他方法。数字分析法仅适用于事先明确知道表中所有关键字每一位数值的分布情况,完全依赖于关键字集合。如果换一个关键字集合,则要重新进行选择。

5. 平方取中法

取关键字平方后的中间若干位作为哈希地址,这是一种较常用的构造哈希函数的方法。在选定哈希函数时不一定能知道关键字的全部情况,取其中哪几位也不一定合适,通过关键字的平方值扩大相近数的差别,取中间几位数作为哈希函数值。由于一个乘积的中间几位数与乘数的每一位数都相关,由此产生的哈希地址较为均匀。

6. 折叠法

将关键字自左到右分成位数相等的几部分,最后一部分位数可以不同(略短),然后将这几部分叠加求和,舍去进位,作为哈希地址。这种方法称为折叠法(Folding)。

具体可以分为以下两种方法:

(1)移位法——将分割后的每部分的最低位对齐相加。

(2)间界叠加法——从一端向另一端沿分割界来回折叠后,最后一位对齐相加。

例如,关键字 key=25646758102,设哈希表长为三位数,则可将关键字每三位作为一部分来分割。

关键字分割为四组:256、467、581 和 02。用上述方法计算哈希地址:

```
    2 5 6              2 5 6
    4 6 7              7 6 4
    5 8 1              5 8 1
+   0 2            +   2 0
  ───────            ───────
  1 3 0 6            1 6 2 1
Hash(key)=306      Hash(key)=621
    移位法            间界叠加法
```

8.5.3 处理冲突的方法

哈希冲突的处理

哈希函数的目的是尽可能地减少冲突,但冲突常常是无法避免的,因此,如何处理冲突是哈希表设计中不可缺少的另一方面。常用的有以下几种方法:

1. 开放定址法

开放定址法的主要思想是当由关键字得到的哈希地址发生冲突时,也就是说,该地址已经存放了数据元素时,就去寻找下一个空的哈希地址,只要哈希表有足够的空间,空的哈希地址总能找到,然后将数据元素存入。

$$H_i = (\text{Hash}(key) + d_i) \bmod m \qquad (1 \leqslant i < m)$$

其中,Hash(key)为哈希函数,m 为哈希表长度,d_i 为增量序列。由 d_i 的取值不同,可以分为以下四种方法:

(1) 线性探测法

$d_i = 1, 2, \cdots, m-1$,称为线性探测法。线性探测法又称线性探测再散列,是开放定址法处理冲突的一种最简单的方法。它从发生冲突的 d 单元开始,依次探查下一个单元(当探查到下标为 $m-1$ 的表尾结点时,下一个探查单元是下标为 0 的表首单元),直到找到空闲单元为止。

(2) 二次探测法

$d_i = 1^2, -1^2, 2^2, -2^2, \cdots, k^2, -k^2, k \leqslant m/2$,称为二次探测法,又称二次探测再散列。

【例 8-1】 关键字集合为 {11,15,93,46,9,17,4,28,22},哈希表表长为 11,哈希函数为 Hash(key)=key mod 11,分别用线性探测法和二次探测法处理冲突,构造这组关键字的散列表。

① 用线性探测法处理冲突,建表及过程如图 8-14 所示。

0	1	2	3	4	5	6	7	8	9	10
11	22	46		15	93	17	4	28	9	
1	2	1		1	1	1	4	3	1	

成功查找次数:

① 11、15、93、46、9、17 在由哈希函数得到哈希地址时,没有发生冲突,直接存入,成功查找时需要 1 步。

② 关键字 4:Hash(4)=4,哈希地址发生冲突,需寻找下一个空的哈希地址。由 $H_1 = (\text{Hash}(4)+1) \bmod 11 = 5$,哈希地址发生冲突,继续 $H_2 = (\text{Hash}(4)+2) \bmod 11 = 6$,仍然冲突,继续 $H_3 = (\text{Hash}(4)+3) \bmod 11 = 7$,有空,将 4 存入。成功查找时需要 4 步。

③ 关键字 28:Hash(28)=6,哈希地址发生冲突,需寻找下一个空闲单元。由 $H_1 = (\text{Hash}(28)+1) \bmod 11 = 7$,哈希地址发生冲突,继续 $H_2 = (\text{Hash}(28)+2) \bmod 11 = 8$,找到空单元存入。成功查找时需要 3 步。

④ 关键字 22:同样哈希地址发生冲突,由 $H_1 = (\text{Hash}(22)+1) \bmod 11 = 1$ 找到空的哈希地址,存入。成功查找时需要 2 步。

$$\text{ASL}_{成功} = (1+2+1+1+1+1+4+3+1)/9 = 15/9 = 5/3$$

图 8-14 线性探测法处理冲突

② 用二次探测法处理冲突,建表及过程如图 8-15 所示。

	0	1	2	3	4	5	6	7	8	9	10
	11	22	46	4	15	93	17	28		9	
成功查找次数：	1	2	1	3	1	1	1	2		1	

① 11、15、93、46、9、17 在由哈希函数得到哈希地址时，没有发生冲突，直接存入，成功查找时需要 1 步。

② 关键字 4：与上例不同，Hash(4)=4，哈希地址发生冲突，由 H_1=(Hash(4)+1) mod 11=5，仍然冲突，H_2=(Hash(4)−1) mod 11=3，找到空的哈希地址，存入。成功查找时需要 3 步。

③ 关键字 28：Hash(28)=6，哈希地址发生冲突，由 H_1=(Hash(28)+1) mod 11=7，有空，存入。成功查找时需要 2 步。

④ 关键字 22：Hash(22)=0，哈希地址发生冲突，由 H_1=(Hash(22)+1) mod 11=1，找到空的哈希地址，存入。成功查找时需要 2 步。

$ASL_{成功}$=(1+2+1+3+1+1+1+2+1)/9=13/9

图 8-15　二次探测法处理冲突

在上述线性探测法处理冲突的过程中，我们看到当第 i 个地址单元的同义词发生冲突时，要存入第 i+1 个哈希地址，这样本应存入第 i+1 个哈希地址的记录变成了第 i+2 个哈希地址的同义词……这种在处理冲突过程中发生的两个哈希地址不同的记录争夺同一个后继哈希地址的现象称为"堆积"，也称"二次聚集"，即在处理同义词的冲突过程中又添加了非同义词的冲突。显然，这样会降低查找效率，可以利用二次探测法帮助处理。但线性探测法处理冲突可以保证做到，只要哈希表未填满，总能找到一个不发生冲突的地址，而二次探测再散列只有在哈希表长 m 为形如 $4j+3$（j 为整数）的素数时才可能。

(3) 随机探测法

d_i=伪随机数序列，称为伪随机探测法，其处理情况取决于伪随机数列。

(4) 双哈希函数探测法

双哈希函数探测法的哈希函数为：

d_0=Hash(key)

d_i=(d_0+i * ReHash(key)) mod m　（i=1,2,…,m−1）

其中，Hash(key)和 ReHash(key)是两个不同的哈希函数，m 为哈希表长度。

先用第一个函数 Hash(key)对关键字计算哈希地址，若发生地址冲突，再用第二个函数 ReHash(key)计算另一个哈希函数地址，直到冲突不再发生。

例如，Hash(key)=a 时发生地址冲突，则计算 ReHash(key)=b，探测的地址序列为 H_1=(a+b) mod m，H_2=(a+2b) mod m，…，H_{m-1}=(a+(m−1)b) mod m。

这种方法不易产生"聚集"，但增加了计算时间。

2. 拉链法

将所有关键字为同义词的记录存储在同一线性链表中。假设哈希函数得到的哈希地址域在区间[0,m−1]上，每个哈希地址存储一个指针指向一个链，即分配指针数组 DataType * eptr[m]，建立 m 个空链表，由哈希函数对关键字转换后，映射到同一哈希地址 i 的同义词均加入 * eptr[i]指向的链表中。

例如，已知关键字序列为{57,11,15,93,46,71,9,17,20,4,31,28,22}，哈希函数为 Hash(key)=key mod 11，用拉链法处理冲突，建表如图 8-16 所示。

$ASL_{成功}$=(6×1+6×2+1×3)/13=21/13。拉链法处理冲突简单，无堆积现象。在拉链法构造的散列表中可以删除结点，而开放定址法中不能实现真正删除结点的操作，只能做删除标记。拉链法由于需要存放指针，需要额外的存储空间。

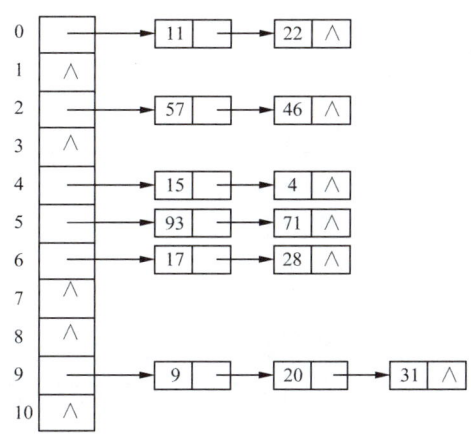

图 8-16 拉链法处理冲突时的哈希表

3. 建立一个公共溢出区

设哈希函数产生的哈希地址值域为 $[0,m-1]$，则分配两个表：一个基本表 DataType base_tbl$[m]$，每个单元只能存放一个记录；一个溢出表 DataType over_tbl$[k]$，所有关键字和基本表中的关键字为同义词的记录，一旦发生冲突一律存入该表中。查找时，对给定值 kx 通过哈希函数计算出哈希地址，先与基本表的单元比较，若相等，查找成功；否则，再到溢出表中进行查找。

8.5.4 哈希表的查找及分析

在哈希表上查找的过程和建表过程基本相同。给定关键字可通过哈希函数计算得到地址，在此地址直接访问，比较该地址关键字和给定值，若相等，查找成功；否则，可能发生冲突，需要按处理冲突的方法进行查找，根据设定的处理冲突的方法计算下一地址，直到在哈希表相应位置的关键字和给定值比较相等时查找成功。如果找到了空闲单元，则查找失败。

发生冲突后的查找仍然是给定值与关键字进行比较的过程。所以，对哈希表查找效率的量度，依然用平均查找长度来衡量。

例 8-1 中两种不同处理冲突方法的平均查找长度分别为：

线性探测法的平均查找长度 $ASL_{成功}=(6\times1+1\times4+1\times3+1\times2)/9=15/9=5/3$。

二次探测法的平均查找长度 $ASL_{成功}=(6\times1+2\times2+1\times3)/9=13/9$。

从以上例子可以看出，对同一组关键字集合，设计相同的哈希函数，在记录查找等概率情况下，平均查找长度却不同。那么为什么会不同呢？主要原因在于处理冲突的方法不同。可以看出，线性探测法容易发生记录的"堆积"，使得哈希地址不同的记录又产生新的冲突，这势必会降低效率。查找过程中，产生的冲突少，查找效率就高，产生的冲突多，查找效率就低。因此，影响产生冲突多少的因素，也就是影响查找效率的因素。影响产生冲突多少的因素有三个：哈希函数是否均匀、处理冲突的方法以及哈希表的装填因子。

哈希函数的"好坏"直接影响冲突产生的频度。通常，我们认为所选的哈希函数是"均匀的"，因此，可不考虑哈希函数对平均查找长度的影响。在一般情况下，处理冲突方法相同的哈希表，其平均查找长度依赖于哈希表的装填因子，与表长无关。

哈希表的装填因子定义为

$$\alpha = \frac{\text{表中填入的记录数}}{\text{哈希表的长度}}$$

α 标识哈希表的装满程度。α 越小,已填入表中的记录越少,产生冲突的可能性就越小;α 越大,已填入表中的记录越多,再填入记录时,产生冲突的可能性就越大。

(1)以下给出几种不同处理冲突方法的平均查找长度。

①线性探测再散列的哈希表查找成功时的平均查找长度为:

$$S_{nl} \approx \frac{1}{2}\left(1 + \frac{1}{1-\alpha}\right)$$

②随机探测再散列、二次探测再散列和双哈希的哈希表查找成功时的平均查找长度为:

$$S_{nr} \approx -\frac{1}{\alpha}\ln(1-\alpha)$$

③拉链法处理冲突的哈希表查找成功时的平均查找长度为:

$$S_{nc} \approx 1 + \frac{\alpha}{2}$$

(2)哈希表在查找不成功时所用的比较次数也和给定值有关,那么类似地定义哈希表在查找不成功时的平均查找长度为:查找不成功时需和给定值进行比较的关键字个数的期望值。

①线性探测再散列的哈希表查找不成功时的平均查找长度为:

$$U_{nl} \approx \frac{1}{2}\left(1 + \frac{1}{(1-\alpha)^2}\right)$$

②随机探测再散列、二次探测再散列和双哈希的哈希表查找不成功时的平均查找长度为:

$$U_{nr} \approx \frac{1}{1-\alpha}$$

③拉链法处理冲突的哈希表查找不成功时的平均查找长度为:

$$U_{nc} \approx \alpha + e^{-\alpha}$$

经证明,哈希表的平均查找长度是装填因子 α 的函数,而不是 n 的函数,只是不同的处理冲突的方法有不同的函数,无论 n 多大,我们总可以选择一个合适的装填因子将平均查找长度限定在一个范围内。

哈希方法存取速度快,也较节省空间,静态查找和动态查找均适用,但由于存取是随机的,不便于顺序查找。

8.6 案例实现:查找综合练习

8.6.1 案例分析

本案例采用顺序存储结构来实现。

1. 定义线性表

typedef int KeyType;
typedef struct
{
    KeyType key;
}NodeType;
typedef NodeType SeqList[MAXSIZE+1];

2. 分块查找时定义的索引表

typedef struct
{
    KeyType key;
    int staddr;   /*表示开始地址*/
    int len;   /*表示块长度*/
}indexlist;
typedef indexlist ID[MAXID+1];

3. 建立分块查找时的线性表

假设以'♯'作为线性表输入结束的标记,以'@'作为块结束的标记,输入数据为 ch:
while(输入不为♯)
{
    假设每一块的初始最大值 max 为 0,每一块的初始长度 length 为 0;
    while(输入不为@)
    {
        如果此次输入 ch 值比前一块的最大值小(存储在 id[k-1].key 中的数值小),则提示用户重新输入;
        否则
        {
            判断此次输入是否比 max 大,如果比 max 大,则 max=ch;
            然后把此次输入值 ch 放在线性表中 r[i].key=ch;
            块的长度增加 1;
            线性表的长度也增加 1;
        }
    }
    如果输入为@,表示一块已经结束。此时把块中的最大值 max 赋值给 id[k].key,length 赋值给块的长度 id[k].len,再开始下一块的输入。
}

4. 分块查找

可以先通过二分查找索引表 id,确定元素所在的块。再通过块的首地址 id[k].staddr 顺序扫描具体的某一块的所有元素。

8.6.2 案例实现

具体实现为:
♯define A 200

```c
#define MAXSIZE 100
#define MAXID 30
#include <string.h>
#include <malloc.h>
#include <stdio.h>
typedef int KeyType;
typedef struct
{
    KeyType key;
}NodeType;
typedef NodeType SeqList[MAXSIZE+1];
typedef struct
{
    KeyType key;
    int staddr;          /*表示开始地址*/
    int len;             /*表示块长度*/
}indexlist;
typedef indexlist ID[MAXID+1];
/***************************************************/
/*函数名:create                                     */
/*函数功能:为顺序查找和二分查找方法建立线性表       */
/*形参说明:r——存放数据元素的数组                   */
/*         n——数据元素个数                         */
/*返回值:无                                         */
/***************************************************/
void create(SeqList r,int n)
{
    int i,x;
    printf("\n依次输入%d个数据元素建立线性表:\n",n);
    for(i=1;i<=n;i++)
    {
        scanf("%d",&x);
        r[i].key=x;
    }
    printf("\n已经建立好的线性表为:");
    for(i=1;i<=n;i++)
        printf("%d  ",r[i].key);
}
/***************************************************/
/*函数名:creatF                                     */
/*函数功能:为分块查找方法建立线性表                 */
/*形参说明:r——存放主表的数组                       */
/*         id——存放索引表的数组                    */
/*返回值:索引表中的元素数                           */
```

/*******************************/
int creatF(SeqList r,ID id)
{
    int x,max,i,j,k,length;
    k=1;
    i=1;
    id[0].key=0;
    id[1].staddr=1;
    scanf("%d",&x);
    while(x!=100)
    {
        max=0;
        length=0;
        id[k].staddr=i;
        while(x!=0&&x!=100)
        {
            if(x<(id[k-1].key))
            {
                printf("输入的元素值不能比前一块的元素值小,请重新输入:\n");
                scanf("%d",&x);
                continue;
            }
            else
            {
                if(x>max)
                    max=x;
                r[i].key=x;
                i++;
                length++;
                scanf("%d",&x);
            }
        }
        if(length==0)   /*当前块的长度为0,结束输入*/
            break;
        id[k].key=max;
        id[k].len=length;
        k++;
        if(x==100)   /*输入100,结束输入*/
            break;
        printf("输入第%d块中的元素。(0表示结束块,100表示结束线性表)\n",k);
        scanf("%d",&x);
    }
    printf("\n已经建立好的线性表为:");
    for(j=1;j<=i-1;j++)

```
            printf("%d  ",r[j].key);
        printf("\n已经建立好的索引表,每块的关键字为:");
        for(j=1;j<=k-1;j++)
            printf("%d  ",id[j].key);
        return(k-1);
}
/******************************************/
/* 函数名:SeqSearch                        */
/* 函数功能:对线性表进行顺序查找            */
/* 形参说明:r——存放数据元素的数组        */
/*          n——数据元素个数              */
/* 返回值:无                               */
/******************************************/
void SeqSearch(SeqList r,int n)
{
    int i,x;
    printf("\n输入待查元素的值:");
    scanf("%d",&x);
    r[0].key=x;
    i=n;
    while(r[i].key!=x)
        i--;
    if(i==0)
        printf("待查元素不存在!\n");
    else
        printf("待查元素在线性表中的位置是%d\n",i);
}
/******************************************/
/* 函数名:SearchBin                        */
/* 函数功能:对线性表进行二分查找            */
/* 形参说明:r——存放数据元素的数组        */
/*          n——数据元素个数              */
/* 返回值:无                               */
/******************************************/
void SearchBin(SeqList r,int n)
{
    NodeType temp;
    int i,j,x,low,mid,high,found;
    for(i=1;i<n;i++)
        for(j=n-1;j>=i;j--)
            if(r[j+1].key<r[j].key)
            {
                temp=r[j+1];
```

```c
                r[j+1]=r[j];
                r[j]=temp;
            }
    printf("\n经过排序后的线性表已经成为有序表:");
    for(i=1;i<=n;i++)
        printf("%d  ",r[i].key);
    printf("\n");
    printf("输入待查元素的值:");
    scanf("%d",&x);
    low=1;high=n;found=0;
    while((low<=high)&&(found==0))
    {
        mid=(low+high)/2;
        if(x==r[mid].key)
        {
            printf("待查元素的位置是:%d",mid);
            found=1;
        }
        else
        {
            if(x<r[mid].key)
                high=mid-1;
            else
                low=mid+1;
        }
    }
    if(found==0)
        printf("线性表中没有此元素!\n");
}
/**************************************************************/
/* 函数名:BlockSearch                                          */
/* 函数功能:对线性表进行分块查找                                */
/* 形参说明:r——存放主表的数组                                  */
/*         id——存放索引表的数组                                */
/*         n——索引表元素的个数                                 */
/* 返回值:查找失败,返回 0;                                      */
/*       查找成功,返回待查元素在线性表中的位置                  */
/**************************************************************/
int BlockSearch(SeqList r,ID id,int n)
{
    int i,low,high,mid,find;
    KeyType key;
    find=0;                          /*发现标识置为 0*/
```

```c
        low=1;                            /*对索引表二分查找的下界从1开始*/
        high=n;                           /*对索引表二分查找的上界从n开始*/
        printf("\n输入待查元素的值:");
        scanf("%d",&key);
        while((low<=high)&&(find==0))     /*二分查找所给定值key在索引表中的区间*/
        {
            mid=(low+high)/2;
            if((key<=id[mid].key)&&(key>id[mid-1].key))
                find=1;
            if(key<=id[mid-1].key)
                high=mid-1;
            if(key>id[mid].key)
                low=mid+1;
        }
        if(find==1)
        {
            i=id[mid].staddr;
            while((i<(id[mid].staddr+id[mid].len))&&(key!=r[i].key))  /*在块内进行顺序查找*/
                i++;
            if(r[i].key!=key)
                return 0;
            else
                return i;
        }
        return 0;
}
/*******************************************/
/*函数名:main                                */
/*函数功能:顺序表查找方法主函数               */
/*返回值:0                                   */
/*******************************************/
int main()
{
    SeqList r,s;
    ID id;
    int loop,i,n,len,k;              /*len用来传递索引表元素的个数*/
    loop=1;
    while(loop)
    {
        printf("\n\n\n");
        printf("线性表建立及查找算法\n");
        printf("================================\n");
        printf("        1:为顺序查找或二分查找建立线性表 \n");
```

```
            printf("         2:顺序查找线性表\n");
            printf("         3:二分查找线性表\n");
            printf("         4:为分块查找建立线性表\n");
            printf("         5:分块查找线性表\n");
            printf("         6:退出系统\n");
            printf("===========================\n");
            printf("请选择菜单:1--6");
            scanf("%d",&i);
            switch(i)
            {
                case 6:
                    loop=0;
                    break;
                case 1:
                    printf("==为顺序查找或二分查找建立线性表==");
                    printf("\n 输入待建立的线性表的元素个数 n:");
                    scanf("%d",&n);
                    create(r,n);
                    break;
                case 2:
                    printf("========对线性表进行顺序查找========");
                    SeqSearch(r,n);
                    break;
                case 3:
                    printf("========对线性表进行二分查找========");
                    SearchBin(r,n);
                    break;
                case 4:
                    printf("========为分块查找建立线性表========");
                    printf("\n 输入第 1 块中的元素。(0 表示结束块输入,100 表示结束建立线性表)\n");
                    len=creatF(s,id);
                    break;
                case 5:
                    printf("========对线性表进行分块查找========");
                    k=BlockSearch(s,id,len);
                    if(k==0)
                        printf("待查元素不在线性表中。\n");
                    else
                        printf("待查元素在线性表中的位置为:%d",k);
                    break;
            }
        }
        return 0;
    }
```

顺序查找结果如图 8-17 所示。

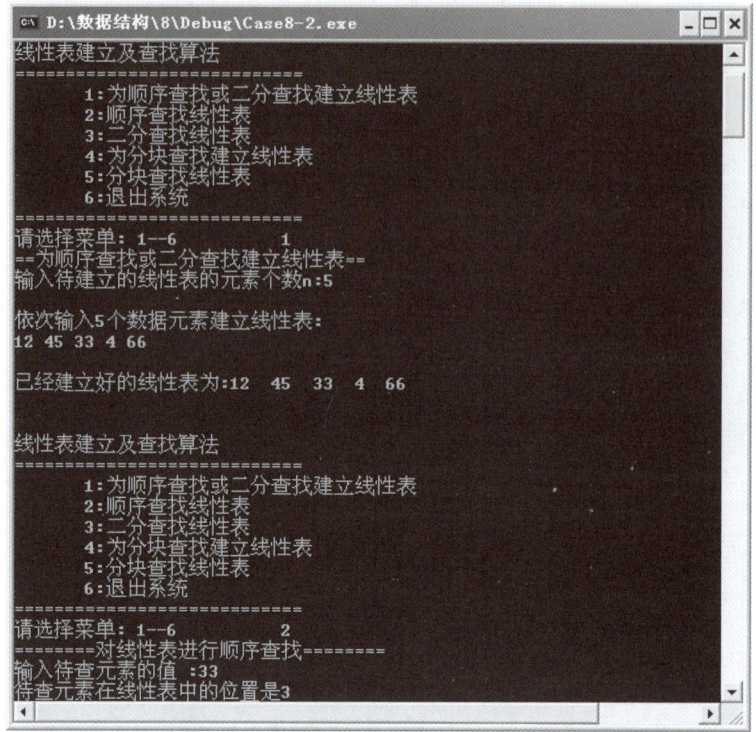

图 8-17 顺序查找结果

本章小结

1. 在计算机的数据处理中查找是最常用的运算之一。本章主要介绍线性表的查找、树表的查找和哈希查找。

2. 线性表的查找主要包括：顺序查找、二分查找和分块查找，它们是静态查找。静态查找实现容易。顺序查找是指从表的最后一个数据元素开始依次与指定的值比较，直到第一个元素为止，其查找效率比较低，但适应面广。二分查找应用于有序的顺序表，可以有效地减少比较次数。分块查找是为主表建立一个索引，根据索引确定元素所在的范围，从而有效地提高查找效率。

3. 树表的查找主要包括二叉排序树、平衡二叉树和 B—树。这些方法都充分地利用了二叉树或树的特点建立相应的数据结构，然后根据指定的值在二叉树中进行查找。

4. 哈希表(散列表)是利用哈希函数的映射关系直接确定数据元素的位置，大大减少了与元素关键字的比较次数。

习 题

一、选择题

1. 顺序查找法适用于存储结构为( )的线性表。
A. 散列存储　　　　B. 顺序存储或链式存储　　C. 压缩存储　　　　D. 索引存储

2. 下面操作不属于静态查找表的是(　　)。
   A. 查询某个特定元素是否在表中　　　　B. 检索某个特定元素的属性
   C. 插入一个数据元素　　　　　　　　　D. 建立一个查找表
3. 下面描述中不正确的是(　　)。
   A. 顺序查找对表中元素存放位置无任何要求,当 n 较大时,效率低
   B. 静态查找表中关键字有序时,可用二分查找
   C. 分块查找也是一种静态查找表
   D. 经常进行插入和删除操作时可以采用二分查找
4. 散列查找时,解决冲突的方法有(　　)。
   A. 除留余数法　　B. 数字分析法　　C. 直接定址法　　D. 链地址法
5. 若表中的记录顺序地存放在一个一维数组中,在等概率情况下顺序查找的平均查找长度为(　　)。
   A. $O(1)$　　　B. $O(\log_2 n)$　　　C. $O(n)$　　　D. $O(n^2)$
6. 对长度为 4 的顺序表进行查找,若第一个元素的概率为 1/8,第二个元素的概率为 1/4,第三个元素的概率为 3/8,第四个元素的概率为 1/4,则查找任一个元素的平均查找长度为(　　)。
   A. 11/8　　　B. 7/4　　　C. 9/4　　　D. 11/4
7. 静态查找表与动态查找表的根本差别在于(　　)。
   A. 逻辑结构不一样　　　　　　　　B. 施加在其上的操作不同
   C. 所包含的数据元素的类型不一样　　D. 存储实现不一样
8. 若查找表中的记录按关键字的大小顺序存放在一个一维数组中,在等概率情况下二分法查找的平均检索长度是(　　)。
   A. $O(n)$　　B. $O(\log_2 n)$　　C. $O(n\log_2 n)$　　D. $O((\log_2 n)^2)$
9. 请指出在顺序表{2,5,7,10,14,15,18,23,35,41,52}中,用二分法查找关键字 12 需做(　　)次关键码比较。
   A. 2　　　B. 3　　　C. 4　　　D. 5
10. 从具有 n 个结点的二叉排序树中查找一个元素时,在最坏情况下的时间复杂度为(　　)。
    A. $O(n)$　　B. $O(1)$　　C. $O(\log_2 n)$　　D. $O(n^2)$
11. 采用分块查找时,若线性表中共有 625 个元素,查找每个元素的概率相同,假设采用顺序查找来确定结点所在的块时,每块应分(　　)个结点最佳。
    A. 10　　　B. 25　　　C. 6　　　D. 625
12. 采用分块查找法(块长为 s,以二分查找确定块)查找长度为 n 的线性表时,每个元素的平均查找长度为(　　)。
    A. $s+n$
    B. $\log_2 n + s/2$
    C. $\log_2(n/s+1) + s/2$
    D. $(n+s)/2$
13. 对一棵二叉排序树的根结点而言,左子树中所有结点与右子树中所有结点的关键字的大小关系是(　　)。
    A. 小于　　　B. 大于　　　C. 等于　　　D. 不小于
14. 若二叉排序树中关键字互不相同,则下面命题中不正确的是(　　)。
    A. 最小元和最大元一定是叶子结点

B. 最大元必无右孩子

C. 最小元必无左孩子

D. 新结点总是作为叶子结点插入二叉排序树

15. 设二叉排序树中关键字由 1~1000 的整数构成，现要查找关键字为 363 的结点，下述关键字序列中（　　）不可能是在二叉排序树上查找到的序列。

A. 2,252,401,398,330,344,397,363

B. 924,220,911,244,898,258,362,363

C. 2,399,387,219,266,382,381,278,363

D. 925,202,911,240,912,245,363

16. 在初始为空的散列表中依次插入关键字序列（MON，TUE，WED，THU，FRI，SAT，SUN），散列函数为 $H(k)=i \bmod 7$，其中，i 为关键字 k 的第一个字母在英文字母表中的序号，地址值域为 [0,6]，采用线性再散列法处理冲突。插入后的散列表应该如（　　）所示。

A.   0   1   2   3   4   5   6
    THU TUE WED FRI SUN SAT MON

B.   0   1   2   3   4   5   6
    TUE THU WED FRI SUN SAT MON

C.   0   1   2   3   4   5   6
    TUE THU WED FRI SAT SUN MON

D.   0   1   2   3   4   5   6
    TUE THU WED SUN SAT FRI MON

17. 若根据查找表建立长度为 m 的散列表，采用线性探测法处理冲突，假定对一个元素第一次计算的散列地址为 d，则下一次的散列地址为（　　）。

A. d B. $(d+1)\%m$ C. $(d+1)/m$ D. $d+1$

18. 若根据查找表建立长度为 m 的散列表，采用二次探测法处理冲突，假定对一个元素第一次计算的散列地址为 d，则第四次计算的散列地址为（　　）。

A. $(d+1)\%m$ B. $(d-1)\%m$ C. $(d+4)\%m$ D. $(d-4)\%m$

19. 下面有关散列查找的说法中正确的是（　　）。

A. 直接定址法所得地址集合和关键字集合的大小不一定相同

B. 除留余数法构造的哈希函数 $H(key)=key \bmod p$，其中 p 必须选择素数

C. 构造哈希函数时不需要考虑记录的查找频率

D. 数字分析法适用于对哈希表中出现的关键字事先知道的情况

20. 下面有关散列冲突解决的说法中不正确的是（　　）。

A. 处理冲突即当某关键字得到的哈希地址已经存在数据元素时，为其寻找另一个空地址

B. 使用链地址法在链表中插入元素的位置随意，既可以是表头表尾，也可以在中间

C. 二次探测能够保证只要哈希表未填满，总能找到一个不冲突的地址

D. 线性探测能够保证只要哈希表未填满，总能找到一个不冲突的地址

21. 设哈希表长 $m=14$，哈希函数 $H(key)=key\%11$。表中已有 4 个结点：addr(15)=4，addr(38)=5，addr(61)=6，addr(84)=7，其余地址为空，若用二次探测处理冲突，关键字为 49 的结点的地址是（　　）。

A. 8   B. 3   C. 5   D. 9

二、填空题

1. 在散列函数 H(key)＝key％p 中,p 应取_____。

2. 采用分块查找法(块长为 s,顺序查找确定块)查找长度为 n 的线性表时的平均查找长度为_____。

3. 已知一个有序表为(12,18,20,25,29,32,40,62,83,90,95,98),当二分查找值为 29 和 90 的元素时,分别需要_____次和_____次比较才能查找成功;若采用顺序查找时,分别需要_____次和_____次比较才能查找成功。

4. 从一棵二叉排序树中查找一个元素时,若元素的值等于根结点的值,则表明_____;若元素的值小于根结点的值,则继续向_____查找,若元素的值大于根结点的值,则继续向_____查找。

5. 二分查找的存储结构仅限于_____,且是_____。

6. 假设在有序线性表 A[1,20] 上进行二分查找,则比较一次查找成功的结点数为_____个,比较二次查找成功的结点数为_____个,比较三次查找成功的结点数为_____个,比较四次查找成功的结点数为_____个,比较五次查找成功的结点数为_____个,平均查找长度为_____。

7. 在对 20 个元素的递增有序表做二分查找时,查找长度为 5 的元素的下标从小到大依次为_____。(设下标从 1 开始)

8. 对于线性表(70,34,55,23,65,41,20,100)进行散列存储时,若选用 H(K)＝K％9 作为散列函数,则散列地址为 1 的元素有_____个,散列地址为 7 的元素有_____个。

9. 索引顺序表上的查找分两个阶段:_____和_____。

10. 分块查找中,要得到最好的平均查找长度,应将 256 个元素的线性查找表分成_____块,每块的最佳长度是_____。若每块的长度为 8,则等概率下平均查找长度为_____。

11. 假定有 k 个关键字互为同义词,若用线性探测法把这些同义词存入散列表中,至少要进行_____次探测。

三、应用题

1. 顺序查找时间为 $O(n)$,二分法查找时间为 $O(\log_2 n)$,散列法为 $O(1)$,为什么有高效率的查找方法而低效率的方法还不被放弃?

2. 对含有 n 个互不相同元素的集合,同时找最大元和最小元至少需进行多少次比较?

3. 若对具有 n 个元素的有序顺序表和无序顺序表分别进行顺序查找,试在下述两种情况下分别讨论两者在等概率时的平均查找长度:
   (1)查找不成功,即表中无关键字等于给定值 K 的记录。
   (2)查找成功,即表中有关键字等于给定值 K 的记录。

4. 设有序表为(a,b,c,d,e,f,g,h,i,j,k,p,q),请分别画出对给定值 a、g 和 n 进行二分查找的过程。

5. 为什么有序的单链表不能进行二分查找?

6. 构造有 12 个元素的二分查找的判定树,并求解下列问题:
   (1)各元素的查找长度最大是多少?
   (2)查找长度为 1、2、3、4 的元素各有多少?具体是哪些元素?
   (3)查找第 5 个元素依次要比较哪些元素?

7. 以数据集合{1,2,3,4,5,6}的不同序列为输入,构造4棵高度为4的二叉排序树。

8. 直接在二叉排序树中查找关键字K与从中序遍历输出的有序序列中用二分查找法查找关键字K,其数据比较次数是否相同?

9. 设散列函数为h(key)=key%101,解决冲突的方法为线性探测,表中用-1表示空单元。

0	1	2	3		100
202	304	507	707	…	

(1)若删去散列表 HT 中的 304(令 HT[1]=-1)之后,在表 HT 中查找 707 将会发生什么?

(2)若将删去的表项标记为-2,查找时探测到-2继续向前搜索,探测到-1时终止搜索。请问用这种方法删去 304 后能否正确地查找到 707?

10. 已知散列表的地址区间为 0~11,散列函数为 $H(k)=k\%11$,采用线性探测法处理冲突,将关键字序列{20,30,70,15,8,12,18,63,19}依次存储到散列表中,试构造出该散列表,并求出在等概率情况下的平均查找长度。

11. 设散列函数为 $H(k)=k\%11$,采用拉链法处理冲突,将上例中关键字序列依次存储到散列表中,并求出在等概率情况下的平均查找长度。

12. 假定一个待散列存储的线性表为(32,75,29,63,48,94,25,46,18,70),散列地址空间为 HT[13],若采用除留余数法构造散列函数和线性探测法处理冲突,试求出每一个元素的初始散列地址和最终散列地址,画出最后得到的散列表,求出平均查找长度。

13. 散列表的地址区间为 0~15,散列函数为 H(key)=key%13。设有一组关键字{19,01,23,14,55,20,84},采用线性探测法解决冲突,依次存放在散列表中。问:

(1)元素 84 存放在散列表中的地址是多少?

(2)搜索元素 84 需要的比较次数是多少?

四、算法及设计题

1. 已知顺序表 A 的长度为 n,试写出将监视哨设在高端的顺序查找算法。

2. 若线性表中各结点的查找概率不等,则可用如下策略提高顺序查找的效率:若找到指定的结点,则将该结点和第一个结点交换,使得经常被查的结点尽量位于表的前端。试对线性表的链式存储结构写出实现上述策略的顺序查找算法(查找时必须从表头开始向后扫描)。

【算法分析】 设指针变量 p 指向当前结点,q 指向其前驱结点。若要将当前结点和第一个结点交换,通过指针的变化需要经过四步:①第一个结点的 next 域指向 p 的后继结点。②将头指针指向当前结点。③当前结点 q 的 next 域等于第一个结点的 next 域。④其前驱结点的 next 指向原来的第一个结点。

3. 已知关键字序列为{PAL,LAP,PAM,MAP,PAT,PET,SET,SAT,TAT,BAT},试设计一个散列函数,将其映射到区间[0,n-1]上,要求碰撞尽可能少。这里 n=11,13,17,19。

【算法分析】 设计的散列函数:把关键字串中的每一个字符按其所在位置分别将其 ASCII 值乘以一个不同的数,然后把这些值相加的和对 n 求余,余数即散列表中的位置。

4. 有递增排序的顺序线性表 $A[n]$,写出利用二分查找算法查找元素 K 的递归算法。若找到则给出其位置序号,否则其位置号为 0。

5. 设计一个算法,求出指定结点在给定的二叉排序树中所在的层数。

【算法分析】 查找成功时的比较次数即结点所在层数。可设置查找时计数,比较一次计数器加1。查找成功时返回计数器累加数字;不成功时,返回0。

6.设计一个算法,以求出给定二叉排序树中值为最大的结点。

【算法分析】 二叉排序树上最大的结点肯定在右子树上。因此,首先从根结点开始查找,然后顺着右子树查找,直到结点没有右子树为止。

7.设计一个递归算法,向以 BT 为树根的二叉排序树上插入值为 x 的结点。

8.假设二叉排序树采用链表结构存储,设计一个算法,从大到小输出该二叉排序树中所有关键字不小于 x 的数据元素。

【算法分析】 若对二叉排序树进行中序遍历,则遍历结果的序列是递增有序的,若遍历先左后右,则输出递增序列。若要输出递减序列,采取先遍历右子树,遍历根结点,再遍历左子树的策略,直到小于 x 为止。

9.假设散列函数为 $H(k)=k\%11$,采用链地址法处理冲突。设计算法:

(1)输入一组关键字(09,31,26,19,01,13,02,11,27,16,05,21),构造散列表。

(2)查找值为 x 的元素。若查找成功,返回其所在结点的指针,否则返回 NULL。

【算法分析】 构造散列表时,先把输入序列存入数组,然后顺序填入相应的链表。填入算法类似于单链表的建立,只是链表头指针存放的位置由散列函数计算得到。

查找散列表时,也首先根据散列函数计算链表头指针所在位置,然后顺序查找。找到返回结点地址,否则返回 NULL。

*10.试编写利用二分查找法确定记录所在块的分块查找算法思想。

【算法分析】 采用分块查找时,除了顺序表之外,还要有索引表。其中,索引表中含有各块索引。在各块中进行顺序查找时,监视哨可设在本块的表尾,即将下一块的第一个记录暂时移走(若本块内记录没有填满,则监视哨的位置仍在本块的尾部),待块内顺序查找完成后再移回来。此时增加了赋值运算,但免去了判断下标变量是否越界的比较。注意,最后一块需进行特殊处理。

第 9 章 排 序

排序是数据处理中常用的一种重要操作,有着广泛的应用。例如,将学生的考试成绩按总分或平均分进行排序;将职工按参加工作的年限进行排序;将网站中的帖子按点击率进行排序等。能够进行数据排序的方法有很多种,本章主要介绍内部排序的插入排序、交换排序、选择排序、归并排序和基数排序五类方法的基本思想、排序过程、算法实现和性能分析,最后介绍各种排序方法的比较和选择。

知识目标

- 掌握排序的基本概念。
- 掌握直接插入排序和二分插入排序的算法实现。
- 理解希尔排序的算法思想。
- 掌握冒泡排序和快速排序的算法实现。
- 掌握直接选择排序的算法实现。
- 理解堆排序的算法思想。
- 掌握归并排序的算法实现。
- 掌握基数排序的算法实现。

第 9 章思维导图

技能目标

针对不同的问题,能够选择适当的排序算法完成数据排序。

素质目标

通过学习各种排序方法及其优缺点,帮助学生树立正确的价值观,在编程时要根据具体的情况选取最合适的方法。同学们在成长过程中,也要擅于总结和提炼,取长补短,从众多渠道中探索最佳方案和路径,提高工作效率。

9.1 案例导引

案例:学生成绩管理系统——成绩排序功能的实现。

学生成绩管理系统的主要功能有录入成绩、查询成绩、修改成绩、输出成绩、删除成绩和成绩排序等，每条记录的基本信息为学号、姓名、语文、数学、英语、总分、平均分和名次。成绩排序模块实现按总分从大到小排序，总分相同的记录按语文成绩从大到小排序。

案例探析：

排序是应用软件设计过程中经常遇到的问题，经过排序后的数据可以提高其查询效率。成绩排序模块可以采用本章介绍的排序方法来实现。

9.2 排序的基本概念

排序(Sort)就是将一组数据元素按某个数据项递增或递减的次序重新排列的过程。在排序问题中，通常将数据元素称为记录。

排序操作可以按记录的主关键字进行，也可以按记录的次关键字进行。由于主关键字可以唯一确定一条记录，即每条记录的主关键字都不相同，因此按主关键字排序之后的结果是唯一的。如果按次关键字进行排序，由于不同记录的次关键字可能相同，因此排序的结果可能不唯一。假设按记录的次关键字进行排序，并且有次关键字相同的记录，如果经过排序后这些具有相同关键字的记录之间的相对次序保持不变，则称这种排序方法是稳定的；反之，则称这种排序方法是不稳定的。

排序算法的稳定性是针对所有输入实例而言的，在所有可能的输入实例中，只要有一个实例使得算法不满足稳定性要求，则该排序算法就是不稳定的。对于稳定的排序算法，必须对算法进行分析从而得到稳定的特性。随着条件的变化，算法的稳定性也会发生变化。稳定的算法在某种条件下可以变为不稳定的算法，而有些不稳定的算法在某种条件下也可以变为稳定的算法。

根据在排序过程中待排序的所有记录是否全部被放置在内存中，将排序方法分为内排序和外排序两大类。内排序(Internal Sorting)是指在排序过程中，所有记录全部被存放在内存中，排序时不涉及数据的内、外存交换；外排序(External Sorting)是指由于待排序的记录数量太大，不能全部放置在内存中，只能一部分记录放置在内存中，另一部分记录放置在外存中，整个排序过程中需要在内、外存之间多次交换数据才能完成。本章所讨论的排序均为内排序。

根据排序过程中所用的策略不同，内排序可以分为插入排序、选择排序、交换排序、归并排序和基数排序五类。

评价一个排序算法的好坏通常是从执行时间和所需的辅助空间两个方面进行，另外算法本身的复杂程度也是要考虑的一个因素。

内排序算法在排序过程中的两个基本操作是比较两个关键字的大小和移动记录，算法的执行时间主要消耗在这两个操作上，因此尽可能减少关键字的比较次数和记录的移动次数可以提高排序算法的时间效率。

排序时所需要的辅助存储空间是指排序过程中用于暂时存储数据的存储空间，不包括用于存放待排序记录的存储空间。若排序算法所需的辅助空间并不依赖于问题的规模 n，也就是说辅助空间是 $O(1)$，则称为就地排序。

为了讨论简单，本章将讨论的排序算法均采用顺序存储结构，待排序的记录设为整型数据，采用一维数组 a 存储 n 个待排序的记录，数组的长度为 $n+1$，从下标为 1 处开始存放数据。排序时按非递减序。

9.3 插入排序

插入排序

插入排序的基本思想是：先将第一个记录作为有序序列，然后将后面 $n-1$ 个待排序的记录依次按其大小插入有序序列中的适当位置，直到全部记录插入完成为止。根据确定插入位置的方法不同分为直接插入排序和二分插入排序。希尔排序是对直接插入排序的改进。

9.3.1 直接插入排序

1. 基本思想

直接插入排序（Straight Insertion Sort）是依次将一个待排序记录插入已排好序的有序序列中，插入位置是通过从有序序列的最后一个记录开始由后向前依次进行比较得到的，也就是通过顺序查找来确定插入位置。

假设有序序列记录存放在数组 $a[1..i-1]$ 中，待插入的无序序列记录存放在数组 $a[i..n]$ 中。将 $a[i]$ 插入有序序列中的过程如下：

将 $a[i]$ 与有序序列的最后一个记录比较，若 $a[i]$ 比该记录小，则继续向前进行比较，直到 $a[i]$ 大于或等于某个记录，此时该记录后的位置就是 $a[i]$ 的插入位置 w；或者 $a[i]$ 比有序序列中所有记录都小，则第一个记录的位置就是 $a[i]$ 的插入位置 w。先将 $a[w..i-1]$ 中的记录依次后移一个位置，再将 $a[i]$ 插入位置 w 上。为了防止 $a[i-1]$ 后移时将 $a[i]$ 覆盖，需要事先将 $a[i]$ 赋值到 $a[0]$ 中暂时存放（$a[0]$ 称为暂存单元），所以实际上最后是将 $a[0]$ 插入位置 w 上。如果 $a[i]$ 大于或等于有序序列的最后一个记录，则 $a[i]$ 直接进入有序部分。

如图 9-1 所示是一个直接插入排序的例子，括号中的元素为排好序的部分。

初始序列	(15)	4	23	14	20	4
第一趟插入	(4	15)	23	14	20	4
第二趟插入	(4	15	23)	14	20	4
第三趟插入	(4	14	15	23)	20	4
第四趟插入	(4	14	15	20	23)	4
第五趟插入	(4	4	14	15	20	23)

图 9-1 直接插入排序举例

2. 直接插入排序算法

根据上述算法思想，直接插入排序算法如下：

【算法 9-1】：

```
void InsertSort(int a[],int n)
/*直接插入排序算法 1*/
{
```

```
    int i,j,k;
    for(i=2;i<=n;i++)                    /*n-1趟插入操作*/
    {
        a[0]=a[i];                       /*临时存放插入记录于a[0],并设a[0]为监视哨*/
        j=i-1;                           /*查找的起始位置*/
        while(a[0]<a[j])                 /*确定插入位置*/
            j--;
        for(k=i-1;k>=j+1;k--)            /*记录后移,空出插入位置*/
            a[k+1]=a[k];
        a[j+1]=a[0];                     /*插入记录*/
    }
}
```

一趟插入排序的过程分为查找插入位置和插入记录两步。在查找插入位置时,设置 a[0] 为监视哨,用来判断查找是否越界。如果 j 等于 0,则 a[0] 与 a[j] 相等,结束循环,将记录插入在 a[1] 处。如果没有监视哨,则 while 的判断条件要写成:while(j>0&&a[0]<a[j])。使用监视哨后,节省了一个循环条件的判断,也节省了执行时间。在该算法中,a[0] 的作用有两个,即临时存放待插入的记录和做监视哨。

在上述算法中是将查找插入位置和记录后移分开进行的,即先确定插入位置,再记录后移。也可将这两项工作同时进行,即边后移边查找。修改后的算法如下:

【算法 9-2】:

```
void InsertSort(int a[],int n)
/*直接插入排序算法2*/
{
    int i,j;
    for(i=2;i<=n;i++)                    /*n-1趟插入操作*/
    {
        a[0]=a[i];                       /*临时存放插入记录于a[0],并设a[0]为监视哨*/
        j=i-1;                           /*查找的起始位置*/
        while(a[0]<a[j])                 /*确定插入位置,边后移边查找*/
        {
            a[j+1]=a[j];
            j--;
        }
        a[j+1]=a[0];                     /*插入记录*/
    }
}
```

3. 性能分析

对 n 个记录进行直接插入排序,需要进行 $n-1$ 趟。每趟中的主要操作是比较关键字和移动记录,而比较关键字和移动记录的次数取决于待排序记录序列的初始状态。

最好情况下,待排序记录为正序,每趟排序中待插入记录只需与有序序列的最后一个记录比较一次,记录移动两次(待插入记录放入 a[0] 和由 a[0] 放回原处)。这个过程共进行 $n-1$ 趟,所以,总的比较次数是 $n-1$,总的移动次数是 $2(n-1)$,时间复杂度是 $O(n)$。

最坏情况下,待排序记录为逆序,每趟排序中待排序记录需要与有序序列中的所有记录以及 $a[0]$ 进行比较,有序序列中的所有记录都要后移,所以此时比较次数和移动次数都是最多的。在第 i 趟时,对数组的第 $i+1$ 个记录进行排序,其比较次数是 $i+1$,移动次数是 $i+2$。所以,总的比较次数是 $2+3+\cdots+n=(n+2)(n-1)/2$,总的移动次数是 $3+4+\cdots+n+1=(n+4)(n-1)/2$,时间复杂度是 $O(n^2)$。

平均情况下,在第 i 趟排序时,待排序记录需要与有序序列中大约一半的记录进行比较,比较次数是 $(i+1)/2$,移动次数是 $(i+2)/2$。所以,总的比较次数是 $(n+2)(n-1)/4$,总的移动次数是 $(n+4)(n-1)/4$,时间复杂度是 $O(n^2)$。

直接插入排序在排序过程中只用了一个辅助单元 $a[0]$,因此其空间复杂度是 $O(1)$,为就地排序。

直接插入排序是稳定的排序方法。因为在插入过程中,待插入记录与有序序列中的记录相等时,插入在该记录的后面,所以保证了算法的稳定性。当待排序记录较少或序列中的记录基本有序时,直接插入排序是最佳的排序方法。

9.3.2 二分插入排序

1. 基本思想

二分插入排序是将一个记录插入已排好序的有序序列中时,通过采用二分查找的方法在有序序列中查找待排序记录的位置。

2. 二分插入排序算法

【算法 9-3】:
```
void BiInsertSort(int a[],int n)
/*二分插入排序算法*/
{
    int i,j,low,high,mid;
    for(i=2;i<=n;i++)
    {
        a[0]=a[i];                          /*将 a[i]暂存到 a[0]*/
        low=1;
        high=i-1;
        while(low<=high)                    /*在 a[low..high]中二分查找插入的位置*/
        {
            mid=(low+high)/2;
            if(a[0]<a[mid])
                high=mid-1;                 /*插入点在前半部分*/
            else
                low=mid+1;                  /*插入点在后半部分*/
        }
        for(j=i-1;j>=high+1;j--)
            a[j+1]=a[j];                    /*记录后移*/
```

```
            a[high+1]=a[0];            /*插入待排序的元素*/
    }
}
```

3. 性能分析

二分插入排序与直接插入排序相比,只是减少了寻找插入位置时的比较次数,而记录的移动次数不变,因此二分插入排序的时间复杂度也是$O(n^2)$。

二分插入排序与直接插入排序一样,在排序过程中只用了一个辅助单元$a[0]$,因此其空间复杂度也是$O(1)$,为就地排序。

二分插入排序是稳定的排序方法。因为在插入过程中,待插入记录与有序序列中的记录相等时,插入在后半部分,所以保证了算法的稳定性。

9.3.3 希尔排序

希尔排序(Shell Sort)是对直接插入排序的改进。直接插入排序算法简单,当待排序的记录比较少时,效率较高;当待排序的记录比较多但记录基本有序时,效率也是比较高的。希尔排序正是利用了直接插入排序的这两个特点对插入排序过程做了改进。

1. 基本思想

先将待排序的记录序列按一定的增量分成若干个子序列,具有相同增量的记录在同一子序列中,分别在各个子序列中进行直接插入排序;然后缩小增量重新进行分组和排序,直到增量为1。此时待排序记录已基本有序,再对所有记录进行一次直接插入排序。

第一趟希尔排序时取增量$d_1=n/2$(n为待排序记录数),以后每趟希尔排序的增量$d_i=d_{i-1}/2$,直到最后一趟希尔排序的增量为1。

希尔排序的过程如图9-2所示。

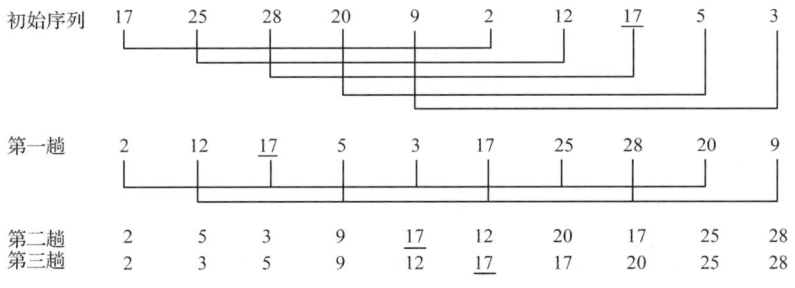

图9-2 希尔排序举例

2. 希尔排序算法

【算法9-4】:
```
void ShellSort(int a[],int n)
/*希尔排序算法*/
{
    int i,j,d;
    for(d=n/2;d>=1;d=d/2)
        for(i=1+d;i<=n;i++)
```

```
        {
            a[0]=a[i];                        /*临时存放插入记录于a[0]*/
            j=i-d;                            /*每个子序列的起始位置*/
            while(j>0&&a[0]<a[j])
            {
                a[j+d]=a[j];                  /*在同一子序列中边后移边查找*/
                j=j-d;
            }
            a[j+d]=a[0];                      /*插入记录*/
        }
    }
```

3. 性能分析

希尔排序的时间性能分析是一个复杂的问题,因为它的时间是所取增量的函数,这涉及一些数学上尚未解决的难题。在增量选择合理的前提下,希尔排序的时间复杂度在$O(n\log_2 n)$与$O(n^2)$之间。

希尔排序在排序过程中只用了一个辅助单元 a[0],因此其空间复杂度也是 $O(1)$,为就地排序。

希尔排序是不稳定的排序方法。排序过程中记录在子序列中移动时幅度较大,有可能改变相同记录的原始顺序,因此是不稳定的。如图 9-2 所示例子中 17 和 <u>17</u> 的相对位置在排序前后发生了变化。

9.4 交换排序

交换排序的基本思想是:两两比较待排序记录,若发现两个记录的顺序与排序要求相逆则交换这两个记录,直到待排序记录中没有逆序为止。选择比较对象的方法不同,对应地有不同的交换排序算法。常用的交换排序方法有冒泡排序和快速排序。

冒泡排序

9.4.1 冒泡排序

1. 基本思想

冒泡排序(Bubble Sort)是从前向后依次取相邻的两个记录进行比较,如果前面的记录大于后面的记录,则两两交换;否则不交换。这一过程称为一趟冒泡排序。经过第一趟冒泡排序后,最大值移动到序列的最后位置;在除最大值之外的 $n-1$ 个记录中进行第二趟冒泡排序,将所有记录中的次大值移动到倒数第二的位置……依此类推,每一趟冒泡排序都有一个记录就位。一般情况下,n 个记录需要 $n-1$ 趟冒泡排序就可排好序。若某趟冒泡过程中没有发生记录的交换,则说明记录已有序,即可结束排序。

冒泡排序的过程如图 9-3 所示。

初始序列	17	25	20	2	5	12	<u>17</u>	9	
第一趟	17	20	2	5	12	<u>17</u>	9	**25**	
第二趟	17	2	5	12	<u>17</u>	9	**20**	25	
第三趟	2	5	12	17	9	**<u>17</u>**	20	25	
第四趟	2	5	12	9	<u>17</u>	**17**	20	25	
第五趟	2	5	9	**12**	<u>17</u>	17	20	25	
第六趟	2	5	**9**	12	<u>17</u>	17	20	25	
第七趟	2	**5**	**9**	12	<u>17</u>	17	20	25	

图 9-3 冒泡排序举例

上例中,在第六趟冒泡排序过程中没有发生记录的交换,就可以结束排序,不需要再进行第七趟排序了。因此,可以设置一个标志用于记录在一趟排序中是否发生了交换,如果没有,即可结束冒泡排序。

冒泡排序可以从前向后进行,每一趟将一个大值移动到后面就位,也可以从后向前进行,每一趟将一个小值移动到前面就位。

2. 冒泡排序算法

从前向后的冒泡排序算法如下:

【算法 9-5】:

```
void BubbleSort(int a[],int n)
/*冒泡排序算法*/
{
    int i,j,flag,temp;
    for(i=n;i>1;i--)              /*最多 n-1 趟排序*/
    {
        flag=0;                    /*下一趟开始前将标记设置为0,表示尚未发生记录交换*/
        for(j=1;j<i;j++)           /*一趟冒泡排序*/
            if(a[j]>a[j+1])        /*逆序,则交换*/
            {
                temp=a[j];
                a[j]=a[j+1];
                a[j+1]=temp;
                flag=1;            /*发生交换,标记设置为1*/
            }
        if(flag==0)                /*没有发生交换,结束排序*/
            break;
    }
}
```

假设前一趟冒泡排序中最后一次记录交换的位置是 i,仔细分析冒泡排序的过程可以发现:从此位置以后的记录均已经有序,在进行下一趟排序时只需要在 $a[1]$ 到 $a[i]$ 的范围内比较两个记录的大小。我们可以用一个变量 i 来记录前一趟冒泡排序中最后一次记录交换的位置,当 i 大于 1 时,继续进行下一趟冒泡排序,直到 i 等于 1。改进后的算法如下:

【算法 9-6】:

```
void BubbleSort(int a[],int n)
/*改进的冒泡排序*/
{
```

```
int i,j,LocChange,temp;
i=n;
while(i>1)                              /*最多 n-1 趟排序*/
{
    LocChange=1;
    for(j=1;j<i;j++)                    /*一趟冒泡排序*/
        if(a[j]>a[j+1])                 /*逆序,则交换*/
        {
            temp=a[j];
            a[j]=a[j+1];
            a[j+1]=temp;
            LocChange=j;                /*记录发生交换的位置*/
        }
    i=LocChange;                        /*i 设置为前一趟最后交换的位置*/
}
```

3. 性能分析

最好情况下,待排记录是正序,只需要一趟冒泡排序即可完成排序。比较次数是 $n-1$,移动次数是 0,因此最好情况下的时间复杂度是 $O(n)$。

最坏情况下,待排记录是逆序,则需要进行 $n-1$ 趟排序。第一趟的比较次数是 $n-1$,第二趟的比较次数是 $n-2$……第 i 趟的比较次数是 $n-i$,第 $n-1$ 趟的比较次数是 1,总的比较次数是 $(n-1)+(n-2)+\cdots+2+1=n(n-1)/2$。每一次比较都需要交换记录,所以总的移动次数是 $3n(n-1)/2$。因此最坏情况下的时间复杂度是 $O(n^2)$。

平均情况下,待排序记录为随机序列,时间复杂度与最坏情况同数量级。

冒泡排序只需要一个辅助存储空间用于记录的交换,其空间复杂度是 $O(1)$,为就地排序。

冒泡排序是稳定的排序方法。相邻两个记录比较时,当前面的记录等于后面的记录时,不进行交换,保证了相同记录的顺序不发生变化,所以是稳定的。由于记录的移动次数较多,冒泡排序是内排序中较慢的一种排序方法。

9.4.2 快速排序

快速排序

快速排序(Quick Sort)是对冒泡排序的改进。冒泡排序中记录的比较是在相邻的位置上进行的,每次交换只能将记录后移或前移一个位置,因此比较次数和移动次数较多。快速排序增大记录的比较和移动距离,将较大的记录从前面直接移动到后面,较小的记录从后面直接移动到前面,从而减少了总的比较次数和移动次数。

1. 基本思想

选取待排记录中的第一个记录作为基准,通过一趟排序,将待排记录分为左、右两个子序列。左子序列中的记录小于基准记录,右子序列中的记录大于或等于基准记录,左、右子序列之间的位置为基准位置。经过一趟快排,基准记录到位。然后分别对左、右两个子序列进行排序,直到整个序列有序。

一趟快排的过程为:

①取第一个记录为基准,并将其存入临时存储单元。将工作指针 i 和 j 分别指向第一个记录和最后一个记录。

②将 j 所指的记录与基准比较,若 j 所指的记录大于或等于基准,则将 j 指向前一个记录。重复上述过程,直到 j 所指的记录小于基准,则将该记录移到 i 处,并 $i++$。

③将 i 所指的记录与基准比较,若 i 所指的记录小于基准,则将 i 指向后一个记录。重复上述过程,直到 i 所指的记录大于或等于基准,则将该记录移到 j 处,并 $j--$。

④重复②和③步,直到 i 和 j 指向同一位置,即基准的最终位置。

如图 9-4 所示为快速排序的一趟快排过程,以第一个记录 48 为基准。

一趟快排实际上是对待排记录序列的一次划分,将原有序列划分为左、右两个子序列,并且左子序列的记录都比基准小,右子序列的记录都大于或等于基准。然后分别对左、右子序列继续进行划分,直到每个序列只有一个记录。此时,快速排序完成。快速排序的全部过程如图 9-5 所示。

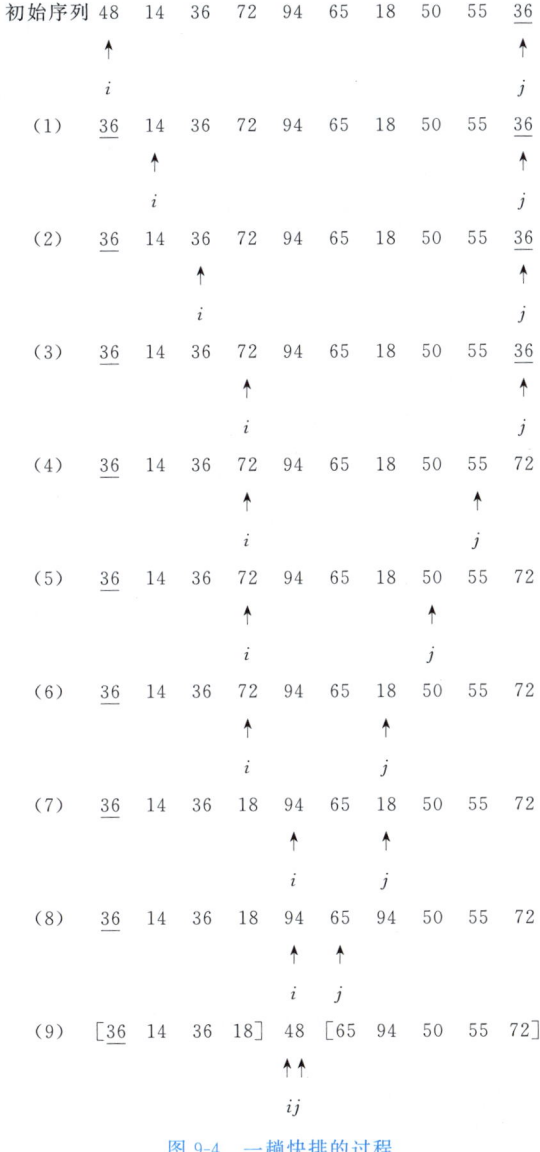

图 9-4 一趟快排的过程

初始序列	48	14	36	72	94	65	18	50	55	36
第一趟	[36	14	36	18]	48	[65	94	50	55	72]
第二趟	[18	14]	36	[36]	48	[65	94	50	55	72]
第三趟	[14]	18	36	[36]	48	[65	94	50	55	72]
第四趟	[14]	18	36	[36]	48	[55	50]	65	[94	72]
第五趟	[14]	18	36	[36]	48	[50]	55	65	[94	72]
第六趟	[14]	18	36	[36]	48	[50]	55	65	[72]	94

图 9-5　快速排序的过程

2. 快速排序算法

【算法 9-7】：

```
void QuickSort(int a[],int left,int right)
/*快速排序算法*/
{
    int i,j,temp;
    i=left;j=right;                    /*将i和j分别指向待排序序列的第一个记录和最后一个记录*/
    temp=a[i];                         /*暂存基准*/
    while(i<j)
    {
        while(i<j&&a[j]>=temp)         /*从右侧开始扫描*/
            j--;
        if(i<j)                        /*找到小于基准的记录*/
        {
            a[i]=a[j];                 /*移动到i处*/
            i++;                       /*i后移一位*/
        }
        while(i<j&&a[i]<temp)          /*从左侧开始扫描*/
            i++;
        if(i<j)                        /*找到大于或等于基准的记录*/
        {
            a[j]=a[i];                 /*移动到j处*/
            j--;                       /*j前移一位*/
        }
    }
    a[i]=temp;                         /*找到基准的位置*/
    if(left<i-1)                       /*对左子序列快速排序*/
        QuickSort(a,left,i-1);
    if(i+1<right)                      /*对右子序列快速排序*/
        QuickSort(a,i+1,right);
}
```

3. 性能分析

快速排序中记录的移动次数小于比较次数，因此在讨论时间复杂度时仅考虑记录的比较次数即可。

最好情况下，每次划分都能把待排序序列划分成大致相等的两个子序列，此时算法的时间复杂度是 $O(n\log_2 n)$。

最坏情况下,待排序记录为正序或逆序,每次划分得到的一个子序列为空,另一个子序列比划分之前的子序列少一个记录。此时,需要进行 $n-1$ 次划分才能完成排序。第 i 次划分需要比较 $n-i$ 次,总的比较次数为 $(n-1)+(n-2)+\cdots+2+1=n(n-1)/2$,时间复杂度为 $O(n^2)$。

快速排序算法的平均时间复杂度为 $O(n\log_2 n)$。

快速排序是递归的,每次递归调用时的参数都需要用栈来存放,栈的最大深度与递归调用的深度一致。最好情况下空间复杂度为 $O(\log_2 n)$,最坏情况下为 $O(n)$,平均情况下为 $O(\log_2 n)$。

快速排序是不稳定的排序方法。在记录移动的过程中,可能会出现相同记录的相对次序发生改变的情况,如图 9-5 中 36 和 36 的相对位置在排序前后发生了变化。

快速排序的平均性能是迄今为止所有内排序算法中最好的,适用于待排序记录个数很大且原始记录随机排列的情况。在待排序记录正序时,快速排序的时间复杂度是 $O(n^2)$,而此时冒泡排序的时间复杂度是 $O(n)$,在这种情况下快速排序反而不快。所以快速排序不适用于待排记录有序或基本有序的情况。

9.5 选择排序

选择排序的基本思想是:每一趟排序从待排序的记录中选出最小或最大的记录,依次放在已经排序记录的适当位置,直到全部记录成为一个有序序列。根据选择最小值或最大值所采用的方法不同,可以得到升序或降序的记录序列。选择排序分为直接选择排序和堆排序。

直接选择排序

9.5.1 直接选择排序

直接选择排序又称为简单选择排序,是选择排序中最简单的一种。

1. 基本思想

直接选择排序(Straight Selection Sort)的基本思想是:第一趟排序从待排序记录 $a[1..n]$ 中选出最小的记录与 $a[1]$ 交换,第二趟排序从待排序记录 $a[2..n]$ 中选出最小的记录与 $a[2]$ 交换……第 $n-1$ 趟排序从待排序记录 $a[n-1,n]$ 中选出最小的记录与 $a[n-1]$ 交换。进行 $n-1$ 趟排序,得到一个从小到大的有序序列。

直接选择排序的过程如图 9-6 所示。

初始序列	48	18	36	72	12	25	48	6
第一趟	**6**	18	36	72	12	25	48	48
第二趟	**6**	**12**	36	72	18	25	48	48
第三趟	**6**	**12**	**18**	72	36	25	48	48
第四趟	**6**	**12**	**18**	**25**	36	72	48	48
第五趟	**6**	**12**	**18**	**25**	**36**	72	48	48
第六趟	**6**	**12**	**18**	**25**	**36**	**48**	72	48
第七趟	**6**	**12**	**18**	**25**	**36**	**48**	48	72

图 9-6 直接选择排序举例

2. 直接选择排序算法

【算法 9-8】：

```
void SelectSort(int a[ ],int n )
/* 直接选择排序算法 */
{
    int i,j,temp,min;              /* min 用于存放最小记录的下标 */
    for(i=1;i<n;i++)               /* n-1 趟选择 */
    {
        min=i;
        for(j=i+1;j<=n;j++)        /* 从待排序记录中寻找最小记录的下标 */
            if(a[j]<a[min])
                min=j;
        if(i!=min)                 /* 目前最小记录所在的位置与应在位置不同,则交换位置 */
        {
            temp=a[i];
            a[i]=a[min];
            a[min]=temp;
        }
    }
}
```

3. 性能分析

直接选择排序中记录的移动次数比较少。待排序记录为正序时,记录的移动次数为 0;待排序记录为逆序时,记录的移动次数最多,为 $3(n-1)$。

无论记录的初始排列如何,记录的比较次数是相同的。直接选择排序需要 $n-1$ 趟选择,第 i 趟选择需要比较 $n-i$ 次,总的比较次数为 $(n-1)+(n-2)+\cdots+2+1=n(n-1)/2$。所以无论何种情况,时间复杂度都为 $O(n^2)$。

直接选择排序过程中只需要一个辅助存储空间,其空间复杂度为 $O(1)$,为就地排序。

直接选择排序是不稳定的排序方法。在排序过程中,记录交换的跨度比较大,有可能造成相同记录之间的顺序发生变化,所以是不稳定的。如图 9-6 所示,48 和 <u>48</u> 的相对位置在排序前后发生了变化。

9.5.2 堆排序

堆排序

堆排序(Heap Sort)是通过建立一个堆来选出待排序记录中的最大值或最小值,然后把它交换到对应的位置来完成排序。首先介绍堆的概念。

对于 n 个元素的序列 $\{k_1,k_2,\cdots,k_n\}$,当且仅当满足以下关系之一时,称之为堆:

$$\begin{cases} k_i \geqslant k_{2i} \\ k_i \geqslant k_{2i+1} \end{cases} \text{ 或 } \begin{cases} k_i \leqslant k_{2i} \\ k_i \leqslant k_{2i+1} \end{cases} (i=1,2,\cdots,\lfloor n/2 \rfloor)$$

前者称为大根堆,后者称为小根堆。例如,序列{64,44,39,34,29,11,32,22,17}是一个大根堆,{12,22,17,29,24,37,54,74,80}是一个小根堆。

若将堆中的数据元素依次存放于一维数组中,并将此一维数组看作一棵完全二叉树的顺序存储结构,则堆可以看成一棵所有分支结点的值都不小于或不大于其左、右孩子结点的值的完全二叉树,根结点的值是最大的或最小的。

如图 9-7 所示为上述大根堆和小根堆的完全二叉树的形式及其顺序存储结构。

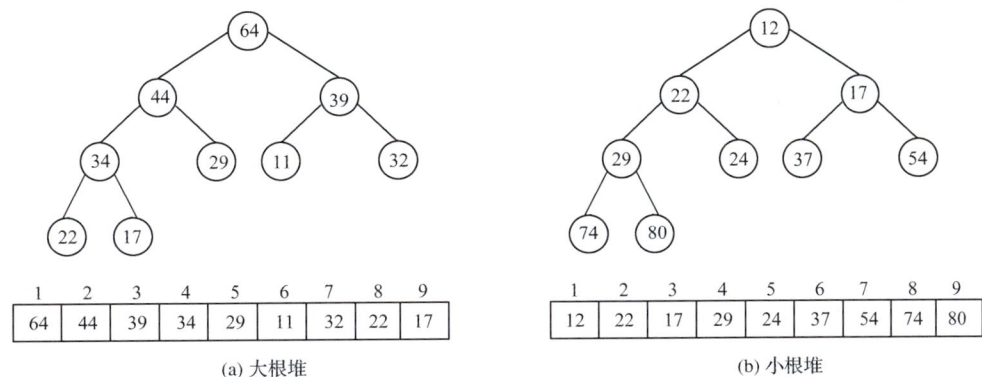

(a) 大根堆　　　　　　　　　　　　　(b) 小根堆

图 9-7　堆

1. 基本思想

堆排序的基本思想是:对一组待排序的记录,若要按照非递减的顺序排序,则首先将它们建成一个大根堆,将其最大值与最后一个记录交换位置;然后将其他的记录再重新建堆,得到次大值,再将其与倒数第二个记录交换位置;如此反复进行 $n-1$ 次,就可把全部记录排好序。若按照非递增的顺序排序,则可以通过建立小根堆来选择最小值进行交换的方法完成排序。

以大根堆为例,建立初始堆的过程为:

将待排序的记录表示成一棵完全二叉树的形式,如果此时的完全二叉树不能满足其所有的分支结点的值都不小于其左、右孩子结点的值,那么现在待排序的记录序列还不是一个大根堆。我们需要对每个分支结点进行判断,看其值是否满足大于或等于其左、右孩子结点的值,如果不满足,则要对其进行调整,使其满足该条件。判断从最后一个分支结点开始进行,由后向前,最后对根结点进行判断。

在调整 $a[i]$ 的过程中,$a[i]$ 的左孩子 $a[2i]$ 和右孩子 $a[2i+1]$ 都已经是大根堆,若 $a[i]$ 的值小于其左、右孩子的值,就将 $a[i]$ 与它的两个孩子中较大者进行交换。交换后,若被交换结点的值不小于其左、右孩子的值,则调整结束;若被交换结点的值小于其左、右孩子的值,则需要对被交换结点进行调整,这个过程直到被交换结点满足大根堆的要求,或者被交换结点是叶子结点为止。上述过程把较小的记录逐层筛下去,把较大的记录逐层选上来,因此称为"筛选"。

假设待排序的序列是{19,68,19,16,90,4,61,96},建立大根堆的过程如图 9-8 所示。

其中,图 9-8(a)为序列的初始无序状态;最后一个分支结点 16 小于其孩子结点 96,二者交换后如图 9-8(b)所示;倒数第二个分支结点 19 小于其右孩子结点 61,二者交换后如图 9-8(c)所示;倒数第三个分支结点 68 小于其左、右孩子结点,将 68 与两个孩子中较大的左孩子 96 交换,交换后,68 大于其孩子 16,符合大根堆的要求,如图 9-8(d)所示;最后调整根结点 19,19 小于其左、右孩子结点,将 19 与两个孩子中较大的左孩子 96 交换,交换后仍然小于其左、右孩子结点，再将 19 与两个孩子中较大的右孩子 90 交换，交换后 19 为叶子结点，如图 9-8(e)所示。

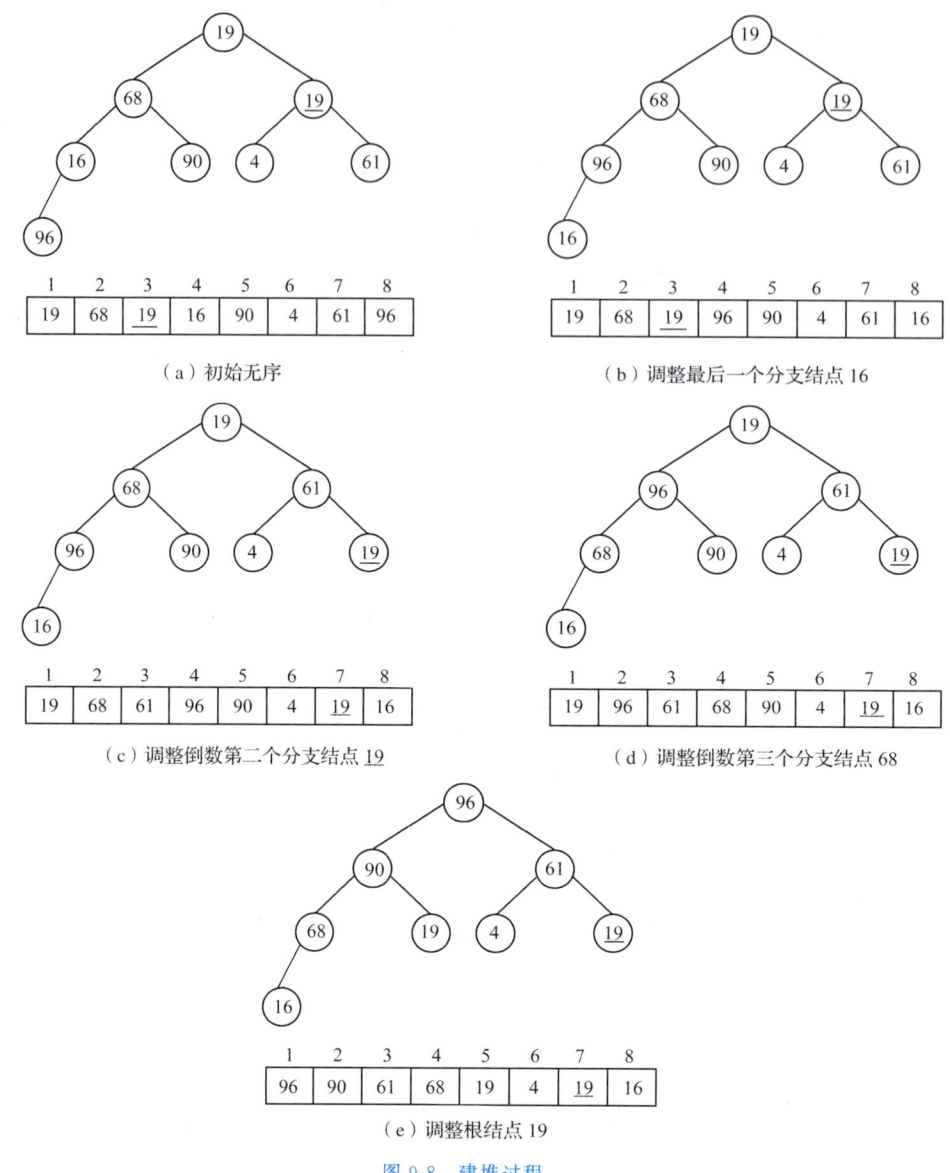

图 9-8 建堆过程

建立大根堆后，根结点的值是整个序列中的最大值，将其与序列中的最后一个记录交换。然后将剩余的记录序列再调整成一个大根堆，再将根结点与倒数第二个记录交换……如此反复，直到所有记录都排好序。

将根结点与最后结点交换后，对剩余记录进行调整时，因为只是根结点发生变化，其他的分支结点没有受到影响，所以只需要对根结点进行判断。如果根结点不符合堆的要求，对其进行调整就可以了。

例如，对序列{19,68,19,16,90,4,61,96}进行堆排序的过程如图 9-9 所示。

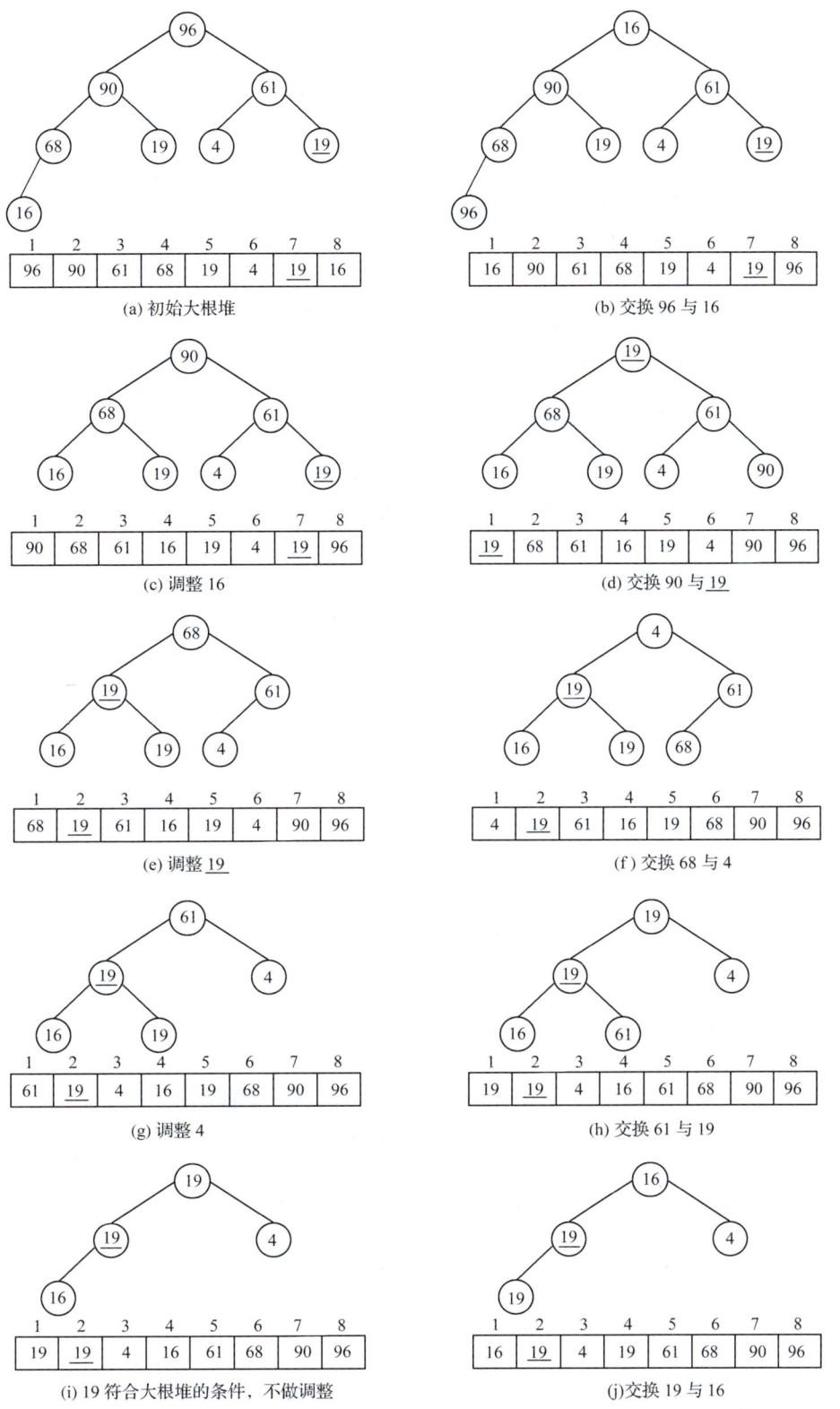

图 9-9 堆排序

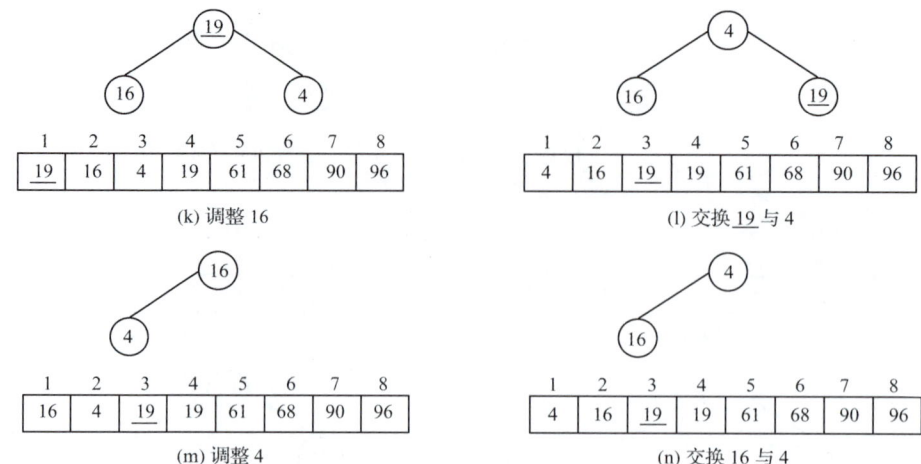

续图 9-9　堆排序

2. 堆排序算法

堆排序过程中,对分支结点进行调整的算法如下:

【算法 9-9】:
```
void HeapAdjust(int a[],int t,int end)
/*调整 a[t],使序列 a[t..end]符合大根堆*/
{
    int child;
    a[0]=a[t];                    /*保存被调整结点*/
    child=2*t;                    /*取左孩子*/
    while(child<=end)             /*当前结点有孩子时,筛选*/
    {    /*如果当前结点有右孩子,取左、右孩子中大者*/
        if(child+1<=end && a[child]<a[child+1])
            child=child+1;
        if(a[0]<a[child])         /*被调整结点的值小于当前结点的孩子结点中较大者*/
        {
            a[child/2]=a[child];  /*将较大的孩子调到其双亲的位置*/
            child=2*child;        /*修改 child 的值,继续向下筛选*/
        }
        else                      /*被调整结点的值大于或等于孩子结点*/
            break;                /*结束筛选,当前结点是一个分支结点,为被调整结点的最终位置*/
    }
    /*结束循环,当前结点没有孩子,为叶子结点,作为被调整结点的最终位置*/
    a[child/2]=a[0];              /*将被调整结点放入最终位置*/
}
```

堆排序算法如下:

【算法 9-10】:
```
void HeapSort(int a[],int n)
/*堆排序算法*/
{
    int i;
```

```
    for(i=n/2;i>=1;i--)
        HeapAdjust(a,i,n);              /* 建初始堆 */
    for(i=n;i>=2;i--)                   /* n-1 趟堆排序 */
    {
        a[0]=a[1];                      /* 将堆顶元素与当前大根堆的最后一个元素交换 */
        a[1]=a[i];
        a[i]=a[0];
        HeapAdjust(a,1,i-1);            /* 调整交换后的堆顶,使其符合大根堆的条件 */
    }
}
```

3. 性能分析

在整个堆排序过程中,共需要进行 $n-1+n/2$ 次筛选,每次筛选被筛结点和孩子的比较次数和移动次数不会超过完全二叉树的深度,所以每次筛选的时间复杂度为 $O(\log_2 n)$,整个堆排序的时间复杂度为 $O(n\log_2 n)$。理论上,堆排序最好、最坏和平均时间复杂度均为 $O(n\log_2 n)$。

堆排序在交换堆顶元素与当前大根堆的最后一个元素时使用了一个辅助存储空间,其空间复杂度为 $O(1)$。

堆排序是一种不稳定的排序方法。在筛选过程中不能保证两个相同记录的初始顺序不发生变化,如图 9-9 中的 19 和 19 的相对位置在排序前后发生了变化。

无论原始记录的初始排列如何,堆排序的比较次数变化不大。也就是说,堆排序对记录的初始排列状态不敏感。

9.6 归并排序

归并排序(Merge Sort)是通过归并来完成排序的。所谓归并,就是将两个或两个以上的有序数据序列合并成一个有序数据序列的过程。归并排序有二路归并和多路归并,二路归并一般用于内排序,多路归并一般用于外部磁盘数据排序。一般情况下,归并排序是指二路归并排序,它是最简单的一种归并排序。

1. 基本思想

二路归并排序的基本思想是:把待排序的 n 个记录看成 n 个长度为 1 的有序子序列,把这些子序列中相邻的子序列两两进行归并,得到各长度均为 2 的子序列。一趟归并完成后,有序子序列的个数减少一半,子序列的长度增加一倍。然后再将这些子序列两两进行归并,如此重复,经过多趟归并得到一个长度为 n 的有序序列。

二路归并排序的过程如图 9-10 所示。

```
初始序列    85    90    44    24    76    24    5    58    16
第一趟     [85   90]   [24   44]   [24   76]   [5   58]   [16]
第二趟     [24   44    85    90]   [5    24    58    76]   [16]
第三趟     [5    24    44    58    76    85    90]   [16]
第四趟     [5    16    24    24    44    58    76    85    90]
```

图 9-10 二路归并排序举例

2. 归并排序算法

二路归并排序要经过多趟归并排序才能完成,每一趟归并排序需要进行多次相邻子序列的两两归并。对相邻的两个子序列进行归并时,使用一个临时数组存放合并后的子序列。分别取相邻子序列中的第一个记录做比较,将其中小的记录复制到临时数组中,较大的记录继续与被复制记录的子序列中的下一个记录比较。如此重复,直到其中一个子序列被全部复制到临时数组中,再将另一个非空子序列剩余部分依次复制到临时数组中。

相邻子序列两两归并的算法如下:

【算法9-11】:
```
void MergeTwo(int a[],int low,int mid,int high)
/*将两个有序的子序列 a[low..mid]和 a[mid+1..high]归并成一个有序的子序列*/
{
    int *p;                             /*存放归并结果的临时数组*/
    int i,j,k;
    i=low;
    j=mid+1;
    k=0;
    p=(int *)malloc((high-low+1)*sizeof(int));
    /*申请临时数组空间*/
    if(p==NULL)
    {
        printf("申请空间失败!");
        exit(-1);
    }
    while(i<=mid&&j<=high)              /*两个子序列归并*/
        if(a[i]<=a[j])                  /*先复制两个子序列中较小者*/
        {
            p[k]=a[i];
            i++;
            k++;
        }
        else
        {
            p[k]=a[j];
            j++;
            k++;
        }
    while(i<=mid)                       /*将尚未处理完的子序列中剩余部分复制到p中*/
    {
        p[k]=a[i];
        i++;
        k++;
    }
    while(j<=high)
    {
        p[k]=a[j];
```

```
            j++;
            k++;
    }
    for(k=0,i=low;i<=high;k++,i++)    /*归并完成,将临时数组 p 中的记录复制回 a*/
        a[i]=p[k];
    free(p);
}
```

在一趟归并排序中,若子序列的个数为奇数,则最后一个子序列不需要与其他子序列归并。相邻的两个子序列可能是两个等长的子序列,也可能是两个不等长的子序列。一趟归并排序的算法如下:

【算法 9-12】:
```
void Merge(int a[],int len,int n)
/*对 a[1..n]做一趟归并排序*/
{
    int i;
    for(i=1;i+2*len-1<=n;i+=2*len)    /*归并长度为 len 的两个相邻子序列*/
        MergeTwo(a,i,i+len-1,i+2*len-1);
    if(i+len-1<n)                      /*余下两个子序列,最后一个子序列的长度小于 len*/
        MergeTwo(a,i,i+len-1,n);
    for(i=1;i<=n;i++)                  /*输出每趟归并的结果*/
        printf("%d\t",a[i]);
    printf("\n\n");
}
```

当 i≤n 并且 i+len-1≥n 时,只剩余一个子序列,不需要进行归并。
二路归并排序算法如下:

【算法 9-13】:
```
void MergeSort(int a[],int n)
/*二路归并排序算法*/
{
    int len;
    for(len=1;len<n;len*=2)           /*进行多趟归并排序*/
        Merge(a,len,n);
}
```

3. 性能分析

二路归并排序的时间复杂度等于归并趟数与每一趟时间复杂度的乘积。对于一个具有 n 个记录的待排序列,将这 n 个记录看作叶子结点,若将两两归并生成的有序子序列看作它们的双亲结点,则归并过程对应由叶向根生成一棵二叉树的过程。所以归并趟数约等于二叉树的高度减 1,即 $\log_2 n$。

每一趟归并就是多次将两两有序子序列合并成一个有序子序列。每一对有序子序列合并时,记录的比较次数小于或等于记录的移动次数,而记录的移动次数等于这一对有序子序列的长度之和的 2 倍(记录从 a 移动到临时数组 p 和从 p 复制回 a),所以,每一趟归并的移动次数均等于记录的个数 n 的 2 倍,即每一趟归并的时间复杂度为 $O(n)$。所以,二路归并排序的时间复杂度为 $O(n\log_2 n)$,这是归并排序算法最好、最坏和平均的时间性能。

归并过程中需要一个与待排序列等长的辅助存储空间,因此其空间复杂度为 $O(n)$。

归并排序是稳定的排序方法。在归并排序算法中,若分别在相邻的两个有序子序列中有相同的记录,则先复制前一个有序子序列中的相同记录,后复制后一个有序子序列中的相同记录,保证了它们的相对顺序不变,所以是稳定的。

9.7 基数排序

基数排序和前面讨论的几种排序方法不同,前面的排序方法主要是通过关键字的比较和移动记录来完成排序,而基数排序是根据关键字的各个数位,通过"分配"和"收集"的方法实现排序。基数排序中的基数就是进位计数制中的基数,如果待排序记录是十进制数,则基数是10,如果待排序记录是八进制数,则基数是8。

1. 基本思想

基数排序(Radix Sort)的基本思想是:根据待排序记录的基数 r 分别建立 r 个队列:$0,1,2,\cdots,r-1$,首先按待排序记录的最低位的值将 n 个记录分别放入对应的队列中(记录最低位的值就是其入队的队列号),然后按队列编号从小到大的顺序将队列中的记录收集起来,得到一个新的按最低位有序的记录序列。再按次低位的值将新序列中的 n 个记录分别放入对应的队列中,然后按队列编号从小到大的顺序将队列中的记录收集起来,又得到一个新的按次低位有序的记录序列……如此重复 m(m 为待排序记录的最大位数)次,直到全部记录有序。

以十进制数为例说明基数排序的过程,如图 9-11 所示。

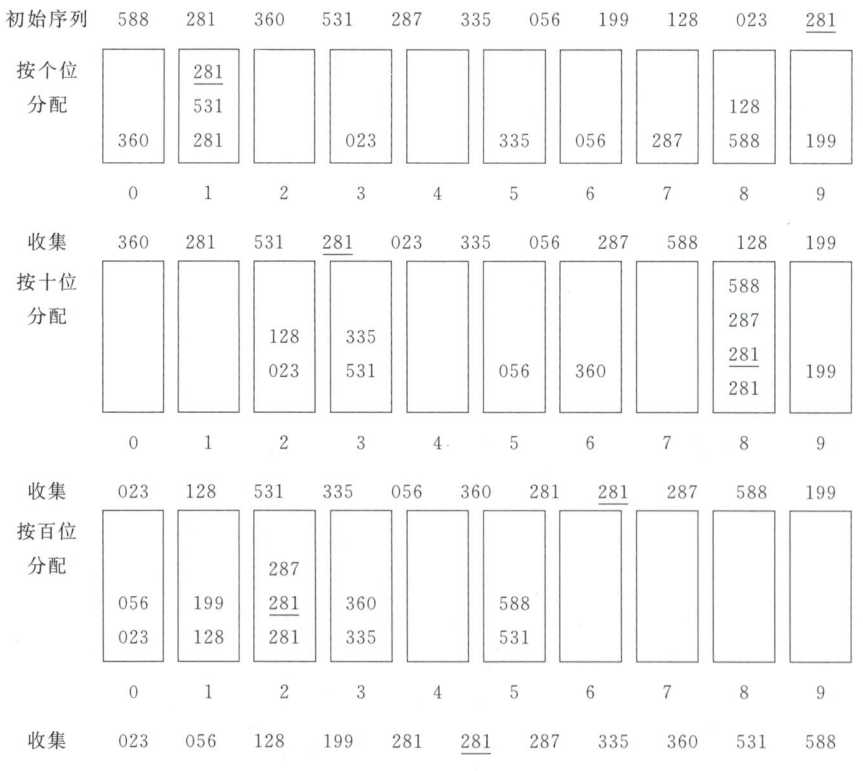

图 9-11 基数排序举例

收集时按队列从小到大进行,同一队列中的记录先入队的先收集。

2. 基数排序算法

基数排序算法中用到的队列可以是顺序队列,也可以是链队列。无论采用哪种队列,基数排序的算法不变,只是队列的实现不同。算法 9-14 中使用的是链队列,为了与链队列的数据类型定义一致,需要添加类型说明语句:

typedef int DataType;

【算法 9-14】:

```
void RadixSort(DataType a[],int n,int m,int r)
/*基数排序算法,数组 a 中是 m 位的 r 进制数,n 是数据个数*/
{
    LinkQueue * q;                  /*q 中存放 r 个队列的队首和队尾指针*/
    int i,j,k,t;
    q=(LinkQueue *)malloc(r * sizeof(LinkQueue));
    for(i=0;i<r;i++)
        InitQueue(&q[i]);           /*r 个队列初始化*/
    for(i=0;i<m;i++)                /*m 趟分配和收集*/
    {
        for(j=1;j<=n;j++)           /*将 n 个数据分配到各个队列中*/
        {
            k=a[j];
            for(t=1;t<=i;t++)       /*求第 i 位的数值*/
                k=k/r;
            k=k%r;
            EnQueue(&q[k],a[j]);    /*入队*/
        }
        k=1;
        for(j=0;j<r;j++)            /*将 r 个队列的数据收集*/
            while(!QueueEmpty(q[j]))
            {
                DeleteQueue(&q[j],&(a[k]));
                k++;
            }
        for(j=1;j<=n;j++)           /*输出每趟排序的结果*/
            printf("%d\t",a[j]);
        printf("\n\n");
    }
}
```

3. 性能分析

基数排序要对待排序记录进行 m 趟分配和收集操作,每趟要把 n 个记录分配到 r 个队列中,然后再收集起来,所以基数排序的时间复杂度是 $O(m*n)$。

基数排序中需要 r 个队列,每个队列有一个队首和队尾指针以及 n 个记录所占用的存储空间,所以其空间复杂度为 $O(r+n)$。

基数排序是稳定的排序方法。由于值相同的记录的相对位置在分配和收集的过程中不会发生变化,所以是稳定的。

9.8 排序方法的比较和选择

9.8.1 排序方法的比较

本章介绍的各种排序方法各有其优缺点,很难定义哪种排序方法最好或最坏,在使用时要根据具体情况加以选择。我们首先对各种排序方法的性能进行比较,如表 9-1 列出了各种排序方法的时间复杂度、空间复杂度和稳定性。

从表 9-1 中可以看出:

(1)快速排序、堆排序和归并排序的平均时间复杂度都是 $O(n\log_2 n)$,但快速排序在最坏情况下的时间性能不如堆排序和归并排序,快速排序对数据的初始状态敏感,堆排序和归并排序对数据的初始状态不敏感。归并排序需要的辅助存储空间比堆排序大。

(2)直接插入排序、二分插入排序、冒泡排序和直接选择排序都属于简单的排序方法,除了直接选择排序是不稳定的,并且对数据的初始状态不敏感外,它们在其他方面的情况都是相似的,但其中也有一些细小的差别。二分插入排序比直接插入排序的比较次数少,所以二分插入排序的速度要比直接插入排序快。二分插入排序和直接插入排序中记录移动的次数比冒泡排序少,所以速度比冒泡排序快。

表 9-1 各种排序方法的性能比较

排序方法	时间复杂度			空间复杂度	稳定性
	最好情况	最坏情况	平均情况		
直接插入排序	$O(n)$	$O(n^2)$	$O(n^2)$	$O(1)$	稳定
二分插入排序	$O(n)$	$O(n^2)$	$O(n^2)$	$O(1)$	稳定
冒泡排序	$O(n)$	$O(n^2)$	$O(n^2)$	$O(1)$	稳定
直接选择排序	$O(n^2)$	$O(n^2)$	$O(n^2)$	$O(1)$	不稳定
希尔排序	不确定	不确定	不确定	$O(1)$	不稳定
快速排序	$O(n\log_2 n)$	$O(n^2)$	$O(n\log_2 n)$	$O(\log_2 n)$	不稳定
堆排序	$O(n\log_2 n)$	$O(n\log_2 n)$	$O(n\log_2 n)$	$O(1)$	不稳定
归并排序	$O(n\log_2 n)$	$O(n\log_2 n)$	$O(n\log_2 n)$	$O(n)$	稳定
基数排序	$O(m*n)$	$O(m*n)$	$O(m*n)$	$O(r+n)$	稳定

(3)直接选择排序、希尔排序、快速排序和堆排序是不稳定的,其他的排序方法是稳定的。单关键字排序时,排序方法的稳定性对排序结果的影响不大。但多关键字排序时,必须选用稳定的排序方法。例如,一组学生成绩见表 9-2。

表 9-2　　　　　　　　　　　学生成绩表

学生姓名	语 文	数 学	英 语
王红	60	85	80
李明	58	85	90
张力	70	90	90
赵强	70	80	95

先按语文成绩排序,见表 9-3。

表 9-3　　　　　　　按语文成绩排序的学生成绩表

学生姓名	语 文	数 学	英 语
李明	58	85	90
王红	60	85	80
张力	70	90	90
赵强	70	80	95

再按数学成绩排序,见表 9-4。

表 9-4　　　先按语文成绩、后按数学成绩排序的学生成绩表

学生姓名	语 文	数 学	英 语
赵强	70	80	95
李明	58	85	90
王红	60	85	80
张力	70	90	90

稳定的排序算法保证了李明和王红的次序不发生变化,使记录的顺序按照先按数学成绩从小到大,数学成绩相同的再按语文成绩从小到大的要求来排。若算法不稳定,则会出现李明在王红之后的情况,记录就不符合排序的要求。

9.8.2　排序方法的选择

了解了各种排序方法的优缺点之后,我们可以综合考虑各方面因素进行选择。一般的选择原则如下:

(1)若待排序的记录较少($n<50$),则可以选择简单排序方法。若记录基本有序并且要求稳定时,可以选用直接插入排序、二分插入排序或冒泡排序;若记录的初始序列随机,记录包含的数据项比较多,并且对稳定性没有要求时,可以选用直接选择排序。

(2)若待排序的记录较多,则可以选择改进的排序方法,如希尔排序、快速排序、堆排序和归并排序。快速排序是目前基于比较的最好的内部排序方法。若记录的初始序列随机,对稳定性没有要求,可以选用快速排序;若内存空间允许,要求算法是稳定的,可以选用归并排序;若记录可能为正序或逆序,对稳定性没有要求,可以选用堆排序或归并排序。

(3)若待排序的记录较多,关键字的位数较少时,可以选用基数排序。

(4)在实际应用中,可以综合使用各种排序方法。例如,在快速排序中划分的子序列的长度小于某个值时,对该子序列改用直接插入方法进行排序;或者对待排序记录先分段使用直接插入排序,再使用归并排序至整个序列有序。

9.9 案例实现:学生成绩管理系统的成绩排序

9.9.1 案例分析

学生成绩管理系统的系统模块图如图 9-12 所示。

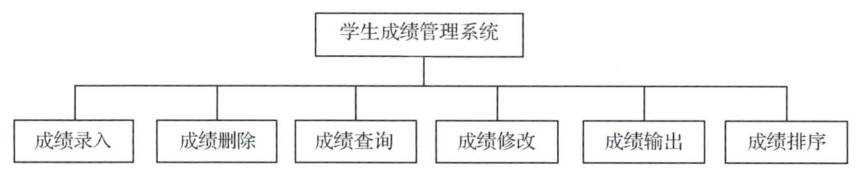

图 9-12 系统模块图

本案例实现成绩排序模块功能,即首先按总分从大到小排序,总分相同的记录按语文成绩从大到小排序。

将学生成绩定义为结构体类型,其类型定义为:

```
struct student
{
    int Rank;              /*名次*/
    char StudentID[8];     /*学号*/
    char Name[20];         /*姓名*/
    double Score[5];       /*成绩*/
};
```

对学生成绩采用顺序存储结构,定义一维数组 std[1001]用于存放学生成绩。

本案例中只有成绩录入、成绩输出、成绩排序模块的对应函数,其函数声明如下,其他模块的实现可由读者自己完成。

Input(struct student std[],int n):录入学生成绩,其中,std[]用于存放学生成绩,n 为已录入的学生数,返回新的学生数。

void Display(struct student std[],int n):输出学生成绩,其中,std[]用于存放学生成绩,n 为已输入的学生数,函数无返回值。

void Sortyw(struct student std[],int n):按语文成绩排序,其中,std[]用于存放学生成绩,n 为已录入的学生数,函数无返回值。待排序的学生成绩中包括学号、姓名、各科成绩和名次多个数据项,为了减少排序过程中数据的移动时间,选用了直接选择排序方法。

void Sortzf(struct student std[],int n):按总分排序,其中,std[]用于存放学生成绩,n 为已录入的学生数,函数无返回值。要保证总分相同的记录按语文成绩从大到小有序,实现总分排序的算法必须是稳定的,所以选用了二分插入排序方法。

9.9.2 案例实现

```
#include <stdio.h>              /* I/O 函数 */
#include <stdlib.h>             /* 其他说明 */
#include <string.h>             /* 字符串函数 */
#include <ctype.h>              /* 字符操作函数 */
#inclued <conio.h>              /* 控制台 I/O 函数 */
struct student                  /* 定义学生成绩结构体类型 */
{
    int Rank;                   /* 名次 */
    char StudentID[8];          /* 学号 */
    char Name[20];              /* 姓名 */
    double Score[5];            /* 成绩 */
};
/***************************************************/
/* 函数名:Input                                     */
/* 函数功能:输入学生成绩                             */
/* 形参说明:std[]——存放学生成绩                     */
/*          n——已录入的学生数                      */
/* 返回值:新的学生数                                 */
/***************************************************/
Input(struct student std[],int n)
{
    int i;
    char temp[20],ch;
    for(i=n+1;i<=1000;i++)                          /* 限制输入学生的数量 */
    {
        getchar();
        printf("\n请输入学号:");                    /* 输入学号 */
        gets(std[i].StudentID);
        printf("请输入名字:");                      /* 输入名字 */
        gets(std[i].Name);
        printf("请输入语文成绩:");                  /* 输入语文成绩 */
        gets(temp);
        std[i].Score[0]=atof(temp);
        printf("请输入数学成绩:");                  /* 输入数学成绩 */
        gets(temp);
```

```c
            std[i].Score[1]=atof(temp);
            printf("请输入英语成绩:");                    /*输入英语成绩*/
            gets(temp);
            std[i].Score[2]=atof(temp);
            std[i].Score[3]=std[i].Score[0]+std[i].Score[1]+std[i].Score[2];  /*计算总成绩*/
            std[i].Score[4]=std[i].Score[3]/4.0;          /*计算平均成绩*/
            printf("是否继续? y/n");
            scanf("%c",&ch);
            if(ch=='n'||ch=='N')                          /*判断是否继续输入数据*/
                break;
        }
        return i;
    }
    /*********************************************************/
    /* 函数名:Sortzf                                         */
    /* 函数功能:按总分排序                                   */
    /* 形参说明:std[]——存放学生成绩                         */
    /*          n——已录入的学生数                           */
    /* 返回值:无                                             */
    /*********************************************************/
    void Sortzf(struct student std[],int n)
    {
        int i,j,low,high,mid;
        for(i=2;i<=n;i++)
        {
            std[0]=std[i];                /*将std[i]暂存到std[0]*/
            low=1;
            high=i-1;
            while(low<=high)              /*在std[low]..std[high]中二分查找插入的位置*/
            {
                mid=(low+high)/2;
                if(std[0].Score[3]>std[mid].Score[3])
                    high=mid-1;           /*插入点在前半区*/
                else
                    low=mid+1;            /*插入点在后半区*/
            }
            for(j=i-1;j>=high+1;j--)
                std[j+1]=std[j];          /*记录后移*/
            std[high+1]=std[0];           /*插入待排序的元素*/
        }
    }
    /*********************************************************/
    /* 函数名:Sortyw                                         */
    /* 函数功能:按语文成绩排序                               */
```

```
/*形参说明:std[]——存放学生成绩                          */
/*         n——已录入的学生数                            */
/*返回值:无                                              */
/************************************************/
void Sortyw(struct student std[],int n)
{
    int i,j,max;                /*max用于存放最大记录的下标*/
    struct student temp;
    for(i=1;i<n;i++)            /*n-1趟选择*/
    {
        max=i;
        for(j=i+1;j<=n;j++)     /*从待排序记录中寻找最大记录的下标*/
            if(std[j].Score[0]>std[max].Score[0])
                max=j;
        if(i!=max)              /*若目前最大记录所在的位置与应在位置不同,则交换位置*/
        {
            temp=std[i];
            std[i]=std[max];
            std[max]=temp;
        }
    }
}

/************************************************/
/*函数名:Display                                         */
/*函数功能:输出学生成绩                                  */
/*形参说明:std[]——存放学生成绩                          */
/*         n——已录入的学生数                            /
/*返回值:无                                              */
/************************************************/
void Display(struct student std[],int n)
{
    int i;
    printf("\n学号\t姓名\t语文\t数学\t英语\t总分\t平均分\t名次\n");
    for(i=1;i<=n;i++)
    {
        std[i].Rank=i;
        printf("%s\t%s\t%.1f\t%.1f\t%.1f\t%5.1f\t%4.1f\t%d\n",std[i].StudentID,std[i].Name,std[i].Score[0],std[i].Score[1],std[i].Score[2],std[i].Score[3],std[i].Score[4],std[i].Rank);
    }
    printf("按任意键继续……");
    getch();
}
```

```
/*************************************/
/* 函数名:main                        */
/* 函数功能:主函数                    */
/* 形参说明:无                        */
/* 返回值:0                           */
/*************************************/
int main()
{
    struct student std[1001];
    int n=0,ch;
    while(1)
    {
        system("cls");              /*清屏幕*/
        printf("*******学生成绩管理系统*******\n");
        printf("*=============================*\n");
        printf("*   1>输入      2>排序         *\n");
        printf("*   3>显示      4>退出         *\n");
        printf("*=============================*\n");
        printf(" 请选择(1-4):");
        scanf("%d",&ch);
        switch(ch)
        {
            case 1:
                if(n==1000)
                {
                    printf("已达到限定人数,不能再输入");
                    getch();
                }
                else
                    n=Input(std,n);
                break;
            case 2:
                Sortyw(std,n);
                printf("\n 先按语文成绩排序后:\n");
                Display(std,n);
                Sortzf(std,n);
                printf("\n\n 再按总分排序后:\n");
                Display(std,n);
                break;
            case 3:
                Display(std,n);
                break;
            case 4:
                exit(0);
```

```
                default:
                    continue;
            }
        }
        return 0;
    }
```

排序后如图9-13所示。从最终排序结果可以看出,学生成绩首先是按总分从大到小有序,总分相同的记录按语文成绩从大到小排序。先按语文成绩排序时,对于总分相同的记录,语文成绩高的在前,低的在后;后按总分排序时选用的二分插入排序算法是稳定的,所以保证了总分相同的记录的相对次序没有变化,即总分相同的记录按语文成绩从大到小有序。

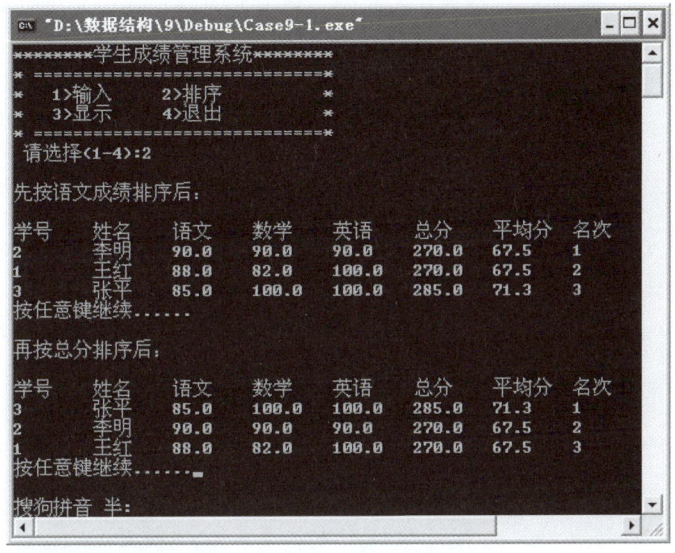

图9-13 排序后的学生成绩

本章小结

1. 内部排序分为插入排序、交换排序、选择排序、归并排序和基数排序五大类。插入排序分为直接插入排序、二分插入排序和希尔排序;交换排序分为冒泡排序和快速排序;选择排序有直接选择排序和堆排序两种。其中,直接插入排序、二分插入排序、冒泡排序和直接选择排序属于简单的排序方法,希尔排序、快速排序、堆排序和归并排序属于改进的排序方法。

2. 直接选择排序、希尔排序、快速排序和堆排序是不稳定的排序方法,直接插入排序、二分插入排序、冒泡排序、归并排序和基数排序是稳定的排序方法。

3. 归并排序所需的辅助存储空间最大,是$O(n)$,快速排序是$O(\log_2 n)$,基数排序是$O(r+n)$,其他排序方法是$O(1)$。

4. 平均情况下排序速度最快的是快速排序,最坏情况下堆排序和归并排序的效率最好,最好情况下直接插入排序、二分插入排序和冒泡排序的效率最好。

习　题

一、填空题

1. 若待排序的序列中存在多个记录具有相同的键值,经过排序,这些记录的相对次序仍然保持不变,则称这种排序方法是_____的,否则称为_____的。
2. 按照排序过程中涉及的存储设备的不同,排序可分为_____排序和_____排序。
3. 若不考虑基数排序,则在排序过程中,主要进行的两种基本操作是关键字的_____和记录的_____。
4. 快速排序法在_____情况下最不利于发挥其长处,在_____情况下最易发挥其长处。
5. 在待排序列基本有序的情况下,效率最高的排序方法是_____。
6. 直接插入排序中监视哨的作用是_____。
7. n 个记录的冒泡排序算法所需最大移动次数为_____,最小移动次数为_____。
8. 在堆排序、快速排序和归并排序中,若只从存储空间考虑,则应首先选取_____方法,其次选用_____方法,最后选用_____方法;若只从排序结果的稳定性考虑,则应选取_____方法;若只从平均情况下排序最快考虑,则应选取_____方法;若只从最坏情况下排序最快并节省内存,则应选取_____方法。
9. 在直接插入排序、希尔排序、直接选择排序、快速排序、堆排序、归并排序和基数排序中,排序不稳定的有_____。
10. 在堆排序和快速排序中,若原始记录接近正序或反序,则选用_____;若原始记录无序,最好选用_____。

二、选择题

1. 排序趟数与序列的原始状态有关的排序方法是(　　)排序。
   A. 直接插入　　　　B. 直接选择　　　　C. 冒泡　　　　D. 归并
2. 数据序列{8,9,10,4,5,6,20,1,2}只能是下列排序算法中的(　　)的两趟排序后的结果。
   A. 直接选择排序　　　　　　　　B. 冒泡排序
   C. 直接插入排序　　　　　　　　D. 堆排序
3. 对序列{15,9,7,8,20,-1,4}进行排序,进行一趟后数据的排列变为{4,9,-1,8,20,7,15},则采用的是(　　)排序。
   A. 直接选择　　　　B. 快速　　　　C. 希尔　　　　D. 冒泡
4. 一组记录的关键字为{46,79,56,38,40,84},则利用快速排序的方法,以第一个记录为基准得到的一次划分结果为(　　)。
   A. {38,40,46,56,79,84}　　　　　　B. {40,38,46,79,56,84}
   C. {40,38,46,56,79,84}　　　　　　D. {40,38,46,84,56,79}
5. 对序列{15,9,7,8,20,-1,4}进行排序,经一趟排序后的序列为{9,15,7,8,20,-1,4},则采用的是(　　)排序。
   A. 直接选择　　　　B. 堆　　　　C. 直接插入　　　　D. 冒泡
6. 若用冒泡排序方法对序列{10,14,26,29,41,52}从大到小排序,需进行(　　)次比较。
   A. 3　　　　B. 10　　　　C. 15　　　　D. 25

7. 每次把待排序的元素划分为左、右两个子区间,其中,左区间中元素的关键字均小于基准元素的关键字,右区间中元素的关键字均大于或等于基准元素的关键字,则此排序方法为( )。
   A. 堆排序　　　　　　B. 快速排序　　　　　　C. 冒泡排序　　　　　　D. 希尔排序
8. 下列四个序列中,( )是堆。
   A. {70,60,30,15,25,45,20,10}　　　　B. {70,60,45,10,30,25,20,15}
   C. {70,45,60,30,15,25,20,10}　　　　D. {70,45,60,10,25,30,20,15}
9. 一组记录的关键字为{45,80,55,40,42,85},则利用堆排序的方法建立的初始堆为( )。
   A. {80,45,55,40,42,85}　　　　B. {85,80,55,40,42,45}
   C. {85,80,55,45,42,40}　　　　D. {85,55,80,42,45,40}
10. 下列排序算法中,在待排序数据已有序时,花费时间反而最多的是( )排序。
    A. 冒泡　　　　　　B. 希尔　　　　　　C. 快速　　　　　　D. 堆
11. 下列排序算法中( )排序在一趟结束后不一定能选出一个元素放在其最终位置上。
    A. 直接选择　　　　B. 冒泡　　　　　　C. 归并　　　　　　D. 堆
12. 下列排序算法中,占用辅助空间最多的是( )。
    A. 归并排序　　　　B. 快速排序　　　　C. 希尔排序　　　　D. 堆排序
13. 数据表中有10000个元素,如果仅要求求出其中最大的10个元素,则采用( )算法最节省时间。
    A. 堆排序　　　　　B. 希尔排序　　　　C. 快速排序　　　　D. 直接选择排序
14. 下列排序算法中,( )是稳定的。
    A. 堆排序,冒泡排序　　　　　　　　B. 快速排序,堆排序
    C. 直接选择排序,归并排序　　　　　D. 归并排序,冒泡排序
15. 若需在 $O(n\log_2 n)$ 的时间内完成对数组的排序,且要求排序是稳定的,则可选择的排序方法为( )。
    A. 快速排序　　　　B. 堆排序　　　　　C. 归并排序　　　　D. 直接插入排序

三、判断题

1. 排序的稳定性是指排序算法中的比较次数保持不变,且算法能够终止。　　　　( )
2. 内排序要求数据必须采用顺序存储结构。　　　　( )
3. 冒泡排序和快速排序都是基于交换两个逆序元素的排序方法,冒泡排序算法的最坏时间复杂度是 $O(n^2)$,而快速排序算法的最坏时间复杂度是 $O(n\log_2 n)$,所以快速排序比冒泡排序算法效率更高。　　　　( )
4. 排序算法中的比较次数与初始元素序列的排列无关。　　　　( )
5. 堆是满二叉树。　　　　( )
6. 快速排序总比简单排序快。　　　　( )
7. 直接选择排序算法在最好情况下的时间复杂度为 $O(n)$。　　　　( )
8. 当待排序的元素很大时,为了交换元素的位置,移动元素要占用较多的时间,这是影响时间复杂度的主要因素。　　　　( )
9. 二分插入排序所需比较次数与待排序记录的初始排列状态相关。　　　　( )
10. {101,88,46,70,34,39,45,58,66,25}是堆。　　　　( )

四、解答题

对于给定的一组记录{438,302,750,128,937,863,742,694,76,266},分别写出执行下列算法进行排序时各趟的结果。

(1) 直接插入排序

(2) 二分插入排序

(3) 希尔排序

(4) 冒泡排序

(5) 快速排序

(6) 直接选择排序

(7) 堆排序

(8) 归并排序

(9) 基数排序

五、算法设计题

1. 冒泡排序算法可以把大的元素向上移(气泡的上浮),也可以把小的元素向下移(气泡的下沉)。请给出上浮和下沉过程交替进行的冒泡排序算法(双向冒泡排序法)。

2. 以单链表为存储结构,编写直接选择排序算法。

3. 奇偶交换排序的思路如下:对于数组 $a[n]$,第一趟对所有奇数的 i,将 $a[i]$ 和 $a[i+1]$ 进行比较,第二趟对所有偶数的 i,将 $a[i]$ 和 $a[i+1]$ 进行比较,每次比较时若 $a[i] > a[i+1]$,将二者交换。以后重复上述两趟过程,直至整个数组有序。编写算法实现奇偶交换排序。

4. 拓展题:请同学们利用网络搜索近5年全国各省棉花产量,并按生产量进行排名。请谈谈对该数据的看法和认识。

参考文献

[1] 李春葆.数据结构教程[M].6版.北京:清华大学出版社,2022.
[2] 王红梅.数据结构:从概念到C++实现[M].3版.北京:清华大学出版社,2019.
[3] 严蔚敏,吴伟民.数据结构:C语言版[M].北京:清华大学出版社,2023.
[4] 黄刘生.数据结构[M].北京:经济科学出版社,2008.
[5] 陈锐.数据结构:C语言版[M].北京:清华大学出版社,2016.
[6] 陈越.数据结构[M].2版.北京:高等教育出版社,2016.
[7] 朱昌杰,肖建.数据结构:C语言版[M].2版.北京:清华大学出版社,2014.
[8] 程杰.大话数据结构[M].北京:清华大学出版社,2011.
[9] 杨勇虎.数据结构[M].大连:东软电子出版社,2012.
[10] 杨晓光.数据结构实例教程[M].2版.北京:清华大学出版社,北京交通大学出版社,2015.
[11] 林小茶.实用数据结构[M].北京:清华大学出版社,2013.
[12] 阮宏一.数据结构课程设计:C语言描述[M].2版.北京:电子工业出版社,2016.
[13] 邵增珍.数据结构:C语言版[M].北京:清华大学出版社,2012.
[14] 苏仕华.数据结构实用教程[M].安徽:中国科学技术大学出版社,2015.
[15] 高一凡.数据结构算法与解析[M].北京:清华大学出版社,2016.